L'ABRÉVIATEUR

OU

MANUEL A L'USAGE DES BANQUIERS,

MARCHANDS, NÉGOCIANS,

NOTAIRES, AGENS D'AFFAIRES, ET AUTRES,

CONTENANT

4015

LES INTÉRÊTS à six pour cent par an, pour tous les jours de l'année, jour par jour, et pour toutes sommes, continués de mois en mois jusqu'à cinq années ;

LE RAPPORT de la Livre au Franc, d'unité en unité, depuis une livre jusqu'à trois mille et au delà, ainsi que le Rapport du Franc à la Livre tournois ;

UN EXPOSÉ sommaire du Système décimal ; les proportions des nouvelles mesures usuelles établies d'après l'arrêté de S. Exc. le Ministre de l'Intérieur, et leurs rapports avec les autres mesures ;

LES CONVERSIONS AVEC TOUTES LEURS FRACTIONS,

De la Livre.... .... en Kilogramme,
De la Pinte............... ..... en Litre,
De l'Aune................ ..... en Mètre,
Et vice versà *pour chacun d'eux ;*

*V. 955.
A.12.c.*

LES MESURES ITINÉRAIRES, AGRAIRES ET DE SOLIDITÉ ;

LA CONCORDANCE DES CALENDRIERS GRÉGORIEN ET RÉPUBLICAIN ;

Différens Modèles de Comptes-courans, Comptes de retour, Traites et Billets, Tables des titres des métaux, Tarif des pièces de 3, 6 et 24 liv. ; Copies figurées de Traites tirées en langues étrangères, avec la traduction en interligne, suivies d'une série des mots nécessaires pour former ou traduire soi-même toute espèce de Traites ; la valeur intrinsèque des Monnaies d'or et d'argent circulant en Europe, etc., etc.

PAR F.-F. LEULLIER,

Secrétaire de la Maison de Banque connue sous le nom de CAISSE JABACH.

DEUXIÈME ÉDITION, CONSIDÉRABLEMENT AUGMENTÉE.

PRIX : 2 FRANCS.

Se trouve chez LENORMANT, rue de Seine, n° 8 ; — DELAUNAY, au Palais-Royal, Galerie de bois, n° 243 ; — HACQUART, rue Git-le-Cœur, n° 8 ; — Et chez le Portier de l'Hôtel Jabach, rue Saint-Méry.

PARIS,

HACQUART, IMPRIMEUR DU CORPS LÉGISLATIF, RUE GIT-LE-COEUR, N° 8.

1812.

V

6853

L'accueil que le Public a daigné faire à cet Ouvrage a engagé l'Auteur à donner cette seconde édition, dans laquelle il a fait des additions nombreuses, qui rendent ce Manuel utile à toutes les classes de la société.

Les Calculs des Intérêts sont portés jusqu'à cinq années; les Tableaux des nouvelles et anciennes Mesures, qui ont été considérablement augmentés, ainsi que la Concordance des Calendriers grégorien et républicain, sont en outre précédés d'un Exposé sommaire du Système décimal, dans lequel on a donné les proportions des nouvelles Mesures usuelles établies par l'arrêté de Son Exc. le Ministre de l'intérieur.

On y trouvera des Comptes-courans figurés, avec les intérêts réciproques; des modèles de Traites, Billets et Comptes de retour; la valeur intrinsèque des Monnaies d'or et d'argent circulant en Europe; la traduction des Lettres-de-change tirées en langues étrangères, et tous les Calculs d'un usage journalier dans les affaires.

Ce Manuel réunit une série de Tableaux disposés avec la plus grande clarté, à l'aide desquels on a sous les yeux, sans aucune recherche, le résultat d'une infinité de calculs et de rapports qui ne s'obtiennent par les règles connues qu'en perdant beaucoup de tems.

Leullier

INSTRUCTION

POUR LES TABLEAUX DE CONVERSION DES LIVRES EN FRANCS ET DES FRANCS EN LIVRES.

LES Tableaux, pages 2 à 7 et 9 et 10, qui donnent la conversion des livres en francs de 1 à 3,000, d'unité en unité, et celle des francs en livres, de 1 jusqu'à 1,000, sont dressés dans le genre de la Table de Pithagore. La première colonne, à gauche, indique les dixaines, et le chiffre titulaire de chaque colonne indique l'unité des sommes que l'on veut convertir : le reste du tableau donne le produit de ce que l'on cherche.

Un exemple suffira pour faire connaître la manière de se servir de ces tableaux.

Veut-on convertir 290 livres en francs ?

On cherche dans la colonne à gauche, intitulée *livres*, la somme proposée, et descendant jusqu'au nombre 290, on trouve à côté, sur la droite, 286 francs 42 centimes, résultat de la conversion en francs, de 290 livres.

Si au lieu de 290 livres on avait à réduire 294 livres : une fois arrivé à la somme de 290 livres indiquée dans la première colonne, on suit horisontalement la ligne de 290 livres, et s'arrêtant à la colonne qui a pour titre le chiffre 4, on trouve 290 francs 37 centimes, qui est le produit de 294 livres réduites en francs.

Il en est ainsi pour toute autre somme.

On remarquera, au premier coup-d'œil, la clarté et la concision de ces tableaux, dont six seulement suffisent pour conduire depuis 1 jusqu'à 3,000, d'unité en unité.

Ils sont disposés de manière que les sommes qui se rencontrent le plus fréquemment (c'est-à-dire, celles qui finissent par zéro) s'offrent les premières à la vue.

Les sommes terminées par 5 se trouvent au centre, et sont distinguées par des filets doubles.

Des points placés comme des jalons, de deux lignes en deux lignes, servent d'indicateurs à l'œil, pour éviter toutes méprises.

Ces données s'appliquent également aux francs et aux livres.

	0.	1.	2.	3.	4.	5.	6.	7.	8.	9.
liv.	fr. c.	fr. c.	fr. c.	fr. c.	fr. c.	fr. c.	fr. c.	fr. c.	fr. c.	fr. c.
0...	0..00	0..99	1..98	2..96	3..95	4..94	5..93	6..91	7..90	8..89
10	9 88	10 86	11 85	12 84	13 83	14 81	15 80	16 79	17 78	18 77
20...	19..75	20..74	21..73	22..72	23..70	24..69	25..68	26..67	27..65	28..64
30	29 63	30 62	31 60	32 59	33 58	34 57	35 56	36 54	37 53	38 52
40...	39..51	40..49	41..48	42..47	43..46	44..44	45..43	46..42	47..41	48..40
50	49 38	50 37	51 36	52 35	53 33	54 32	55 31	56 30	57 28	58 27
60...	59..26	60..25	61..23	62..22	63..21	64..20	65..19	66..17	67..16	68..15
70	69 14	70 12	71 11	72 10	73 09	74 07	75 06	76 05	77 04	78 02
80...	79..01	80..00	80..99	81..98	82..96	83..95	84..94	85..93	86..91	87..90
90	88 89	89 88	90 86	91 85	92 84	93 83	94 81	95 80	96 79	97 78
100...	98..77	99..75	100..74	101..73	102..72	103..70	104..69	105..68	106..67	107..65
110	108 64	109 63	110 62	111 60	112 59	113 58	114 57	115 56	116 55	117 53
120...	118..52	119..51	120..49	121..48	122..47	123..46	124..44	125..43	126..42	127..41
130	128 39	129 38	130 37	131 35	132 34	133 33	134 32	135 31	136 30	137 28
140...	138..27	139..26	140..24	141..23	142..22	143..21	144..19	145..18	146..17	147..16
150	148 15	149 13	150 12	151 11	152 10	153 09	154 07	155 06	156 05	157 04
160...	158..02	159..01	160..00	160..99	161..98	162..96	163..95	164..94	165..93	166..91
170	167 90	168 89	169 88	170 86	171 85	172 84	173 83	174 81	175 80	176 79
180...	177..78	178..76	179..75	180..74	181..73	182..71	183..70	184..69	185..68	186..67
190	187 65	188 64	189 63	190 62	191 60	192 59	193 58	194 57	195 55	196 54
200...	197..55	198..52	199..51	200..49	201..48	202..47	203..46	204..44	205..43	206..42
210	207 41	208 40	209 38	210 37	211 36	212 35	213 33	214 32	215 31	216 30
220...	217..28	218..27	219..26	220..25	221..24	222..22	223..21	224..20	225..19	226..17
230	227 16	228 15	229 14	230 13	231 11	232 10	233 09	234 08	235 06	236 05
240...	237..04	238..03	239..01	240..00	240..99	241..98	242..96	243..95	244..94	245..93
250	246 92	247 90	248 89	249 88	250 87	251 85	252 84	253 83	254 82	255 80
260...	256..79	257..78	258..77	259..75	260..74	261..73	262..72	263..71	264..69	265..68
270	266 67	267 66	268 64	269 63	270 62	271 61	272 59	273 58	274 57	275 56
280...	276..54	277..53	278..52	279..51	280..50	281..48	282..47	283..46	284..45	285..43
290	286 42	287 41	288 40	289 38	290 37	291 36	292 35	293 34	294 32	295 31
300...	296..30	297..28	298..27	299..26	300..25	301..23	302..22	303..21	304..20	305..19
310	306 17	307 16	308 15	309 13	310 12	311 11	312 10	313 08	314 07	315 06
320...	316..05	317..04	318..02	319..01	320..00	320..99	321..97	322..96	323..95	324..94
330	325 92	326 91	327 90	328 89	329 87	330 86	331 85	332 84	333 83	334 81
340...	335..80	336..79	337..78	338..76	339..75	340..74	341..73	342..71	343..70	344..69
350	345 68	346 66	347 65	348 64	349 63	350 62	351 60	352 59	353 58	354 57
360...	355..55	356..54	357..53	358..52	359..50	360..49	361..48	362..47	363..45	364..44
370	365 43	366 42	367 41	368 39	369 38	370 37	371 36	372 34	373 33	374 32
380...	375..31	376..29	377..28	378..27	379..26	380..24	381..23	382..22	383..21	384..19
390	385 18	386 17	387 16	388 14	389 13	390 12	391 11	392 10	393 08	394 07
400...	395..06	396..05	397..04	398..02	399..01	400..00	400..99	401..98	402..96	403..95
410	404 94	405 93	406 91	407 90	408 89	409 88	410 86	411 85	412 83	413 82
420...	414..81	415..80	416..79	417..78	418..77	419..75	420..74	421..73	422..72	423..70
430	424 69	425 68	426 67	427 65	428 64	429 63	430 62	431 60	432 59	433 58
440...	434..57	435..56	436..54	437..53	438..52	439..51	440..49	441..48	442..47	443..46
450	444 44	445 43	446 42	447 41	448 39	449 38	450 37	451 36	452 35	453 33
460...	454..32	455..31	456..30	457..28	458..27	459..26	460..25	461..23	462..22	463..21
470	464 20	465 19	466 17	467 16	468 15	469 14	470 12	471 11	472 10	473 09
480...	474..07	475..06	476..05	477..04	478..03	479..01	480..00	480..99	481..98	482..96
490	483 95	484 94	485 93	486 91	487 90	488 89	489 88	490 86	491 85	492 84

liv.	0.	1.	2.	3.	4.	5.	6.	7.	8.	9.
	fr. c.	fr. c.	fr. c.	fr. c.	fr. c.	fr. c.	fr. c.	fr. c.	fr. c.	fr. c.
500...	493..83	494..81	495..80	496..79	497 .78	498..77	499..75	500..74	501..73	502..72
510	503 70	504 69	505 68	506 67	507 65	508 64	509 63	510 62	511 60	512 59
520...	513..58	514..57	515..56	516..54	517 .53	518..52	519..51	520..49	521..48	522..47
530	523 4	524 44	525 43	526 42	527 41	528 39	529 38	530 37	531 36	532 35
540...	533..33	534..32	535..31	536..30	537 .28	538..27	539..26	540..25	541..23	542..22
550	543 21	544 20	545 18	546 17	547 16	548 15	549 14	550 12	551 11	552 10
560...	553..09	554..07	555..06	556..05	557 .04	558..02	559..01	560..00	560..99	561..97
570	562 96	563 95	564 94	565 93	566 92	567 90	568 89	569 88	570 86	571 85
580...	572..84	573..83	574..81	575..80	576 .79	577 .78	578..76	579..75	580..74	581..73
590	582 72	583 70	584 69	585 68	586 67	587 65	588 64	589 63	590 62	591 60
600...	592..59	593..58	594..57	595..56	596..54	597..53	598..52	599..51	600 49	601..48
610	602..47	603 46	604 44	605 43	606 42	607 41	608 40	609 38	610 37	611 36
620...	612..35	613..33	614..32	615..31	616..30	617..28	618..27	619..26	620..25	621..24
630	622 22	623 21	624 20	625 19	626 17	627 16	628 15	629 14	630 12	631 11
640...	632..10	633..09	634..07	635..06	636..05	637..04	638..03	639 .01	640..00	640..99
650	641 98	642 96	643 95	644 94	645 93	646 91	647 90	648 89	649 88	650 86
660...	651..85	652..84	653. 83	654..82	655..80	656..79	657..78	658..77	659..75	660..74
670	661 73	662 72	663 70	664 69	665 68	666 67	667 65	668 64	669 63	670 62
680...	671..61	672..59	673..58	674..57	675..56	676..54	677..53	678..52	679..51	680..49
690	681 48	682 47	683 46	684 44	685 43	686 42	687 41	688 40	689 38	690 37
700...	691..36	692..35	693..33	694..32	695..31	696..30	697..28	698..27	699..26	700..25
710	701 23	702 22	703 21	704 20	705 19	706 17	707 16	708 15	709 14	710 12
720...	711..11	712..10	713..09	714..07	715..06	716..05	717..04	718..02	719. 01	720..00
730	720 99	721 98	722 96	723 95	724 94	725 93	726 92	727 90	728 89	729 88
740...	730..86	731..85	732..84	733..83	734..81	735..80	736..79	737..78	738..77	739..75
750	740 74	741 73	742 72	743 70	744 69	745 68	746 67	747 65	748 64	749 63
760...	750..62	751..60	752..59	753..58	754..57	755..55	756..54	757..53	758..52	759..51
770	760 49	761 48	762 47	763 46	764 44	765 43	766 42	767 41	768 39	769 38
780...	770..37	771..36	772..35	773..33	774..32	775..31	776..30	777..28	778..27	779..26
790	780 25	781 23	782 22	783 21	784 20	785 18	786 17	787 16	788 15	789 14
800...	790..12	791..11	792..10	793..09	794..07	795..06	796..05	797..04	798..02	799..01
810	800 00	800 99	801 98	802 96	803 95	804 94	805 93	806 91	807 90	808 89
820...	809..88	810..86	811..85	812..84	813..83	814..81	815..80	816..79	817..78	818..77
830	819 76	820 74	821 73	822 72	823 70	824 69	825 68	826 67	827 65	828 64
840...	829..63	830..62	831..61	832..59	833..58	834..57	835..56	836..54	837..53	838..52
850	839 51	840 50	841 48	842 47	843 46	844 45	845 43	846 42	847 41	848 40
860...	849..38	850..37	851..36	852..35	853..34	854..32	855..31	856..30	857..29	858..27
870	859 26	860 25	861 24	862 22	863 21	864 20	865 19	866 17	867 16	8 8 15
880...	869..14	870..13	871..11	872..10	873..09	874..08	875..06	876..05	877..04	878..03
890	8,9 01	880 00	880 99	881 98	882 96	883 95	884 94	885 93	886 92	887 90
900...	888..89	889..88	890..86	891..85	892..84	893..83	894..81	895..80	896..79	897..78
910	898 77	899 75	900 74	901 73	902 72	903 70	904 69	905 68	906 67	907 65
920...	908..64	909..63	910..62	911..60	912..59	913..58	914..57	915..56	916..54	917..53
930	918 52	919 51	920 49	921 48	922 47	923 46	924 44	925 43	926 42	927 41
940...	928..39	929..38	930..37	931..36	932..34	933..33	934..32	935..31	936..30	937..28
950	938 27	939 26	940 25	941 23	942 22	943 21	944 20	945 18	946 17	947 16
960...	948 .15	949..13	950..12	951..11	952..10	953..09	954..07	955..06	956..05	957 .04
970	958 02	959 01	960 00	960 99	961 97	962 96	963 95	964 94	965 92	[illegible]
980...	967..90	968..89	969..88	970..87	971..85	972..84	973..83	974..81	975..80	976..79
990	977 78	978 76	979 75	980 74	981..73	982 72	983 70	984 69	985 68	986 67

4 *RAPPORT de la Livre tournois au Franc, de 1,000 à 1,499.*

	0.	1.	2.	3.	4.	5.	6.	7.	8.	9.
liv.	fr. c.	fr. c.	fr. c.	fr. c.	fr. c.	fr. c.	fr. c.	fr. c.	fr. c.	r. c.
1,000...	987..65	988..64	989..63	990..61	991..60	992..59	993..58	994..56	995..55	996..54
1,010	997 53	998 52	999 50	1,000 49	1,001 48	1,002 47	1,003 45	1,004 44	1,005 43	1,006 42
1,020...	1,007..40	1,008..39	1,009..38	1,010..37	1,011..36	1,012..35	1,013..33	1,014..32	1,015..30	1,016..30
1,030	1,017 28	1,018 27	1,019 26	1,020 25	1,021 23	1,022 22	1,023 21	1,024 20	1,025 19	1,026 17
1,040...	1,027..16	1,028..15	1,029..14	1,030..12	1,031..11	1,032..10	1,033..09	1,034..07	1,035..06	1,036..05
1,050	1,037 04	1,038 02	1,039 01	1,040 00	1,040 99	1,041 98	1,042 96	1,043 95	1,044 94	1,045 93
1,060...	1,046..91	1,047..90	1,048..89	1,049..88	1,050..86	1,051..85	1,052..84	1,053..83	1,054..81	1.055..80
1,070	1,056 79	1,057 78	1,058 77	1,059 75	1,060 74	1,061 73	1,062 72	1,063 70	1,064 69	1,065 68
1,080...	1,066..67	1,067..65	1,068..64	1,069..63	1,070..62	1,071..60	1,072..59	1,073..58	1,074..57	1,075..56
1,090	1,076 54	1,077 53	1,078 52	1,079 51	1,080 49	1,081 48	1,082 47	1,083 46	1,084 44	1,085 43
1,100...	1,086..42	1,087..41	1,088..40	1,089..38	1,090..37	1,091..36	1,092..35	1,093..33	1,094..32	1,095..31
1,110	1,096 30	1,097 28	1,098 27	1,099 26	1,100 25	1,101 23	1,102 22	1,103 21	1,104 20	1,105 19
1,120...	1,106..17	1,107..16	1,108..15	1,109..14	1,110..12	1,111..11	1,112..10	1,113..09	1,114..07	1,115..06
1,130	1,116 05	1,117 04	1,118 02	1,119 01	1,120 00	1,120 99	1,121 98	1,122 96	1,123 95	1,124 94
1,140...	1,125..93	1,126..91	1,127..90	1,128..89	1,129..88	1,130..86	1,131..85	1,132..84	1,133..83	1,134..81
1,150	1,135 80	1,136 79	1,137 78	1,138 77	1,139 75	1,140 74	1,141 73	1,142 71	1,143 70	1,144 69
1,160...	1,145..68	1,146..67	1,147..65	1,148..64	1,149..63	1,150..62	1,151..60	1,152..59	1,153..58	1,154..57
1,170	1,155 56	1,156 54	1,157 53	1,158 52	1,159 51	1,160 49	1,161 48	1,162 47	1,163 46	1,164 44
1,180...	1,165..43	1,166..42	1,167..41	1,168..40	1,169..38	1,170..37	1,171..36	1,172..35	1,173..33	1,174..32
1,190	1,175 31	1,176 30	1,177 28	1,178 27	1,179 26	1,180 25	1,181 23	1,182 22	1,183 21	1,184 20
1,200...	1,185..19	1,186..17	1,187..16	1,188..15	1,189..14	1,190..12	1,191..11	1,192..10	1,193..09	1,194..07
1,210	1,195 06	1,196 05	1,197 04	1,198 02	1,199 01	1,200 00	1,200 99	1,201 98	1,202 96	1,203 95
1,220...	1,204..94	1,205..93	1,206..91	1,207..90	1,208..89	1,209..88	1,210..86	1,211..85	1,212..84	1,213..83
1,230	1,214 81	1,215 80	1,216 79	1,217 78	1,218 77	1,219 75	1,220 74	1,221 73	1,222 72	1,223 70
1,240...	1,224..69	1,225. 68	1,226..67	1,227..65	1,228..64	1,229..63	1,230..62	1,231..60	1,232..59	1,233..58
1,250	1,234 57	1,235 56	1,236 54	1,237 53	1,238..52	1,239 51	1,240 49	1,241 48	1,242 47	1,243 46
1,260...	1,244..44	1,245..43	1,246..42	1,247..41	1,248..40	1,249..38	1,250..37	1,251..36	1,252..35	1,253..33
1,270	1,254 32	1,255 31	1,256 30	1,257 28	1,258 27	1,259 26	1,260 25	1,261 24	1,262 22	1,263 21
1,280...	1,264..20	1,265..19	1,266..17	1,267..16	1,268..15	1,269..14	1,270..12	1,271..11	1,272..10	1,273..09
1,290	1.274 07	1,275 06	1,276 05	1,277 04	1,278 02	1,279 01	1,280 00	1,280 99	1,281 98	1,282 96
1,300...	1,283..95	1,284..94	1,285..93	1,286..91	1,287..90	1,288..89	1,289..88	1,290..87	1,291..85	1,292..84
1,310	1,293 83	1,294 82	1,295 80	1,296 79	1,297 78	1,298 77	1,299 75	1,300 74	1,301 73	1,302 72
1,320...	1,303..70	1,304..69	1,305..68	1,306..67	1,307..66	1,308..64	1,309..63	1,310..62	1,311..61	1,312..59
1,330	1,313 58	1,314 57	1,315 56	1,316 54	1,317 53	1,318 52	1,319 51	1,320 49	1,321 48	1,322 47
1,340...	1,323..46	1,324..45	1,325..43	1,326..42	1,327..41	1,328..40	1,329..38	1,330..37	1,331..36	1,332..35
1,350	1,333 33	1,334 32	1,335 31	1,336 30	1,337 28	1,338 27	1,339 26	1,340 25	1,341 24	1,342 22
1,360...	1,343..21	1,344..20	1,345..19	1,346..17	1,347..16	1,348..15	1,349..14	1,350..12	1,351..11	1,352..10
1,370	1,353 09	1,354 07	1,355 06	1,356 05	1,357 04	1,358 03	1,359 01	1,360 00	1,360 99	1,361 68
1,380...	1,362..96	1,363..95	1,364..94	1,365..93	1,366..91	1,367..90	1,368..89	1,369..88	1,370..87	1,371..85
1,390	1,372 84	1,373 83	1,374 82	1,375 80	1,376 79	1,377 78	1,378 77	1,379 75	1,380 74	1,381 73
1,400...	1,382..72	1,383..70	1,384..69	1,385..68	1,386..67	1,387..65	1,388..64	1,389..63	1,390..62	1,391..61
1,410	1,392 59	1,393 58	1,394 57	1,395 56	1,396 54	1,397 53	1,398 52	1,399 51	1,400 49	1,401 48
1,420...	1,402..47	1,403..46	1,404..45	1,405..43	1,406..42	1,407..41	1,408..40	1,409..38	1,410..37	1,411..36
1,430	1,412 35	1,413 33	1,414 32	1,415 31	1,416 30	1,417 28	1,418 27	1,419 26	1,420 25	1,421 24
1,440...	1,422..22	1,423..21	1,424..20	1,425..18	1,426..17	1,427..16	1,428..15	1,429..14	1,430..12	1,431..11
1,450	1,432 10	1,433 09	1,434 07	1,435 06	1,436 05	1,437 04	1,438 03	1,439 01	1,440 00	1,440 99
1,460...	1,441..98	1,442..96	1,443..95	1,444..94	1,445..93	1,446..91	1,447..90	1,448..89	1,449..88	1,450..87
1,470	1,451 85	1,452 84	1,453 83	1,454 82	1,455 80	1,456..79	1,457 78	1,458 77	1,459 75	1.460 74
1,480...	1,461..73	1,462..72	1,463..70	1,464..69	1,465..68	1,466..67	1,467..66	1,468..64	1,469..63	1,470..62
1,490	1,471 61	1,472 59	1,473 58	1,474 57	1,475 56	1,476 54	1,477 53	1,478 51	1,479 51	1,480 49

	0.	1.	2.	3.	4.	5.	6.	7.	8.	9.
liv	fr. c.	fr. c.	fr. c.	fr. c.	fr. c.	fr. c.	fr. c.	fr. c.	fr. c.	fr. c.
1,500...	1,481..48	1,482..47	1,483..46	1,484..45	1,485..43	1,486..42	1,487..41	1,488..40	1,489..38	1,490..37
1,510	1,491 36	1,492 35	1,493 33	1,494 32	1,495 31	1,496 30	1,497 28	1,498 27	1,499 26	1,500 25
1,520...	1,501..24	1,502..22	1,503..21	1,504..20	1,505..19	1,506..17	1,507..16	1,508..15	1,509..14	1,510..12
1,530	1,511 11	1,512 20	1,513 09	1,514 07	1,515 06	1,516 05	1,517 04	1,518 03	1,519 01	1,520 00
1,540...	1,520..99	1,521..98	1,522..96	1,523..95	1,524..94	1,525..93	1,526..91	1,527..90	1,528..89	1,529..88
1,550	1,530 87	1,531 85	1,532 84	1,533 83	1,534 82	1,535 80	1,536 79	1,537 78	1,538 77	1,539 75
1,560...	1,540..74	1,541..73	1,542..72	1,543..70	1,544..69	1,545..68	1,546..67	1,547..66	1,548..64	1,549..63
1,570	1,550 62	1,551..61	1,552 59	1,553 58	1,554 57	1,555 56	1,556 54	1,557 53	1,558 52	1,559 51
1,580...	1,560..49	1,561..48	1,562..47	1,563..46	1,564..45	1,565..43	1,566..42	1,567..41	1,568..40	1,569..38
1,590	1,570 37	1,571 36	1,572 35	1 573 33	1,574 32	1,575 31	1,576 30	1,577 28	1,578 27	1,579 26
1,600...	1,580..25	1,581..24	1,582..22	1,583..21	1,584..20	1,585..19	1,586..17	1,587..16	1,588..15	1,589..14
1.610	1,590 12	1,591 11	1,592 10	1,593 09	1,594 07	1,595 06	1,596 05	1,597 04	1,598 03	1,599 01
1,620...	1,600..00	1,600..99	1,601..98	1·602..96	1,603..95	1,604..94	1,605..93	1,606..91	1,607..90	1,608..89
1,630	1,609 88	1,610 87	1,611 85	1,612 84	1,613 83	1,614 82	1,615 80	1,616 79	1,617 78	1,618 77
1,640...	1,619..75	1,620..74	1,621..73	1,622..72	1,623..70	1,624..69	1,625..68	1,626..67	1,627..66	1,628..64
1,650	1,629 63	1,630 62	1,631 61	1,632 59	1,633 58	1,634 57	1,635 56	1,636 54	1,637 53	1,638 52
1,660...	1,639..51	1,640..49	1,641..48	1,642..47	1,643..46	1,644..45	1,645..43	1,646..42	1,647..41	1,648..40
1,670	1,649 38	1,650 37	1,651 36	1,652 35	1,653 33	1,654 32	1,655 31	1,656 30	1,657 28	1,658 27
1,680...	1,659..26	1,660..25	1,661..24	,662..22	1,663..21	1,664..20	1,665..19	1,666..17	1,667..16	1,668..15
1,690	1,669 14	1,670 12	1,671 11	,672..10	1,673 09	1,674 07	1,675 06	1,676 05	1,677 04	1,678 03
1,700...	1,679..01	1,680..00	1,680..99	1,681..98	1,682..96	1,683..95	1,684..94	1,685..93	1,686..91	1,687..90
1,710	1,688 89	1,689 88	1,690 87	1,691 85	1,692 84	1,693 83	1,694 82	1,695 80	1,696 79	1,697 78
1,720...	1,698..77	1,699..75	1,700..74	1,701..73	1,702..72	1,703..70	1,704..69	1,705..68	1,706..67	1,707..66
1,730	1,708 64	1,709 63	1,710 62	1,711 61	1,712 59	1,713 58	1,714 57	1,715 56	1,716 54	1,717 53
1,740...	1,718..52	1,719..51	1,720..49	1,721..48	1,722..47	1,723..46	1,724..45	1,725..43	1,726..42	1,727..41
1,750	1,728 40	1,729 38	1,730 37	1,731 36	1,732 35	1,733 33	1,734 32	1,735 31	1,736 30	1,737 28
1,760...	1,738..27	1,739..26	1,740..25	1,741..24	1,742..22	1,743..21	1,744..20	1,745..19	1,746..17	1,747..16
1,770	1,748 15	1,749 14	1,750 12	1,751 11	1,752 10	1,753 09	1,754 07	1,755 06	1,756 05	1,757 04
1,780...	1,758..03	1,759..01	1.760..00	1,760..99	1,761..98	1,762..96	1,763..95	1,764..94	1,765..93	1,766..91
1,790	1,767 90	1,768 39	1,769 88	1,770 87	1,771 85	1,772 84	1,773 83	1,774 82	1,775 80	1,776 79
1,800...	1,777..78	1,778..77	1,779..75	1,780..74	1,781..73	1,782..72	1,783..70	1,784..69	1,785..68	1,786..67
1,810	1,787 66	1,788 64	1,789 63	1,790 62	1,791 61	1,792 59	1,793 58	1,794 57	1,795 56	1,796 54
1 820...	1,797..53	1,798..52	1,799..51	1,800..49	1,801..48	1,802..47	1,803..46	1,804..45	1,805..43	1,806..42
1 830	1,807 41	1,808 40	1,809 38	1,810 37	1 811 36	1,812 35	1,813 33	1,814 32	1,815 31	1,816 30
1,840...	1,817..28	1,818..27	1,819..26	1,820..25	1 821..24	1,822..22	1,823..21	1,824..20	1,825..18	1,826..17
1,850	1,827 16	1,828 15	1,829 14	1,830 12	1,831 11	1,832 10	1,833 09	1,834 07	1,835 06	1,836 05
1,860...	1,837..04	1,838..03	1,839..01	1,840..00	1,840..99	1,841..98	1,842..96	1,843..95	1,844..94	1,845..93
1,870	1,846 91	1,847 90	1.848 89	1,849 88	1,850 87	1,851 85	1,852 84	1,853 83	1,854 82	1,855 80
1,880...	1,856..79	1,857..78	1,858..77	1,859..75	1,860..74	1,861..73	1,862..72	1,863..70	1,864..69	1,865..68
1,890	1,866 67	1,867 66	1,868 64	1,869 63	1,870 62	1,871 61	1,872 59	1,873 58	1,874 57	1,875 56
1,900...	1,876..54	1,877..53	1,878..52	1,879..51	1,880..49	1,881..48	1,884..47	1,883..46	1,884..45	1,885..43
1,910	1,886 42	1,877 41	1,888 40	1,889 38	1,890 37	1,891 36	1,892 35	1,893 33	1,894 32	1,895 31
1,920...	1,896..30	1,897..29	1,898..28	1,899..26	1,900..25	1,901..24	1,902..22	1,903..21	1,904..20	1,905..19
1,930	1,906 17	1,907 16	1,908 15	1,909 14	1,910 12	1,911 11	1,912 10	1,913 09	1,914 07	1,915 06
1,940...	1,916..05	1,917..04	1,918..03	1,919..01	1 920..00	1,920..99	1,921..98	1,922..96	1,923..95	1,924..94
1,950	1,925 93	1,926 91	1,927 90	1,928 89	1,929 88	1,930 87	1,931 85	1,932 84	1,933 83	1,934 82
1,960...	1,935..80	1,936..79	1,937..78	1,938..77	1,939..75	1,940..74	1,941..73	1,942..72	1,943..70	1,944..69
1,970	1,945 68	1,946 67	1,947 65	1,948 64	1,949 63	1,950 62	1,951 61	1,952 59	1,953 58	1,954 57
1,980...	1,955..56	1,956..54	1,957..53	1,958..52	1,959..51	1,960..49	1,961..48	1,962..47	1,963..46	1,964..45
1,990	1,965 43	1,966 42	1,967 41	1,968 40	1,969 38	1,970 37	1,971 36	1,972 35	1,973 33	1,974 32

6 *RAPPORT de la Livre tournois au Franc, de 2,000 à 2,499.*

liv.	0. fr. c.	1. fr. c.	2. fr. c.	3. fr. c.	4. fr. c.	5. fr. c.	6. fr. c.	7. fr. c.	8. fr. c.	9. fr. c.
2,000...	1,975..31	1,976..30	1,977..28	1,978..27	1,979..26	1,980..25	1,981..24	1,982..22	1,983 21	1,984..20
2,010	1,985 19	1,986 17	1,987 16	1,988 15	1,989 14	1,990 12	1,991 11	1,992 10	1,993 09	1,994 08
2,020...	1,995..06	1,996..05	1,997..0	1,998..03	1,999..01	2,000..00	2,000..99	2,001..98	2,002..96	2,003..95
2,030	2,004 84	2,005 93	2,006 91	2,007 90	2,008 89	2,009 88	2,010 87	2,011 85	2,012 84	2,013 83
2,040...	2,014..82	2,015..80	2,016..79	2,017..78	2,018..77	2,019..75	2,020..74	2,021..73	2,022..72	2,023..71
2,050	2,024 69	2,025 68	2,026 67	2,027 66	2,028 64	2,029 63	2,030 62	2,031 61	2,032 59	2,033 58
2,060...	2,034..57	2,035..56	2,036..54	2,037..53	2,038..52	2,039..51	2,040..50	2,041..48	2,042..47	2,043..46
2,070	2,044 45	2,045 43	2,046 42	2,047 41	2,048 40	2,049 38	2,050 37	2,051 36	2,052 35	2,053 33
2,080...	2,054..32	2,055..31	2,056..30	2,057..29	2,058..27	2,059..26	2,060..25	2,061..24	2,062..23	2,063..21
2,090	2,064 20	2,065 19	2,066 17	2,067 16	2,068 15	2,069 14	2,070 13	2,071 11	2,072 10	2,073 09
2,100...	2,074..07	2,075..06	2,076..05	2,077..04	2,078..03	2,079..02	2,080..00	2,080..99	2,081..98	2,082..96
2,110	2,083 95	2,084 94	2,085 93	2,086 91	2,087 90	2,088 89	2,089 88	2,090 87	2,091 86	2,092 84
2,120...	2,093..83	2,094..82	2,095..80	2,096..79	2,097..78	2,098..77	2,099..76	2,100..74	2,101..73	2,102..72
2,130	2,103 71	2,104 70	2,105 68	2,106 67	2,107 66	2,108 65	2,109 65	2,110 62	2,111 61	2,112 60
2,140...	2,113..58	2,114..57	2,115..56	2,116..55	2,117..54	2,118..52	2,119..51	2,120..50	2,121..49	2,122..48
2,150	2,123 46	2,124 45	2,125 44	2,126 43	2,127 41	2,128 40	2,129 39	2,130 38	2,131 37	2,132 35
2,160...	2,133..33	2,134..32	2,135..31	2,136..30	2,137..29	2,138..27	2,139..26	2,140..25	2,141..24	2,142..22
2,170	2,143 21	2,144 20	2,145 19	2,146 17	2,147 16	2,148 15	2,149 14	2,150 12	2,151 11	2,152 10
2,180...	2,153..09	2,154..07	2,155..06	2,156..05	2,157..04	2,158..02	2,159..01	2,160..00	2,160..99	2,161..98
2,190	2,162 97	2,163 96	2,164 95	2,165 94	2,166 93	2,167 91	2,168 90	2,169 89	2,170 87	2,171 86
2,200...	2,172..85	2,173..83	2,174..82	2,175..80	2,176..79	2,177..78	1,178..77	2,179..75	2,180..74	2,181..73
2,210	2,182 72	2,183 70	2,184 69	2,185 68	2,186 67	2,187 65	2,188 64	2,189 63	2,190 62	2,191 61
2,220...	2,192..59	2,193..58	2,194..57	2,195..56	2,196..54	2,197..53	2,198..52	2,199..51	2,200..49	2,201..48
2,230	2,202 47	2,203 46	2,204 44	2,205 43	2,206 42	2,207 41	2,208 39	2,209 38	2,210 37	2,211 36
2,240...	2,212..35	2,213..33	2,214..32	2,215..31	2,216..30	2,217..29	2,218..27	2,219..26	2,220..25	2,221..24
2,250	2,222 23	2,223 21	2,224 20	2,225 19	2,226 17	2,227 16	2,228 15	2,229 14	2,230 13	2,231 12
2,260...	2,232..10	2,233..09	2,234..08	2,235..07	2,236..05	2,237..04	2,238..03	2,239..02	2,240..00	2,240..99
2,270	2,241 98	2,242 96	2,243 94	2,244 93	2,245 92	2,246 91	2,247 90	2,248 88	2,249 87	2,250 86
2,280...	2,251..85	2,252..84	2,253..83	2,254..82	2,255..81	2,256..79	2,257..78	2,258..77	2,259..76	2,260..75
2,290	2,261 73	2,262 72	2,263 70	2,264 69	2,265 68	2,266 66	2,267 65	2,268 64	2,269 63	2,270 62
2,300...	2,271..61	2,272..59	2,273..58	2,274..57	2,275..56	2,276..54	2,277..53	2,278..51	2,279..50	2,280..49
2,310	2,281 48	2,282 47	2,283 45	2,284 44	2,285 43	2,286 42	2,287 41	2,288 40	2,289 38	2,290 37
2,320...	2,291..36	2,292..35	2,293..34	2,294..33	2,295..32	2,296..30	2,297..29	2,298..28	2,299..27	2,300..26
2,330	2,301 24	2,302 23	2,303 22	2,304 21	2,305 19	2,306 18	2,307 17	2,308 16	2,309 14	2,310 13
2,340...	2,311..12	2,312..11	2,313..10	2,314..08	2,315..07	2,316..06	2,317..05	2,318..04	2,319..03	2,320..00
2,350	2,320 99	2,321 98	2,322 97	2,323 96	2,324 94	2,325 93	2,326 92	2,327 91	2,328 90	2,329 88
2,360...	2,330..87	2,331..85	2,332..84	2,333..83	2,334..82	2,335..81	2,336..80	2,337..79	2,338..77	2,339..76
2,370	2,340 75	2,341 7	2,342 73	2,343 72	2,344 70	2,345 68	2,346 67	2,347 66	2,348 64	2,349 63
2,380...	2,350..62	2,351..61	2,352..60	2,353..58	2,354..57	2,355..56	2,356..55	2,357..54	2,358..53	2,359..51
2,390	2,360 50	2,361 49	2,362 48	2,363 46	2,364 45	2,365 44	2,366 43	2,367 42	2,368 41	2,369 39
2,400...	2,370..37	2,371..36	2,372..35	2,373..34	2,374..33	2,375..31	2,376..30	2,377..28	2,378..27	2,379..26
2,410	2,380 25	2,381 24	2,382 22	2,383 20	2,384 19	2,385 18	2,386 17	2,387 16	2,388 14	2,389 13
2,420...	2,390..12	2,391..10	2,392..09	2,393..08	2,394..07	2,395..06	2,396..05	2,397..04	2,398..03	2,399..02
2,430	2,400 00	2,400 99	2,401 97	2,402 96	2,403 95	2,404 9	2,405 93	2,406 92	2,407 91	2,408 89
2,440...	2,409..88	2,410..86	2,411..85	2,412..84	2,413..83	2,414..82	2,415..81	2,416..80	2,417..78	2,418..77
2,450	2,419 75	2,420 74	2,421 73	2,422 71	2,423 70	2,424 69	2,425 68	2,426 67	2,427 65	2,428 64
2,460...	2,429..63	2,430..62	2,431..60	2,432..59	2,433..58	2,434..57	2,435..56	2,436..55	2,437..53	2,438..52
2,470	2,439 51	2,440 50	1,441 48	2,442 47	2,443 46	2,444 45	2,445 43	2,446..41	2,447 40	2,448 39
2,480...	2,449..38	2,450..37	2,451..36	2,452..34	2,453..33	2,454..32	2,455..31	2,456 30	2,457..29	2,458..28
2,490	2,459 26	2,460 25	2,461 24	2,462 23	2,463 22	2,464 20	2,465 19	2,466 18	2,467 16	2,468 15

	0.	1.	2.	3.	4.	5.	6.	7.	8.	9.
liv.	fr. c.	fr. c.	fr. c.	fr. c.	fr. c.	fr. c.	fr. c.	fr. c.	fr. c.	fr. c.
2,500...	2,469..14	2,470..13	2,471..12	2,472..11	2 473..10	2,474..08	2,475..07	2,476..05	2,477..04	2,478..03
2,510	2,479 01	2,480 00	2,480 98	2,481 97	2.482 96	2,483 95	2,484 94	2,485 93	2,486 92	2,487 90
2,520...	2,488..89	2,489..88	2,490..86	2,491..85	2,492..84	2,493..83	2,494..82	2,495..81	2,496..80	2,497..78
2,530	2,498 77	2,499 76	2,500 75	2,501 74	2,502 72	2,503 70	2,504 69	2,505 68	2,506 66	2,507 65
2,540...	2,508..64	2,509..63	2,510..62	2,511..61	2,512..60	2,513..58	2,514..57	2,515..56	2,516..55	2,517..53
2,550	2,518 52	2,519 51	2,520 50	2,521 48	2,522 47	2,523 46	2,524 45	2,525 44	2,526 43	2,527 41
2,560...	2,528..40	2,529..39	2,530..37	2,531..35	2,532..34	2,533..33	2,534..32	2,535..31	2,536..30	2,537..28
2,570	2,538 27	2,539 26	2,540 24	1,541 23	2,542 22	2,543 21	2,544 20	2,545 19	2,546..17	2,547 16
2,580...	2,548..15	2,549..14	2,550..13	2,551..12	2,552..11	2,553..09	2,554..08	2,555..06	2,556 05	2,557 03
2,590	2,558 02	2,559 01	2,560 00	2,560 98	2,561 98	2,562 96	2,563 94	2,564 93	2,565 92	2,566..91
2,600...	2,567..90	2,568..89	2,569..88	2,570..87	2,571..86	2,572..84	2,573..83	2,574..82	2,575 81	2,576..80
2,610	2,577 78	2,578 77	2,579 76	2,580 75	2,581 74	2,582 72	2,583 71	2,584 70	2,585 69	2,586 68
2,620...	2,587..66	2,588..65	2,589..64	2,590..63	2,591..62	2,592..56	2,593..58	2,594..57	2,595..56	2,596..55
2,630	2,597 53	2,598 52	2,599 51	2,600 50	2,601 49	2,602 47	2,603 46	2,604 45	2,605 44	2,606 43
2,640...	2,607..41	2,608..40	2,609..39	2,610..38	2,611..37	2,612..35	2,613..34	2,614..33	2,615..32	2,616..31
2,650	2,617 29	2,618 28	2,619 27	2,620 26	2,621 24	2,622 22	2,623 21	2,624 20	2,625 19	2,626 18
2,660...	2,627..16	2,628..15	2,629..14	2,630..13	2,631..12	2,632..10	2,633..09	2,634..08	2,635..07	2,636..05
2,670	2,637 04	2,638 03	2,639 01	2,640 00	2,640 99	2,641 98	2,642 97	2,643 96	2,644 95	2,645 94
2,680...	2,646..92	2,647..91	2,648..90	2,649..89	2,650..87	2,651..86	2,652..84	2,653..83	2,654..82	2,655..81
2,590	2,656 79	2,657 78	2,658 77	2,659 76	2,660 74	2,661 73	2,662 72	2,663 71	2,664 70	2.665 69
2,700...	2,666..67	2,667..66	2,668..65	2,669..64	2,670..63	2,671..61	2,672..60	2,673..59	2,674..58	2,675..56
2,710	2,676 55	2,677 54	2,678 53	2,679 52	2,680 51	2,681 50	2,682 48	2,683 47	2,684 46	2,685 45
2,720...	2,686..44	2,687..42	2,688..41	2,689..39	2,690..38	2,691..36	2,692..35	2,693..34	2,694..33	2,695..32
2,730	2,696 30	2,697 29	2,698 28	2,699 27	2,700 26	2,701 24	2,702 23	2,703 22	2,704 21	2,705 19
2,740...	2,706..17	2,707..16	2,708..15	2,709..14	2,710..13	2,711..11	2,712..10	2,713..09	2,714..08	2,715..07
2,750	2,716 05	2,717 04	2,718 03	2,719 02	2,720 00	2,720 99	2,721 98	2,722 97	2,723 96	2,724 95
2,760...	2,725..93	2,726..92	2,727..91	2,728..88	2,729..87	2,730..86	2,731..85	2,732..84	2,733..83	2,734..82
2,770	2,735 80	2,736 79	2,737 78	2,738 77	2,739 76	2,740 74	2,741 73	2,742 72	2,743 71	2,744 70
2,780...	2,745..68	2,746..67	2,747..66	2,748..65	2,749..64	2,750..62	2,751..61	2,752..60	2,753..58	2,754..57
2,790	2,755 56	2,756 55	2,757 54	2,758 53	2,759 51	2,760 49	2,761 48	2,762 47	2,763 46	2,764 45
2,800...	2,765..44	2,766..43	2,767..42	2,768..41	2,769..39	2,770..37	2,771..36	2,772..35	2,773..34	2,774..33
2,810	2,775 31	2,776 30	2,777 29	2,778 28	2,779 27	2,780 25	2,781 24	2,782 23	2,783 22	2,784 20
2,820...	2,785..19	2,786..18	2,787..17	2,788..16	2,789..14	2,790..12	2,791..11	2,792..10	2,793..09	2,794..08
2,830	2,795 07	2,796 06	2,797 05	2,798 03	2,799 01	2,800 00	2,800 99	2,801 98	2,802 97	2,803 96
2,840...	2,804..94	2,805..93	2,806..92	2,807..90	2,808..89	2,809..88	2,810..87	2,811..86	2,812..84	2,813..83
2,850	2,814 82	2,815 81	2,816 80	2,817 79	2,818 77	2,819 76	2,820 75	2,821 74	2,822 73	2,823 71
2,860...	2,824..69	2,825..67	2,826..66	2,827..65	2,828..64	2,829..63	2,830..62	2,831..61	2,832..59	2,833..58
2,870	2,834 57	2,835 56	2,836 55	2,837 54	2,838 53	2,839 51	2,840 50	2,841 49	2,842 47	2,843 46
2,880...	2,844..45	2,845..44	2,846..43	2,847..42	2,848..40	2,849..39	2,850..38	2,851..37	2,852..36	2,853..34
2,890	2,854 32	2,855 31	2,856 30	2,857 29	2,858 28	2,859 26	2,860 25	2,861 24	2,862 22	2,863 21
2,900...	2,864..19	2,865..18	2,866..17	2,867..16	2,868..15	2,869..14	2,870..13	2,871..12	2,872..10	2,873..09
2,910	2,874 08	2,875 07	2,876 06	2,877 04	2,878 02	2,879 01	2,880 00	2,880 98	2,881 97	2,882 96
2,920...	2,883..95	2,884..94	2,885..92	2,886..91	2,887..90	2,888..89	2,889..88	2,890..87	2,891..86	2,892..84
2,930	2,893 83	2,894 82	2,895 81	2,896 80	2,897 78	2,898 76	2,899 75	2,900 74	2,901 73	2,902 72
2,940...	2,903..70	2,904..69	2,905..68	2,906..63	2,907..65	2,908..64	2,909..63	2,910..62	2,911..61	2,912..59
2,950	2,913 58	2,914 57	2,915 56	2,916 54	2,917 53	2,918 52	2,919 51	2,920 50	2,921 48	2,922 47
2,960...	2,923..46	2,924..45	2,925..44	2,926..42	2,927..41	2,928..40	2,929..39	2,930..38	2,931..36	2,932..35
2,970	2,933 33	2,934 32	2,935 31	2,936 30	2,937 28	2,938 27	2,939 26	2,940 25	2,941 24	2,942 23
2,980...	2,943..21	2,944..20	2,945..19	2,946..18	2,947..16	2,948..15	2,949..14	2,950..13	2,951..12	2,952..11
2,990	2,953 09	2,954 08	2,955 07	2,956 06	2,957 04	2,958 03	2,959 01	2,960 00	2,960 98	2,961 97

LIVRES.	FR.	C.	LIVRES.	FR.	C.	LIVRES.	FR.	C.
3,000	2,962	96	7,000	6,913	58	11,000	10,864	19
3,100	3,061	73	7,100	7,012	35	11,500	11,358	02
3,200	3,160	49	7,200	7,111	11	12,000	11,851	85
3,300	3,259	26	7,300	7,209	88	12,500	12,345	68
3,400	3,358	02	7,400	7,308	64	13,000	12,839	50
3,500	3,456	79	7,500	7,407	41	13,500	13,333	33
3,600	3,555	56	7,600	7,506	17	14,000	13,827	16
3,700	3,654	32	7,700	7,604	94	14,500	14,321	00
3,800	3,753	08	7,800	7,703	70	15,000	14,814	81
3,900	3,851	85	7,900	7,802	42	15,500	15,308	65
4,000	3,950	62	8,000	7,901	23	16,000	15,802	47
4,100	4,049	39	8,100	8,000	00	16,500	16,295	30
4,200	4,148	15	8,200	8,098	76	17,000	16,790	11
4,300	4,246	92	8,300	8,197	53	17,500	17,282	95
4,400	4,345	68	8,400	8,296	30	18,000	17,777	78
4,500	4,444	44	8,500	8,395	06	18,500	18,271	61
4,600	4,543	21	8,600	8,493	83	19,000	18,765	43
4,700	4,641	98	8,700	8,592	59	19,500	19,259	26
4,800	4,740	74	8,800	8,691	36	20,000	19,753	09
4,900	4,839	51	8,900	8,790	12	25,000	24,691	36
5,000	4,938	27	9,000	8,888	89	30,000	29,629	63
5,100	5,037	04	9,100	8,987	65	35,000	34,577	89
5,200	5,135	80	9,200	9,086	42	40,000	39,506	17
5,300	5,234	57	9,300	9,185	18	45,000	44,444	44
5,400	5,333	33	9,400	9,283	95	50,000	49,382	72
5,500	5,432	10	9,500	9,382	71	55,000	54,320	98
5,600	5,530	86	9,600	9,481	48	60,000	59,259	26
5,700	5,629	63	9,700	9,580	25	65,000	64,197	53
5,800	5,728	39	9,800	9,679	01	70,000	69,135	80
5,900	5,827	16	9,900	9,777	78	75,000	74,074	07
6,000	5,925	93	10,000	9,876	54	80,000	79,012	35
6,100	6,024	69	10,100	9,975	31	85,000	83,950	61
6,200	6,123	46	10,200	10,074	07	90,000	88,888	89
6,300	6,222	22	10,300	10,172	84	95,000	93,827	15
6,400	6,320	99	10,400	10,271	60	100,000	98,765	43
6,500	6,419	75	10,500	10,370	38	200,000	197,530	86
6,600	6,518	52	10,600	10,469	14	300,000	296,296	30
6,700	6,617	28	10,700	10,567	91	400,000	395,061	73
6,800	6,716	05	10,800	10,666	67	500,000	493,827	16
6,900	6,814	81	10,900	10,765	30	1,000,000	987,654	32

	0.	1.	2.	3.	4.	5.	6.	7.	8.	9.
fr.	liv. s. d.	liv. s. d.	liv. s. d.	liv. s. d.	liv. s. d.	liv. s. d.	liv. s. d.	liv. s. d.	liv. s. d.	liv. s. d.
0...	0..00..0	1..00..3	2..00..6	3..00..9	4..01..0	5..01..3	6..01..6	7..01..9	8..02..0	9..02..3
10	10 02 6	11 02 9	12 03 0	13 03 3	14 03 6	15 03 9	16 04 0	17 04 3	18 04 6	19 04 9
20...	20..05..0	21..05..3	22..05..6	23..05..9	24..06..0	25..06..3	26..06..6	27..06..9	28..07..0	29..07..3
30	30 07 6	31 07 9	32 08 0	33 08 3	34 08 6	35 08 9	36 09 0	37 09 3	38 09 6	39 09 9
40...	40..10..0	41..10..3	42..10..6	43..10..9	44..11..0	45..11..3	46..11..6	47..11..9	48..12..0	49..12..3
50	50 12 6	51 12 9	52 13 0	53 13 3	54 13 6	55 13 9	56 14 0	57 14 3	58 14 6	59..14..9
60...	60..15..0	61..15..3	62..15..6	63..15..9	64..16..0	65..16..3	66..16..6	67..16..9	68..17..0	69..17..3
70	70 17 6	71 17 9	72 18 0	73 18 3	74 18 6	75 18 9	76 19 0	77 19 3	78 19 6	79 19 9
80...	81..00..0	82..00..3	83..06..0	84..00..9	85..0..0	86..01..3	87..01..6	88..01..9	89..02..0	90..02..3
90	91 02 6	92 02 9	93 03 0	94 03 3	95 03 6	96 03 9	97 04 0	98 04 3	99 04 6	100 04 9
00...	101..05..0	102..05..3	103..05..6	104..05..9	105..06..0	106..06..3	107..06..6	108..06..9	109..07..0	110..07..3
10	111 07 6	112 07 9	113 08 0	114 08 3	115 08 6	116 08 9	117 09 0	118 09 3	119 09 6	120 09 9
20...	121..10..0	122..10..3	123..10..6	124..10..9	125..11..0	126..11..3	127..11..6	128..11..9	129..12..0	130..12..3
30	131 12 6	132 12 9	133 13 0	134 13 3	135 13 6	136 13 9	137 14 0	138 14 3	139 14 6	140 14 9
40...	141..15..0	142..15..3	143..15..6	144..15..9	145..16..0	146..16..3	147..16..6	148..16..9	149..17..0	150..17..3
50	151 17 6	152 17 9	153 18 0	154 18 3	155 18 6	156 18 9	157 19 0	158 19 3	159 19 6	160 19 9
60...	162..00..0	163..00..3	164..00..6	165..00..9	166..01..0	167..01..3	168..01..6	169..01..9	170..02..0	171..02..3
70	172 02 6	173 02 9	174 03 0	175 03 3	176 03 6	177 03 9	178 04 0	179 04 3	180 04 6	181 04 9
80...	182..05..0	183..05..3	184..05..6	185..05..9	185..06..0	187..06..3	188..06..6	189..06..9	190..07..0	191..07..3
90	192 07 6	193 07 9	194 08 0	195 08 3	196 08 6	197..08..9	198 09 0	199 09 3	200 09 6	201 09 9
00...	202..10..0	203..10..3	204..10..6	205..10..9	206..11..0	207..11..3	208..11..6	209..11..9	210..12..0	211..12..3
10	212 12 6	213 12 9	214 13 0	215 13 3	216 13 6	217 13 9	218 14 0	219 14 3	220 14 6	221 14 9
20...	222..15..0	223..15..3	224..15..6	225..15..9	226..16..0	227..16..3	228..16..6	229..16..9	230..17..0	231..17..3
30	232 17 6	233 17 9	234 18 0	235 18 3	236 18 6	237 18 9	238 19 0	239 19 3	240 19 6	241 19 9
40...	243..00..0	244..00..3	245..00..6	246..00..9	247..01..0	248..01..3	249..01..6	250..01..9	251..02..0	252..02..3
50	253 02 6	254 02 9	255 03 0	256 03 3	257 03 6	258 03 9	259 04 0	260 04 3	261 04 6	262 04 9
60...	263..05..0	264..05..3	265..05..6	266..05..9	267..06..0	268..06..3	269..06..6	270..06..9	171..07..0	272..07..3
70	273 07 6	274 07 9	275 08 0	276 08 3	277 08 6	278 08 9	279 09 0	280 09 3	281 09 6	282 09 9
80...	283..10..0	284..10..3	285..10..6	286..10..9	287..11..0	288..11..3	289..11..6	290..11..9	291..12..0	292..12..3
90	293 12 6	294 12 9	295 13 0	296 13 3	297 13 6	298 13 9	299 14 0	300 14 3	301 14 6	302 14 9
00...	303..15..0	304..15..3	305..15..6	306..15..9	307..16..0	308..16..3	309..16..6	310..16..9	311..17..0	312..17..3
10	313 17 6	314 17 9	315 18 0	316 18 3	317 18 6	318 18 9	319 19 0	320 19 3	321 19 6	322 19 9
20...	324..00..0	325..00..3	326..00..6	327..00..9	328..01..0	329..01..3	330..01..6	331..01..9	332..02..0	333..02..3
30	334 02 6	335 02 9	336 03 0	337 03 3	338 03 6	339 03 9	340 04 0	341 04 3	342 04 6	343 04 9
40...	344..05..0	345..05..3	346..05..6	347..05..9	348..06..0	349..06..3	350..06..6	351..06..9	352..07..0	353..07..3
50	354 07 6	355 07 9	356 08 0	357 08 3	358 08 6	359 08 9	360 09 0	361 09 3	362 09 6	363 09 9
60...	364..10..0	365..10..3	366..10..6	367..10..9	368..11..0	369..11..3	370..11..6	371..11..9	372..12..0	373..12..3
70	374 12 6	375 12 9	376 13 0	377 13 3	378 13 6	379 13 9	380 14 0	381 14 3	382 14 6	383 14 9
80...	384..15..0	385..15..3	386..15..6	387..15..9	388..16..0	389..16..3	390..16..6	391..16..9	392..17..0	393..17..3
90	394 17 6	395 17 9	396 18 0	397 18 3	398 18 6	399 18 9	400 19 0	401 19 3	402 19 6	403 19 9
00...	405..00..0	406..00..3	407..00..6	408..00..9	409..01..0	410..01..3	411..01..6	412..01..9	413..02..0	414..02..3
10	415 02 6	416 02 9	417 03 0	418 03 3	419 03 6	420 03 9	421 04 0	422 04 3	423 04 6	424 04 9
20...	425..05..0	426..05..3	427..05..6	428..05..9	429..06..0	430..06..3	431..06..6	432..06..9	433..07..0	434..07..3
30	435 07 6	436 07 9	437 08 0	438 08 3	439 08 6	440 08 9	441 09 0	442 09 3	443 09 6	444 09 9
40...	445..10..0	446..10..3	447..10..6	448..10..9	449..11..0	450..11..3	451..11..6	452..11..9	453..12..0	454..12..3
50	455 12 6	456 12 9	457 13 0	458 13 3	459 13 6	460 13 9	461 14 0	462 14 3	463 14 6	464 14 9
60...	465..15..0	466..15..3	467..15..6	468..15..9	469..16..0	470..16..3	471..16..6	472..16..9	473..17..0	474..17..3
70	475 17 6	476 17 9	477 18 0	478 18 3	479 18 6	480 18 9	481 19 0	482 19 3	483 19 6	484 19 9
80...	486..00..0	487..00..3	488..00..6	489..00..9	490..01..0	491..01..3	492..01..6	493..01..9	494..02..0	495..02..3
90	496 02 6	497 02 9	498 03 0	499 03 3	500 03 6	501 03 9	502 04 0	503 04 3	504 04 6	505 04 9

	0.	1.	2.	3.	4.	5.	6.	7.	8.	9.
fr.	liv. s. d.	liv. s. d.	liv. s. d.	liv. s. d.	liv. s. d.	liv. s. d.	liv. s. d.	liv. s. d.	liv. s. d.	liv. s.
500...	506..05..0	507..05..3	508..05..6	509..05..9	510..06..0	511..06..3	512..06..6	513..06..9	514..07..0	515..07
510	516 07 6	517 07 9	518 08 0	519 08 3	520 08 6	521..08..9	522 09 0	523 09 3	524 09 6	525 09
520...	526..10..0	527..10..3	528..10..6	529..10..9	530..11..0	531..11..3	532..11..6	533..11..9	534..12..0	535..12
530	536 12 6	537 12 9	538 13 0	539 13 3	540 13 6	541 13 9	542 14 0	543 14 3	544 14 6	545 14
540...	546..15..0	547..15..3	548..15..6	549..15..9	550..16..0	551..16..3	552..16..6	553..16..9	554..17..0	555..17
550	556 17 6	557 17 9	558 18 0	559 18 3	560 18 6	561 18 9	562 19 0	563 19 3	564 19 6	565 19
560...	567..00..0	568..00..3	569..00..6	570..00..9	571..01..0	572..01..3	573..01..6	574..01..9	575..02..0	576..02
570	577 02 6	578 02 9	579 03 0	580 03 3	581 03 6	582 03 9	583 04 0	584 04 3	585 04 6	586 04
580...	587..05..0	588..05..3	589..05..6	590..05..9	591..06..0	592..06..3	593..06..6	594..06..9	595..07..0	596..07
590	597 07 6	598 07 9	599 08 0	600 08 3	601 08 6	602 08 9	603 09 0	604 09 3	605 09 6	606 09
600...	607..10..0	608..10..3	609..10..6	610..10..9	611..11..0	612..11..3	613..11..6	614..11..9	615..12..0	616..12
610	617 12 6	618 12 9	619 13 0	620 13 3	621 13 6	622 13 9	623 14 0	624 14 3	625 14 6	626 14
620...	627..15..0	628..15..3	629..15..6	630..15..9	631..16..0	632..16..3	633..16..6	634..16..9	635..17..0	636..17
630	637 17 6	638 17 9	639 18 0	640 18 3	641 18 6	642 18 9	643 19 0	644 19 3	645 19 6	646 19
640...	648..00..0	649..00..3	650..00..6	651..00..9	652..01..0	653..01..3	654..01..6	655..01..9	656..02..0	657..02
650	658 02 6	659 02 9	660 03 0	661 03 3	662 03 6	663 03 9	664 04 0	665 04 3	666 04 6	667 04
660...	668..05..0	669..05..3	670..05..6	671..05..9	672..06..0	673..06..3	674..06..6	675..06..9	676..07..0	677..0
670	678 07 6	679 07 9	680 08 0	681 08 3	682 08 6	683 08 9	684 09 0	685 09 3	686 09 6	687 0
680...	688..10..0	689..10..3	690..10..6	691..10..9	692..11..0	693..11..3	694..11..6	695..11..9	696..12..0	697..12
690	698 12 6	699 12 9	700 13 0	701 13 3	702 13 6	703 13 9	704 14 0	705 14 3	706..14..6	707 14
700...	708..15..0	709..15..3	710..15..6	711..15..9	712..16..0	713..16..3	714..16..6	715..16..9	716..17..0	717..1
710	718 17 6	719 17 9	720 18 0	721 18 3	722 18 6	723 18 9	724 19 0	725 19 3	726 19 6	727 1
720...	729..00..0	730..00..3	731..00..6	732..00..9	733..01..0	734..01..3	735..01..6	736..01..9	737..02..0	738..02
730	739 02 6	740 02 9	741 03 0	742 03 3	743 03 6	744 03 9	745 04 0	746 04 3	747 04 6	748 0
740...	749..05..0	750..05..3	751..05..6	752..05..9	753..06..0	754..06..3	755..06..6	756..06..9	757..07..0	758..0
750	759 07 6	760 07 9	761 08 0	762 08 3	763 08 6	764 08 9	765 09 0	766 09 3	767 09 6	768 0
760...	769..10..0	770..10..3	771..10..6	772..10..9	773..11..0	774..11..3	775..11..6	776..11..9	777..12..0	778..12
770	779 12 6	780 12 9	781 13 0	782 13 3	783 13 6	784 13 9	785 14 0	786 14 3	787 14 6	788 14
780...	789..15..0	790..15..3	791..15..6	792..15..9	793..16..0	794..16..3	795..16..6	796..16..9	797..17..0	798..17
790	799 17 6	800 17 9	801 18 0	802 18 3	803 18 6	804 18 9	805 19 0	806 19 3	807 19 6	808 19
800...	810..00..0	811..00..3	812..00..6	813..00..9	814..01..0	815..01..3	816..01..6	817..01..9	818..02..0	819..02
810	820 02 6	821 02 9	822 03 0	823 03 3	824 03 6	825 03 9	826 04 0	827 04 3	828 04 6	829 0
820...	830..05..0	831..05..3	832..05..6	833..05..9	834..06..0	835..06..3	836..06..6	837..06..9	838..07..0	839..0
830	840 07 6	841 07 9	842 08 0	843 08 3	844 08 6	845 08 9	846 09 0	847 09 3	848 09 6	849 0
840...	850..10..0	851..10..3	852..10..6	853..10..9	854..11..0	855..11..3	856..11..6	857..11..9	858..12..0	859..1
850	860 12 6	861 12 9	862 13 0	863 13 3	864 13 6	865 13 9	866 14 0	867 14 3	868 14 6	869 14
860...	870..15..0	871..15..3	872..15..6	873..15..9	874..16..0	875..16..3	876..16..6	877..16..9	878..17..0	879..1
870	880 17 6	881 17 9	882 18 0	883 18 3	884 18 6	885 18 9	886 19 0	887 19 3	888..19..6	889 1
880...	891..00..0	892..00..3	893..00..6	894..00..9	895..01..0	896..01..3	897..01..6	898..01..9	899..02..0	900..0
890	901 02 6	902 02 9	903 03 0	904 03 3	905 03 6	906 03 9	907 04 0	908 04 3	909 04 6	910 0
900...	911..05..0	912..06..3	913..05..6	914..05..9	915..06..0	916..06..3	917..06..6	918..06..9	919..07..0	920..0
910	921 07 6	922 07 9	923 08 0	924 08 3	925 08 6	926 08 9	927 09 0	928 09 3	929 09 6	930 0
920...	931..10..0	932..10..3	933..10..6	934..10..9	935..11..0	936..11..3	937..11..6	938..11..9	939..12..0	940..12
930	941 12 6	942 12 9	943 13 0	944 13 3	945 13 6	946 13 9	947 14 0	948 14 3	949 14 6	950 14
940...	951..15..0	952..15..3	953..15..6	654..15..9	955..16..0	956..16..3	957..16..6	958..16..9	959..17..0	960..17
950	961 17 6	962 17 9	963 18 0	964 18 3	965 18 6	966 18 9	967 19 0	968 19 3	969 19 6	970 19
960...	972..00..0	973..00..3	974..00..6	975..00..9	976..01..0	977..01..3	978..01..6	979..01..9	980..02..0	981..02
970	982 02 6	983 02 9	984 03 0	985 03 3	986 03 6	987 03 9	988 04 0	989 04 3	990 04 6	991 04
980...	992..05..0	993..05..3	994..05..6	995..05..9	996..06..0	997..06..3	998..06..6	999..06..9	1000..07..0	1001..0
990	1002 07 6	1003 07 9	1004 08 0	1005 08 3	1006 08 6	1007 08 9	1008 09 0	1009 09 3	1010 09 6	1011 09

FRANCS.	LIV.	S.	FRANCS.	LIV.	S.	FRANCS.	LIV.	S.
1,000	1,012	10	5,000	5,062	10	9,000	9,112	10
1,100	1,113	15	5,100	5,163	15	9,100	9,213	15
1,200	1,215	00	5,200	5,265	00	9,200	9,315	00
1,300	1,316	05	5,300	5,366	05	9,300	9,416	05
1,400	1,417	10	5,400	5,467	10	9,400	9,517	10
1,500	1,518	15	5,500	5,568	15	9,500	9,618	15
1,600	1,620	00	5,600	5,670	00	9,600	9,720	00
1,700	1,721	05	5,700	5,771	05	9,700	9,821	05
1,800	1,822	10	5,800	5,872	10	9,800	9,922	10
1,900	1,923	15	5,900	5,973	15	9,900	10,023	15
2,000	2,025	00	6,000	6,075	00	10,000	10,125	00
2,100	2,126	05	6,100	6,176	05	10,500	10,631	05
2,200	2,227	10	6,200	6,277	10	11,000	11,137	10
2,300	2,328	15	6,300	6,378	15	11,500	11,643	15
2,400	2,430	00	6,400	6,480	00	12,000	12,150	00
2,500	2,531	05	6,500	6,581	05	12,500	12,656	05
2,600	2,632	10	6,600	6,682	10	13,000	13,162	10
2,700	2,733	15	6,700	6,783	15	13,500	13,668	15
2,800	2,835	00	6,800	6,885	00	14,000	14,175	00
2,900	2,936	05	6,900	6,986	05	14,500	14,681	05
3,000	3,037	10	7,000	7,087	10	15,000	15,187	10
3,100	3,138	15	7,100	7,188	15	15,500	15,693	15
3,200	3,240	00	7,200	7,290	00	16,000	16,200	00
3,300	3,341	05	7,300	7,391	05	16,500	16,706	05
3,400	3,442	10	7,400	7,492	10	17,000	17,212	10
3,500	3,543	15	7,500	7,593	15	17,500	17,718	15
3,600	3,645	00	7,600	7,695	00	18,000	18,225	00
3,700	3,746	05	7,700	7,796	05	18,500	18,731	05
3,800	3,847	10	7,800	7,897	10	19,000	19,237	10
3,900	3,948	15	7,900	7,998	15	19,500	19,743	15
4,000	4,050	00	8,000	8,100	00	20,000	20,250	00
4,100	4,151	05	8,100	8,201	05	30,000	30,375	00
4,200	4,252	10	8,200	8,302	10	40,000	40,500	00
4,300	4,353	15	8,300	8,403	15	50,000	50,625	00
4,400	4,455	00	8,400	8,505	00	60,000	60,750	00
4,500	4,556	05	8,500	8,606	05	70,000	70,875	00
4,600	4,657	10	8,600	8,707	10	80,000	81,000	00
4,700	4,758	15	8,700	8,808	15	90,000	91,125	00
4,800	4,860	00	8,800	8,910	00	100,000	101,250	00
4,900	4,961	05	8,900	9,011	05	500,000	506,250	00

NOTIONS PRÉLIMINAIRES

SUR LE CALCUL

DES INTÉRÊTS A SIX POUR CENT L'AN,

OU DEMI POUR CENT PAR MOIS.

On a donné, dans les tableaux qui suivent, les calculs de l'intérêt à six pour cent l'an, ou demi pour cent par mois, de préférence à tous autres, premièrement, parce que ce taux est celui du commerce auquel ce Manuel est principalement destiné, et en second lieu, parce que beaucoup de personnes se servent de ce taux pour la base de leurs calculs, quel que soit d'ailleurs le taux de l'escompte qu'elles veulent prendre, soit en plus, soit en moins. Les comptes courans du commerce, les escomptes les plus ordinaires en marchandises, s'établissent au taux de demi pour cent par mois ; les comptes courans en banque se dressent assez souvent, et par suite d'habitude, au taux de demi pour cent par mois, et portent, par un article final, la différence du taux d'escompte, si les conditions convenues l'ont fixé à un prix moindre de six pour cent l'an.

L'année commerciale ne se compose que de trois cent soixante jours, car, lorsqu'on stipule l'intérêt à six pour cent l'an, on dit comme équivalent, ou demi pour cent par mois. Or, si l'on n'entendait pas que l'année est présumée se composer de trois cent soixante jours, mais au contraire de trois cent soixante-cinq jours, il s'ensuivrait que demi pour cent par mois ne serait nullement l'équivalent d'une année à six pour cent l'an ; car, dans ce cas, il y aurait à diminuer sur chaque mois la fraction d'intérêt que peut produire la différence de trois cent soixante à trois cent soixante-cinq jours.

L'usage en France est de prendre le prix de l'escompte en dedans, c'est-à-dire que, lorsqu'on escompte, au taux de six pour cent l'an, un billet de 1,000 fr. à un an de terme, celui qui donne son billet ne reçoit de celui qui le lui escompte, que 940 fr. ; si, au contraire, on faisait un placement de 1,000 fr. au même taux, il reviendrait 1,060 fr.

INSTRUCTION

POUR LES TABLEAUX

DES INTÉRÊTS A SIX POUR CENT L'AN,

OU DEMI POUR CENT PAR MOIS.

Les Tableaux des Intérêts tout calculés, jour par jour, jusqu'à 400, et ensuite de mois en mois jusqu'à cinq années, pour toutes sommes, indiquent en tête de chaque colonne le nombre des jours pour lesquels on veut trouver l'intérêt d'une somme quelconque.

Les colonnes à gauche indiquent les sommes, et celles intérieures donnent le produit que l'on veut obtenir.

Pour trouver l'intérêt à demi pour cent par mois de 9,000 pour 111 jours, il faut chercher dans le tableau de la page 26 la colonne de 111 jours; en descendant jusqu'au nombre 9,000, on trouvera dans la colonne à droite, 166 . 50, qui est le produit désiré.

Si, au lieu de 9,000 francs, on avait à chercher, pour le même nombre de jours, l'intérêt de 9,600 francs; après avoir trouvé, comme il est expliqué ci-dessus, le produit de l'intérêt de 9,000, qui est de.. 166 50

On remonte dans la colonne des sommes jusqu'à 600, et dans la colonne intitulée 111 jours, qui suit immédiatement et correspond à la ligne 600, on trouve pour produit.. 11 10

Total............. 177 60

Ce qui est le résultat de l'intérêt de 9,600 fr. pour 111 jours à demi pour cent par mois.

Ces données s'appliquent également aux francs et aux livres.

Il est facile de comprendre qu'au moyen de ces tableaux qui donnent les intérêts à demi pour cent par mois, on peut aisément trouver ceux à tous autres taux, et qu'il suffit d'une addition ou d'une soustraction pour y parvenir.

Exemple : 6,000 francs à 6 pour cent l'an, donnent, pour 60 jours.................. 60 fr.

Pour avoir les intérêts de la même somme pour le même nombre de jours, aux différens taux ci-après, savoir :

A 4 pour cent l'an,

Retranchez du produit ci-dessus le tiers, qui est de 20 francs, reste.......... 40

A 5 pour cent l'an,

Retranchez des 60 francs ci-dessus le sixième, qui est de 10 francs, reste..... 50

A 7 pour cent l'an,

    Ajoutez au produit de 60 francs le sixième, qui est de 10 francs, et vous aurez.   70

A 7 et demi pour cent l'an, ou cinq huitièmes par mois,

    Ajoutez au produit de 60 francs le quart, qui est de 15 francs, vous aurez....   75

A 8 pour cent l'an,

    Ajoutez aux 60 francs obtenus le tiers, qui est de 20 francs, vous aurez.....   80

A 9 pour cent l'an, ou trois quarts par mois,

    Ajoutez aux 60 francs ci-dessus la moitié, qui est de 30 francs, vous aurez.....   90

A 10 pour cent l'an,

    Ajoutez aux 60 fr. d'autre part les deux tiers, qui sont de 40 francs, vous aurez.   100

A 10 et demi pour cent l'an, ou sept huitièmes par mois,

    Ajoutez aux 60 francs ci-contre les trois quarts, qui sont de 45 francs, vous aurez.   105

A 12 pour cent l'an, ou 1 pour cent par mois,

    Ajoutez 60 francs aux 60 francs déjà obtenus, et vous aurez.................   120

Il en est ainsi pour toute autre fraction d'intérêts.

L'usage que l'on fera de ces tableaux, soit pour dresser des comptes d'intérêt, soit pour faire des vérifications, apprendra quelques moyens d'abréger les additions, et très-souvent de les éviter entièrement, ce qui rendra le travail plus prompt. Ainsi, par exemple, pour trouver l'intérêt de 1,700 francs pour deux cent un jours, au lieu de prendre pour 1,000 francs et 700 francs, il vaut mieux composer cette somme par 800 et 900 francs, parce qu'alors les produits de ces deux sommes sont placés, par leur ordre numérique, immédiatement les uns sous les autres, et que, sans avoir recours à l'addition, l'œil en saisit aisément le résultat.

	1 JOUR.	2 JOURS.	3 JOURS.	4 JOURS.	5 JOURS.	6 JOURS.	7 JOURS.	8 JOURS.	9 JOURS.	10 JOURS.
fr.	fr. c.	fr. c.	fr. c.	fr. c.	fr. c.	fr. c.	fr. c.	fr. c.	fr. c.	fr. c.
1..	0..00	0..00	0..00	0..00	0..00	0..00	0..00	0..00	0..00	0..00
2	0 00	0 00	0 00	0 00	0 00	0 00	0 00	0 00	0 00	0 00
3..	0..00	0..00	0..00	0..00	0..00	0..00	0..00	0..00	0..00	0..00
4	0 00	0 00	0 00	0 00	0 00	0 00	0 00	0 00	0 01	0 01
5..	0..00	0..00	0..00	0..00	0..00	0..00	0..01	0..01	0..01	0..01
6	0 00	0 00	0 00	0 00	0 00	0 01	0 01	0 01	0 01	0 01
7..	0..00	0..00	0..00	0..00	0..01	0..01	0..01	0..01	0..01	0..01
8	0 00	0 00	0 00	0 00	0 01	0 01	0 01	0 01	0 01	0 01
9..	0..00	0..00	0..00	0..01	0..01	0..01	0..01	0..01	0..01	0..01
10..	0..00	0..00	0..00	0..01	0..01	0..01	0..01	0 01	0..01	0..02
20	0 00	0 01	0 01	0 01	0 02	0 02	0 02	0 03	0 03	0 03
30..	0..00	0..01	0..01	0..02	0..02	0..03	0..03	0..04	0..04	0..05
40	0 01	0 01	0 02	0 03	0 03	0 04	0 05	0 05	0 06	0 07
50..	0..01	0..02	0..02	0..03	0..04	0..05	0..06	0..07	0..07	0..08
60	0 01	0 02	0 03	0 04	0 05	0 06	0 07	0 08	0 09	0 10
70..	0..01	0..02	0..03	0..05	0..06	0..07	0..08	0..09	0..10	0..12
80	0 01	0 03	0 04	0 05	0 07	0 08	0 09	0 11	0 12	0 13
90..	0..01	0..03	0..04	0..06	0..07	0..09	0..10	0..12	0..13	0..15
100..	0..02	0..03	0..05	0..07	0..08	0..10	0..12	0..13	0..15	0..17
200	0 03	0 07	0 10	0 13	0 17	0 20	0 23	0 27	0 30	0 33
300..	0..05	0..10	0..15	0..20	0..25	0..30	0..35	0..40	0..45	0..50
400	0 07	0 13	0 20	0 27	0 33	0 40	0 47	0 53	0 60	0 67
500..	0..08	0..17	0..25	0..33	0..42	0..50	0..58	0..67	0..75	0..83
600	0 10	0 20	0 30	0 40	0 50	0 60	0 70	0 80	0 90	1 00
700..	0..12	0..23	0..35	0..47	0..58	0..70	0..82	0..93	1..05	1..17
800	0 13	0 27	0 40	0 53	0 67	0 80	0 93	1 07	1 20	1 33
900..	0..15	0..30	0..45	0..60	0..75	0..90	1..05	1..20	1..35	1..50
1,000..	0..17	0..33	0..50	0..67	0..83	1..00	1..17	1..33	1..50	1..67
2,000	0 33	0 67	1 00	1 33	1 67	2 00	2 33	2 67	3 00	3 33
3,000..	0..50	1..00	1..50	2..00	2..50	3..00	3..50	4..00	4..50	5..00
4,000	0 67	1 33	2 00	2 67	3 33	4 00	4 67	5 33	6 00	6 67
5,000..	0..83	1..67	2..50	3..33	4..17	5..00	5..83	6..67	7..50	8..33
6,000	1 00	2 00	3 00	4 00	5 00	6 00	7 00	8 00	9 00	10 00
7,000..	1..17	2..33	3..50	4..67	5..83	7..00	8..17	9..33	10..50	11..67
8,000	1 33	2 67	4 00	5 33	6 67	8 00	9 33	10 67	12 00	13 33
9,000..	1..50	3..00	4..50	6..00	7..50	9..00	10..50	12..00	13..50	15..00
10,000..	1..67	3..33	5..00	6..67	8..33	10..00	11..67	13..33	15..00	16..67
20,000	3 33	6 67	10 00	13 33	16 67	20 00	23 33	26 67	30 00	33 33
30,000..	5..00	10..00	15..00	20..00	25..00	30..00	35..00	40..00	45..00	50..00
40,000	6 67	13 33	20 00	26 67	33 33	40 00	46 67	53 33	60 00	66 67
50,000..	8..33	16..67	25..00	33..33	41..67	50..00	58..83	66..67	75..00	83..33
60,000	10 00	20 00	30 00	40 00	50 00	60 00	70 00	80 00	90 00	100 00
70,000..	11..67	23..33	35..00	46..67	58..33	70..00	81..67	93..33	105..00	116..67
80,000	13 33	26 67	40 00	53 33	66 67	80 00	93 33	106 67	120 00	133 33
90,000..	15..00	30..00	45..00	60..00	75..00	90..00	105..00	120..00	135..00	150..00

	11 JOURS.	12 JOURS.	13 JOURS.	14 JOURS.	15 JOURS.	16 JOURS.	17 JOURS.	18 JOURS.	19 JOURS.	20 JOURS.
fr.	fr. c.	fr. c.	fr. c.	fr. c.	fr. c.	fr. c.	fr. c.	fr. c.	fr. c.	fr. c.
1..	0..00	0..00	0..00	0..00	0..00	0..00	0..00	0..00	0..00	0..00
2	0 00	0 00	0 00	0 00	0 00	0 00	0 01	0 01	0 01	0 01
3..	0..01	0..01	0..01	0..01	0..01	0..01	0..01	0..01	0..01	0..01
4	0 01	0 01	0 01	0 01	0 01	0 01	0 01	0 01	0 01	0 01
5..	0..01	0..01	0..01	0..01	0..01	0..01	0..01	0..01	0..02	0..02
6	0 01	0 01	0 01	0 01	0 01	0 02	0 02	0 02	0 02	0 02
7..	0..01	0..01	0..01	0..02	0..02	0..02	0..02	0..02	0..02	0..02
8	0..01	0 02	0 02	0 02	0 02	0 02	0 03	0 03	0 03	0 03
9..	0..02	0..02	0..02	0..02	0..02	0..02	0..03	0..03	0..03	0..03
10..	0..02	0..02	0..02	0..02	0..02	0..03	0..03	0..03	0..03	0..03
20	0 04	0 04	0 04	0 05	0 05	0 05	0 06	0 06	0 06	0 07
30..	0..05	0..06	0..06	0..07	0..07	0..08	0..08	0..09	0..09	0..10
40	0 07	0 08	0 09	0 09	0 10	0 11	0 11	0 12	0 13	0 13
50..	0..09	0..10	0..11	0..12	0..12	0..13	0..14	0..15	0..16	0..17
60	0 11	0 12	0 13	0 14	0 15	0 16	0 17	0 18	0 19	0 20
70..	0..13	0..14	0..15	0..16	0..17	0..19	0..20	0..21	0..22	0..23
80	0 15	0 16	0 17	0 19	0 20	0 21	0 23	0 24	0 25	0 27
90..	0..16	0..18	0..19	0..21	0..22	0..24	0..25	0..27	0..28	0..30
100..	0..18	0..20	0..22	0..23	0..25	0..27	0..28	0..30	0..32	0..33
200	0 37	0 40	0 43	0 47	0 50	0 53	0 57	0 60	0 63	0 67
300..	0..55	0..60	0..65	0..70	0..75	0..80	0..85	0..90	0..95	1..00
400	0 73	0 80	0 87	0 93	1 00	1 07	1 13	1 20	1 27	1 33
500..	0..92	1..00	1..08	1..17	1..25	1..33	1..42	1..50	1..58	1..67
600	1 10	1 20	1 30	1 40	1 50	1 60	1 70	1 80	1 90	2 00
700..	1..28	1..40	1..52	1..63	1..75	1..87	1..98	2..10	2..22	2..33
800	1 47	1 60	1 73	1 87	2 00	2 13	2 27	2 40	2 53	2 67
900..	1..65	1..80	1..95	2..10	2..25	2..40	2..55	2..70	2..85	3..00
1,000..	1..83	2..00	2..17	2..33	2..50	2..67	2..83	3..00	3..17	3..33
2,000	3 67	4 00	4 33	4 67	5 00	5 33	5 67	6 00	6 33	6 67
3,000..	5..50	6..00	6..50	7..00	7..50	8..00	8..50	9..00	9..50	10..00
4,000	7 33	8 00	8 67	9 33	10 00	10 67	11 33	12 00	12 67	13 33
5,000..	9..17	10..00	10..83	11..67	12..50	13..33	14..17	15..00	15..83	16..67
6,000	11 00	12 00	13 00	14 00	15 00	16 00	17 00	18 00	19 00	20 00
7,000..	12..83	14..00	15..17	16..33	17..50	18..67	19..83	21..00	22..17	23..33
8,000	14 67	16 00	17 33	18 67	20 00	21 33	22 67	24 00	25 33	26 67
9,000..	16..50	18..00	19..50	21..00	22..50	24..00	25..50	27..00	28..50	30..00
10,000..	18..33	20..00	21..67	23..33	25..00	26..67	28..33	30..00	31..67	33..33
20,000	36 67	40 00	43 33	46 67	50 00	53 33	56 67	60 00	63 33	66 67
30,000..	55..00	60..00	65..00	70..00	75..00	80..00	85..00	90..00	95..00	100..00
40,000	73 33	80 00	86 67	93 33	100 00	106 67	113 33	120 00	126 67	133 33
50,000..	91..67	100..00	108..33	116..67	125..00	133..33	141..67	150..00	158..33	166..67
60,000	110 00	120 00	130 00	140 00	150 00	160 00	170 00	180 00	190 00	200 00
70,000..	128..33	140..00	151..67	163..33	175..00	186..67	198..33	210..00	221..67	233..33
80,000	146 67	160 00	173 33	186 67	200 00	213 33	226 67	240 00	253 33	266 67
90,000..	165..00	180..00	195..00	210..00	225..00	240..00	255..00	270..00	285..00	300..00

	21 JOURS.	22 JOURS.	23 JOURS.	24 JOURS.	25 JOURS.	26 JOURS.	27 JOURS.	28 JOURS.	29 JOURS.	30 JOURS.
fr.	fr. c.	fr. c.	fr. c.	fr. c.	fr. c.	fr. c.	fr. c.	fr. c.	fr. c.	fr. c.
1..	0..00	0..00	0..00	0..00	0..00	0..00	0..00	0..00	0..00	0..00
2	0 01	0 01	0 01	0 01	0 01	0 01	0 01	0 01	0 01	0 01
3..	0..01	0..01	0..01	0..01	0..01	0..01	0..01	0..01	0..01	0..01
4	0 01	0 01	0 01	0 01	0 02	0 02	0 02	0 02	0 02	0 02
5..	0..02	0..02	0..02	0..02	0..02	0..02	0..02	0..02	0..02	0..02
6	0 02	0 02	0 02	0 02	0 02	0 03	0 03	0 03	0 03	0 03
7..	0..02	0..03	0..03	0..03	0..03	0..03	0..03	0..03	0..03	0..03
8	0 03	0 03	0 03	0 03	0 03	0 03	0 04	0 04	0 04	0 04
9..	0..03	0..03	0..03	0..04	0..04	0..04	0..04	0..04	0..04	0..04
10..	0..03	0..04	0..04	0..04	0..04	0..04	0..04	0..05	0..05	0..05
20	0 07	0 07	0 08	0 08	0 08	0 09	0 09	0 09	0 10	0 10
30..	0..10	0..11	0..11	0..12	0..12	0..13	0..13	0..14	0..14	0..15
40	0 14	0 15	0 15	0 16	0 17	0 17	0 18	0 18	0 19	0 20
50..	0..17	0..18	0..19	0..20	0..21	0..22	0..22	0..23	0..24	0..25
60	0 21	0 22	0 23	0 24	0 25	0 26	0 27	0 28	0 29	0 30
70..	0..24	0..26	0..27	0..28	0..29	0..30	0..31	0..33	0..34	0..35
80	0 28	0 29	0 31	0 32	0 33	0 35	0 36	0 37	0 39	0 40
90..	0..31	0..33	0..34	0..36	0..37	0..39	0..40	0..42	0..43	0..45
100..	0..35	0..37	0..38	0..40	0..42	0..43	0..45	0..47	0..48	0..50
200	0 70	0 73	0 77	0 80	0 83	0 87	0 90	0 93	0 97	1 00
300..	1..05	1..10	1..15	1..20	1..25	1..30	1..35	1..40	1..45	1..50
400	1 40	1 47	1 53	1 60	1 67	1 73	1 80	1 87	1 93	2 00
500..	1..75	1..83	1..92	2..00	2..08	2..17	2..25	2..33	2..42	2..50
600	2 10	2 20	2 30	2 40	2 50	2 60	2 70	2 80	2 90	3 00
700..	2..45	2..57	2..68	2..80	2..92	3..03	3..15	3..27	3..38	3..50
800	2 80	2 93	3 07	3 20	3 33	3 47	3 60	3 73	3 87	4 00
900..	3..15	3..30	3..45	3..60	3..75	3..90	4..05	4..20	4..35	4..50
1,000..	3..50	3..67	3..83	4..00	4..17	4..33	4..50	4..67	4..83	5..00
2,000	7 00	7 33	7 67	8 00	8 33	8 67	9 00	9 33	9 67	10 00
3,000..	10..50	11..00	11..50	12..00	12..50	13..00	13..50	14..00	14..50	15..00
4,000	14 00	14 67	15 33	16 00	16 67	17 33	18 00	18 67	19 33	20 00
5,000..	17..50	18..33	19..17	20..00	20..83	21..67	22..50	23..33	24..17	25..00
6,000	21 00	22 00	23 00	24 00	25 00	26 00	27 00	28 00	29 00	30 00
7,000..	24..50	25..67	26..83	28..00	29..17	30..33	31..50	32..67	33..83	35..00
8,000	28 00	29 33	30 67	32 00	33 33	34 67	36 00	37 33	38 67	40 00
9,000..	31..50	33..00	34..50	36..00	37..50	39..00	40..50	42..00	43..50	45..00
10,000..	35..00	36..67	38..33	40..00	41..67	43..33	45..00	46..67	48..33	50..00
20,000	70 00	73 33	76 67	80 00	83 33	86 67	90 00	93 33	96 67	100 00
30,000..	105..00	110..00	115..00	120..00	125..00	130..00	135..00	140..00	145..00	150..00
40,000	140 00	146 67	153 33	160 00	166 67	173 33	180 00	186 67	193 33	200 00
50,000..	175..00	183..33	191..67	200..00	208..33	216..67	225..00	233..33	241..67	250..00
60,000	210 00	220 00	230 00	240 00	250 00	260 00	270 00	280 00	290 00	300 00
70,000..	245..00	256..67	268..33	280..00	291..67	303..33	315..00	326..67	338..33	350..00
80,000	280 00	293 33	306 67	320 00	333..33	346 67	360 00	373 33	386 67	400 00
90,000	315..00	330..00	345..00	360..00	375..00	390..00	405..00	420..00	435..00	450..00

	31 JOURS.	32 JOURS.	33 JOURS.	34 JOURS.	35 JOURS.	36 JOURS.	37 JOURS.	38 JOURS.	39 JOURS.	40 JOURS.
fr.	fr. c.	fr. c.	fr. c.	fr. c.	fr. c.	fr. c.	fr. c.	fr. c.	fr. c.	fr. c.
1..	0..00	0..00	0..01	0..01	0..01	0..01	0..01	0..01	0..01	0..01
2	0 01	0 01	0 01	0 01	0 01	0 01	0 01	0 01	0 01	0 01
3..	0..02	0..02	0..02	0..02	0..02	0..02	0..02	0..02	0..02	0..02
4	0 02	0 02	0 02	0 02	0 02	0 02	0 02	0 02	0 03	0 03
5..	0..03	0..03	0..03	0..03	0..03	0..03	0..03	0..03	0..03	0..03
6	0 03	0 03	0 03	0 03	0 03	0 04	0 04	0 04	0 04	0 04
7..	0..04	0..04	0..04	0..04	0..04	0..04	0..04	0..04	0..05	0..05
8	0 04	0 04	0 04	0 04	0 05	0 05	0 05	0 05	0 05	0 05
9..	0..05	0..05	0..05	0..05	0..05	0..05	0..06	0..06	0..06	0..06
10..	0..05	0..05	0..05	0..06	0..06	0..06	0..06	0..06	0..06	0..07
20	0 10	0 11	0 11	0 11	0 12	0 12	0 12	0 13	0 13	0 13
30..	0..15	0..16	0..16	0..17	0..17	0..18	0..18	0..19	0..19	0..20
40	0 21	0 21	0 22	0 23	0 23	0 24	0 25	0 25	0 26	0 27
50..	0..26	0..27	0..27	0..28	0..29	0..30	0..31	0..32	0..32	0..33
60	0 31	0 32	0 33	0 34	0 35	0 36	0 37	0 38	0 39	0 40
70..	0..36	0..37	0..38	0..40	0..41	0..42	0..43	0..44	0..45	0..47
80	0 41	0 43	0 44	0 45	0 47	0 48	0 49	0 51	0 52	0 53
90..	0..46	0..48	0..49	0..51	0..52	0..54	0..55	0..57	0..58	0..60
100..	0..52	0..53	0..55	0..57	0..58	0..60	0..62	0..63	0..65	0..67
200	1 03	1 07	1 10	1 13	1 17	1 20	1 23	1 27	1 30	1 33
300..	1..55	1..60	1..65	1..70	1..75	1..80	1..85	1..90	1..95	2..00
400	2 07	2 13	2 20	2 27	2 33	2 40	2 47	2 53	2 60	2 67
500..	2..58	2..57	2..75	2..83	2..92	3..00	3..08	3..17	3..25	3..33
600	3 10	3 20	3 30	3 40	3 50	3 60	3 70	3 80	3 90	4 00
700..	3..62	3..73	3..85	3..97	4..08	4..20	4..32	4..43	4..55	4..67
800	4 13	4 27	4 40	4 53	4 67	4 80	4 93	5 07	5 20	5 33
900..	4..65	4..80	4..95	5..10	5..25	5..40	5..55	5..70	5..85	6..00
1,000..	5..17	5..33	5..50	5..67	5..83	6..00	6..17	6..33	6..50	6..67
2,000	10 33	10 67	11 00	11 33	11 67	12 00	12 33	12 67	13 00	13 33
3,000..	15..50	16..00	16..50	17..00	17..50	18..00	18..50	19..00	19..50	20..00
4,000	20 67	21 33	22 00	22 67	23 33	24 00	24 67	25 33	26 00	26 67
5,000..	25..83	26..67	27..50	28..33	29..17	30..00	30..83	31..67	32..50	33..33
6,000	31 00	32 00	33 00	34 00	35 00	36 00	37 00	38 00	39 00	40 00
7,000..	36..17	37..33	38..50	39..67	40..83	42..00	43..17	44..33	45..50	46..67
8,000	41 33	42 67	44 00	45 33	46 67	48 00	49 33	50 67	52 00	53 33
9,000..	46..50	48..00	49..50	51..00	52..50	54..00	55..50	57..00	58..50	60..00
10,000..	51..67	53..33	55..00	56..67	58..33	60..00	61..67	63..33	65. 00	66..67
20,000	103 33	106 67	110 00	113 33	116 67	120 00	123 33	126 67	130 00	133 33
30,000..	155..00	160..00	165..00	170..00	175..00	180..00	185..00	190..00	195..00	200..00
40,000	206 67	213 33	220 00	226 67	233 33	240 00	246 67	253 33	260 00	266 67
50,000..	258..33	266..67	275..00	283..33	291..67	300..00	308..33	316..67	325..00	333..33
60,000	310 00	320 00	330 00	340 00	350 00	360 00	370 00	380 00	390 00	400 00
70,000..	361..67	373..33	385..00	396..67	408..33	420..00	431..67	443..33	455..00	466..67
80,000	413 33	426 67	440 00	453 33	466 67	480 00	493 33	506 67	520 00	533 33
90,000..	465..00	480..00	495..00	510..00	525..00	540..00	555..00	570..00	585..00	600..00

fr.	41 JOURS. fr. c.	42 JOURS. fr. c.	43 JOURS. fr. c.	44 JOURS. fr. c.	45 JOURS. fr. c.	46 JOURS. fr. c.	47 JOURS. fr. c.	48 JOURS. fr. c.	49 JOURS. fr. c.	50 JOURS. fr. c.
1..	0..01	0..01	0..01	0..01	0..01	0..01	0..01	0..01	0..01	0..01
2	0 01	0 01	0 01	0 01	0 01	0 01	0 02	0 02	0 02	0 02
3..	0..02	0..02	0..02	0..02	0..02	0..02	0..02	0..02	0..02	0..02
4	0 03	0 03	0 03	0 03	0 03	0 03	0 03	0 03	0 03	0 03
5..	0..03	0..03	0..04	0..04	0..04	0..04	0..04	0..04	0..04	0..04
6	0 04	0 04	0 04	0 04	0 04	0 05	0 05	0 05	0 05	0 05
7..	0..05	0..05	0..05	0..05	0..05	0..05	0..05	0..06	0..06	0..06
8	0..05	0 06	0 06	0 06	0 06	0 06	0 06	0 06	0 06	0 07
9..	0..06	0..06	0..06	0..07	0..07	0..07	0..07	0..07	0..07	0..07
10..	0..07	0..07	0..07	0..07	0..07	0..08	0..08	0..08	0..08	0..08
20	0 14	0 14	0 14	0 15	0 15	0 15	0 16	0 16	0 16	0 17
30..	0..20	0..21	0..21	0..22	0..22	0..23	0..23	0..24	0..24	0..25
40	0 27	0 28	0 29	0 29	0 30	0 31	0 31	0 32	0 33	0 33
50..	0..34	0..35	0..36	0..37	0..37	0..38	0..39	0..40	0..41	0..42
60	0 41	0 42	0 43	0 44	0 45	0 46	0 47	0 48	0 49	0 50
70..	0..48	0..49	0..50	0..51	0..52	0..54	0..55	0..56	0..57	0..58
80	0 55	0 56	0 57	0 59	0 60	0 61	0 63	0 64	0 65	0 67
90..	0..61	0..63	0..64	0..67	0..66	0..69	0..70	0..72	0..73	0..75
100..	0..68	0..70	0..72	0..73	0..75	0..77	0..78	0..80	0..82	0..83
200	1 37	1 40	1 43	1 47	1 50	1 53	1 57	1 60	1 63	1 67
300..	2..05	2..10	2..15	2..20	2..25	2..30	2..35	2..40	2..45	2..50
400	2 73	2 80	2 87	2 93	3 00	3 07	3 13	3 20	3 27	3 33
500..	3..42	3..50	3..58	3..67	3..75	3..83	3..92	4..00	4..08	4..17
600	4 10	4 20	4 30	4 40	4 50	4 60	4 70	4 80	4 90	5 00
700..	4..78	4..90	5..02	5..13	5..25	5..37	5..48	5..60	5..72	5..83
800	5 47	5 60	5 73	5 87	6 00	6 13	6 27	6 40	6 53	6 67
900..	6..15	6..30	6. 45	6..60	7..75	7..90	7..05	7..20	7..35	7..50
1,000..	6..83	7..00	7..17	7..33	7..50	7..67	7..83	8..00	8..17	8..33
2,000	13 67	14 00	14 33	14 67	15 00	15 33	15 67	16 00	16 33	16 67
3,000..	20..50	21..00	21..50	22..00	22..50	23..00	23..50	24..00	24..50	25..00
4,000	27 33	28 00	28 67	29 33	30 00	30 67	31 33	32 00	32 67	33. 33
5,000..	34..17	35..00	50..83	36..67	37..50	38..33	39..17	40..00	40..83	41..67
6,000	41 00	42 00	43 00	44 00	45 00	46 00	47 00	48 00	49 00	50 00
7,000..	47..83	49..00	50..17	51..33	52..50	53..67	54..83	56..00	57..17	58..33
8,000	54 67	56 00	57 33	58 67	60 00	61 33	62 67	64 00	65 33	66 67
9,000..	61..50	63..00	64..50	66..00	67..50	69..00	70..50	72..00	73..50	75..00
10,000..	68..33	70..00	71..67	73..33	75..00	76..67	78..33	80..00	81..67	83..33
20,000	136 67	140 00	143 33	146 67	150 00	153 33	156 67	160 00	163 33	166 67
30,000..	205..00	210..00	215..00	220..00	225..00	230..00	235..00	240..00	245..00	250..00
40,000	273 33	280 00	286 67	293 33	300 00	306 67	313 33	320 00	326 67	333 33
50,000..	341..67	350..00	358..33	366..67	375..00	383..33	391..67	400..00	408..33	416..67
60,000	410 00	420 00	430 00	440 00	450 00	460 00	470 00	480 00	490 00	500 00
70,000..	478..33	490..00	501..67	513..33	525..00	536..67	548..33	560..00	571..67	583..33
80,000	546 67	560 00	573 33	586 67	600 00	613 33	626 67	640 00	653 33	666 67
90,000..	615..00	630..00	645..00	660..00	675..00	690..00	705..00	720..00	735..00	750..00

	51 JOURS.	52 JOURS.	53 JOURS.	54 JOURS.	55 JOURS.	56 JOURS.	57 JOURS.	58 JOURS.	59 JOURS.	60 JOURS.
fr.	fr. c.	fr. c.	fr. c.	fr. c.	fr. c.	fr. c.	fr. c.	fr. c.	fr. c.	fr. c.
1..	0..01	0..01	0..01	0..01	0..01	0..01	0..01	0..01	0..01	0..01
2	0 02	0 02	0 02	0 02	0 02	0 02	0 02	0 02	0 02	0 02
3..	0..03	0..03	0..03	0..03	0..03	0..03	0..03	0..03	0..03	0..03
4	0 03	0 03	0 03	0 04	0 04	0 04	0 04	0 04	0 04	0 04
5..	0..04	0..04	0..04	0..04	0..05	0..05	0..05	0..05	0..05	0..05
6	0 05	0 05	0 05	0 05	0 05	0 06	0 06	0 06	0 06	0 06
7..	0..06	0..06	0..06	0..06	0..06	0..06	0..07	0..07	0..07	0..07
8	0 07	0 07	0 07	0 07	0 07	0 07	0 08	0 08	0 08	0 08
9..	0..08	0..08	0..08	0..08	0..08	0..08	0..09	0..09	0..09	0..09
10..	0..08	0..09	0..09	0..09	0..09	0..09	0..09	0..10	0..10	0..10
20	0 17	0 17	0 18	0 18	0 18	0 19	0 19	0 19	0 20	0 20
30..	0..25	0..26	0..26	0..27	0..27	0..28	0..28	0..29	0..29	0..30
40	0 34	0 35	0 35	0 36	0 37	0 37	0 38	0 39	0 39	0 40
50..	0..42	0..43	0..44	0..45	0..46	0..47	0..47	0..48	0..49	0..50
60	0 51	0 52	0 53	0 54	0 55	0 56	0 57	0 58	0 59	0 60
70..	0..59	0..61	0..62	0..63	0..64	0..65	0..66	0..68	0..69	0..70
80	0 68	0 69	0 71	0 72	0 73	0 75	0 76	0 77	0 79	0 80
90..	0..76	0..78	0..79	0..81	0..82	0..84	0..85	0..87	0..88	0..90
100..	0..85	0..87	0..88	0..90	0..92	0..93	0..95	0..97	0..98	1..00
200	1 70	1 73	1 77	1 80	1 83	1 87	1 90	1 93	1 97	2 00
300..	2..55	2..60	2..65	2..70	2..75	2..80	2..85	2..90	2..95	3..00
400	3 40	3 47	3 53	3 60	3 67	3 73	3 80	3 87	3 93	4 00
500..	4..25	4..33	4..42	4..50	4..58	4..67	4..75	4..83	4..92	5..00
600	5 10	5 20	5 30	5 40	5 50	5 60	5 70	5 80	5 90	6 00
700..	5..95	6..07	6..18	6..30	6..42	6..53	6..65	6..77	6..68	7..00
800	6 80	6 93	7 07	7 20	7 33	7 47	7 60	7 73	7 87	8 00
900..	7..65	7..80	7..95	8..10	8..25	8..40	8..55	8..70	8..85	9..00
1,000..	8..50	8..67	8..83	9..00	9..17	9..33	9..50	9..67	9..83	10..00
2,000	17 00	17 33	17 67	18 00	18 33	18 67	19 00	19 33	19 67	20 00
3,000..	25..50	26..00	26..50	27..00	27..50	28..00	28..50	29..00	29..50	30..00
4,000	34 00	34 67	35 33	36 00	36 67	37 33	38 00	38 67	39 33	40 00
5,000..	42..50	43..33	44..17	45..00	45..83	46..67	47..50	48..33	49..17	50..00
6,000	51 00	52 00	53 00	54 00	55 00	56 00	57 00	58 00	59 00	60 00
7,000..	59..50	60..67	61..83	63..00	64..17	65..33	66..50	67..67	68..83	70..00
8,000	68 00	69 33	70 67	72 00	73 33	74 67	76 00	77 33	78 67	80 00
9,000..	76..50	78..00	79..50	81..00	82..50	84..00	85..50	87..00	88..50	90..00
10,000..	85..00	86..67	88..33	90..00	91..67	93..33	95..00	96..67	98..33	100..00
20,000	170 00	173 33	176 67	180 00	183 33	186 67	190 00	193 33	196 67	200 00
30,000..	255..00	260..00	265..00	270..00	275..00	280..00	285..00	290..00	295..00	300..00
40,000	340 00	346 67	353 33	360 00	366 67	373 33	380 00	386 67	393 33	400 00
50,000..	425..00	433..33	441..67	450..00	458..33	456..67	475..00	483..33	491..67	500..00
60,000	510 00	520 00	530 00	540 00	550 00	560 00	570 00	580 00	590 00	600 00
70,000..	595..00	606..67	618..33	630..00	641..67	653..33	665..00	676..67	688..33	700..00
80,000	680 00	693 33	706 67	720 00	733..33	746 67	760 00	773 33	786 67	800 00
90,000	765..00	780..00	795..00	810..00	825..00	840..00	855..00	870..00	885..00	900..00

	61 JOURS.	62 JOURS.	63 JOURS.	64 JOURS.	65 JOURS.	66 JOURS.	67 JOURS.	68 JOURS.	69 JOURS.	70 JOURS.
fr.	fr. c.	fr. c.	fr. c.	fr. c.	fr. c.	fr. c.	fr. c.	fr. c.	fr. c.	fr. c.
1..	0..01	0..01	0..01	0..01	0..01	0..01	0..01	0..01	0..01	0..01
2	0 02	0 02	0 02	0 02	0 02	0 02	0 02	0 02	0 02	0 02
3..	0..03	0..03	0..03	0..03	0..03	0..03	0..03	0..03	0..03	0..03
4	0 04	0 04	0 04	0 04	0 04	0 04	0 04	0 04	0 05	0 05
5..	0..05	0..05	0..05	0..05	0..05	0..05	0..06	0..06	0..06	0..06
6	0 06	0 06	0 06	0 06	0 06	0 07	0 07	0 07	0 07	0 07
7..	0..07	0..07	0..07	0..07	0..08	0..08	0..08	0..08	0..08	0..08
8	0 08	0 08	0 08	0 08	0 09	0 09	0 09	0 09	0 09	0 09
9..	0..09	0..09	0..09	0..10	0..10	0..10	0..10	0..10	0..10	0..10
10..	0..10	0..10	0..10	0..11	0..11	0..11	0..11	0..11	0..11	0..12
20	0 20	0 21	0 21	0 21	0 22	0 22	0 22	0 23	0 23	0 23
30..	0..30	0..31	0..31	0..32	0..32	0..33	0..33	0..34	0..34	0..35
40	0 41	0 41	0 42	0 43	0 43	0 44	0 45	0 45	0 46	0 47
50..	0..51	0..52	0..52	0..53	0..54	0..55	0..56	0..57	0..57	0..58
60	0 61	0 62	0 63	0 64	0 65	0 66	0 67	0 68	0 69	0 70
70..	0..71	0..72	0..73	0..75	0..76	0..77	0..78	0..79	0..80	0..82
80	0 81	0 83	0 84	0 85	0 87	0 88	0 89	0 91	0 92	0 93
90..	0..91	0..93	0..94	0..96	0..97	0..99	1..00	1..02	1..03	1..05
100..	1..02	1..03	1..05	1..07	1..08	1..10	1..12	1..13	1..15	1..17
200	2 03	2 07	2 10	2 13	2 17	2 20	2 23	2 27	2 30	2 33
300..	3..05	3..10	3..15	3..20	3..25	3..30	3..35	3..40	3..45	3..50
400	4 07	4 13	4 20	4 27	4 33	4 40	4 47	4 53	4 60	4 67
500..	5..08	5..17	5..25	5..33	5..42	5..50	5..58	5..67	5..75	5..83
600	6 10	6 20	6 30	6 40	6 50	6 60	6 70	6 80	6 90	7 00
700..	7..12	7..23	7..35	7..47	7..58	7..70	7..82	7..93	8..05	8..17
800	8 13	8 27	8 40	8 53	8 67	8 80	8 93	9 07	9 20	9 33
900..	9..15	9..30	9..45	9..60	9..75	9..90	10..05	10..20	10..35	10..50
1,000..	10..17	10..33	10..50	10..67	10..83	11..00	11..17	11..33	11..50	11..67
2,000	20 33	20 67	21 00	21 33	21 67	22 00	22 33	22 67	23 00	23 33
3,000..	30..50	31..00	31..50	32..00	32..50	33..00	33..50	34..00	34..50	35..00
4,000	40 67	41 33	42 00	42 67	43 33	44 00	44 67	45 33	46 00	46 67
5,000..	50..83	51..67	52..50	53..33	54..17	55..00	55..83	56..67	57..50	58..33
6,000	61 00	62 00	63 00	64 00	65 00	66 00	67 00	68 00	69 00	70 00
7,000..	71..17	72..33	73..50	74..67	75..83	77..00	78..17	79..33	80..50	81..67
8,000	81 33	82 67	84 00	85 33	86 67	88 00	89 33	90 67	92 00	93 33
9,000..	91..50	93..00	94..50	96..00	97..50	99..00	100..50	102..00	103..50	105..00
10,000..	101..67	103..33	105..00	106..67	108..33	110..00	111..67	113..33	115..00	116..67
20,000	203 33	206 67	210 00	213 33	216 67	220 00	223 33	226 67	230 00	233 33
30,000..	305..00	310..00	315..00	320..00	325..00	330..00	335..00	340..00	345..00	350..00
40,000	406 67	413 33	420 00	426 67	433 33	440 00	446 67	453 33	460 00	466 67
50,000..	508..33	516..67	525..00	533..33	541..67	550..00	558..33	566..67	575..00	583..33
60,000	610 00	620 00	630 00	640 00	650 00	660 00	670 00	680 00	690 00	700 00
70,000..	711..67	723..33	735..00	746..67	758..33	770..00	781..67	793..33	805..00	816..67
80,000	813 33	826 67	840 00	853 33	866 67	880 00	893 33	906 67	920 00	933 33
90,000..	915..00	930..00	945..00	960..00	975..00	990..00	1,005..00	1,020..00	1,035..00	1,050..00

	71 JOURS.	72 JOURS.	73 JOURS.	74 JOURS.	75 JOURS.	76 JOURS.	77 JOUR.	78 JOURS.	79 JOURS.	80 JOURS.
fr.	fr. c.	fr. c.	fr. c.	fr. c.	fr. c.	fr. c.	fr. c.	fr. c.	fr. c.	fr. c.
1..	0..01	0..01	0..01	0..01	0..01	0..01	0..01	0..01	0..01	0..01
2	0 02	0 02	0 02	0 02	0 02	0 02	0 02	0 03	0 03	0 03
3..	0..04	0..04	0..04	0..04	0..04	0..04	0..04	0..04	0..04	0..04
4	0 05	0 05	0 05	0 05	0 05	0 05	0 05	0 05	0 05	0 05
5..	0..06	0..06	0..06	0..06	0..06	0..06	0..06	0..06	0..07	0..07
6	0 07	0 07	0 07	0 07	0 07	0 08	0 08	0 08	0 08	0 08
7..	0..08	0..08	0..08	0..09	0..09	0..09	0..09	0..09	0..09	0..09
8	0 09	0 10	0 10	0 10	0 10	0 10	0 10	0 10	0 10	0 11
9..	0..11	0..11	0..11	0..11	0..11	0..11	0..12	0..12	0..12	0..12
10..	0..12	0..12	0..12	0 12	0..12	0..13	0..13	0..13	0..13	0..13
20	0 24	0 24	0 24	0 25	0 25	0 25	0 26	0 26	0 26	0 27
30..	0..35	0..36	0..36	0..37	0..37	0..38	0..38	0..39	0..39	0..40
40	0 47	0 48	0 49	0 49	0 50	0 51	0 51	0 52	0 53	0 53
50..	0..59	0..60	0..61	0..62	0..62	0..63	0..64	0..65	0..66	0..67
60	0 71	0 72	0 73	0 74	0 75	0 76	0 77	0 78	0 79	0 80
70..	0..83	0..84	0..85	0..86	0..87	0..89	0..90	0..91	0..92	0..93
80	0 95	0 96	0 97	0 99	1 00	1 01	1 03	1 04	1 05	1 07
90..	1..06	1..08	1..09	1..11	1..12	1..14	1..15	1..17	1..18	1..20
100..	1..18	1..20	1..22	1..23	1..25	1..27	1..28	1..31	1..32	1..33
200	2 37	2 40	2 43	2 46	2 50	2 53	2 57	2 60	2 63	2 67
300..	3..55	3..60	3..65	3..70	3..75	3..80	3..85	3..90	3..95	4..00
400	4 73	4 80	4 87	4 93	5 00	5 07	5 13	5 20	5 27	5 33
500..	5..92	6..00	6..08	6..17	6..25	6..33	6..42	6..50	6..58	6..67
600	7 10	7 20	7 30	7 40	7 50	7 60	7 70	7 80	7 90	8 00
700..	8..28	8..40	8..52	8..63	8..75	8..87	8..98	9..10	9..22	9..33
800	9 47	9 60	9 73	9 87	10 00	10 13	10 27	10 40	10 53	10 67
900..	10..65	10..80	10..95	11..10	11..25	11..40	11..55	11..70	11..85	12..00
1,000..	11..83	12..00	12..17	12..33	12..50	12..67	12..83	13..00	13..17	13..33
2,000	23 67	24 00	24 33	24 67	25 00	25 33	25 67	26 00	26 33	26 67
3,000..	35..50	36..00	36..50	37..00	37..50	38..00	38..50	39..00	39..50	40..00
4,000	47 33	48 00	48 67	49 33	50 00	50 67	51 33	52 00	52 67	53 33
5,000..	59..17	60..00	60..83	61..67	62..50	63..33	64..17	65..00	65..83	66..67
6,000	71 00	72 00	73 00	74 00	75 00	76 00	77 00	78 00	79 00	80 00
7,000..	82..83	84..00	85..17	86..33	87..50	88..67	89..83	91..00	92..17	93..33
8,000	94 67	96 00	97 33	98 67	100 00	101 33	102 67	104 00	105 33	106 67
9,000..	106..50	108..00	109..50	111..00	112..50	114..00	115..50	117..00	118..50	120..00
10,000..	118..33	120..00	121..67	123..33	125..00	126..67	128..33	130..00	131..67	133..33
20,000	236 67	240 00	243 33	246 67	250 00	253 33	256 67	260 00	263 33	266 67
30,000..	355..00	360..00	365..00	370..00	375..00	380..00	385..00	390..00	395..00	400..00
40,000	473 33	480 00	486 67	493 33	500 00	506 67	513 33	520 00	526 67	533 33
50,000..	591..67	600..00	608..33	616..67	625..00	633..33	641..67	650..00	658..33	666..67
60,000	710 00	720 00	730 00	740 00	750 00	760 00	770 00	780 00	790 00	800 00
70,000..	828..33	840..00	851..67	863..33	875..00	886..67	898..33	910..00	921..67	933..33
80,000	946 67	960 00	973 33	986 67	1,000 00	1,013 33	1,026 67	1,040 00	1,053 33	1,066 67
90,000..	1,065..00	1,080..00	1,095..00	1,110..00	1,125..00	1,140..00	1,155..00	1,170..00	1,185..00	1,200..00

	81 JOURS.	82 JOURS.	83 JOURS.	84 JOURS.	85 JOURS.	86 JOURS.	87 JOURS.	88 JOURS.	89 JOURS.	90 JOURS.
fr.	fr. c.	fr. c.	fr. c.	fr. c.	fr. c.	fr. c.	fr. c.	fr. c.	fr. c.	fr. c.
1..	0..01	0..01	0..01	0..01	0..01	0..01	0..01	0..01	0..01	0..01
2	0 03	0 03	0 03	0 03	0 03	0 03	0 03	0 03	0 03	0 03
3..	0..04	0..04	0..04	0..04	0..04	0..04	0..04	0..04	0..04	0..04
4	0 05	0 05	0 05	0 06	0 06	0 06	0 06	0 06	0 06	0 06
5..	0..07	0..07	0..07	0..07	0..07	0..07	0..07	0..07	0..07	0..07
6	0 08	0 08	0 08	0 08	0 08	0 09	0 09	0 09	0 09	0 09
7..	0..09	0..10	0..10	0..10	0..10	0..10	0..10	0..10	0..10	0..10
8	0 11	0 11	0 11	0 11	0 11	0 11	0 12	0 12	0 12	0 12
9..	0..12	0..12	0..12	0..13	0..13	0..13	0..13	0..13	0. 13	0..13
10..	0..13	0..14	0..14	0..14	0..14	0..14	0..14	0..15	0..15	0..15
20	0 27	0 27	0 28	0 28	0 28	0 29	0 29	0 29	0 30	0 30
30..	0..40	0..41	0..41	0..42	0..42	0..43	0..43	0..44	0 .44	0..45
40	0 54	0 55	0 55	0 56	0 57	0 57	0 58	0 59	0 59	0 60
50..	0..67	0..68	0..69	0..70	0..71	0..72	0..72	0..73	0..74	0..75
60	0 81	0 82	0 83	0 84	0 85	0 86	0 87	0 88	0 89	0 90
70..	0..96	0..96	0..97	0..98	0..99	1..00	1..01	1..03	1..04	1..05
80	1 08	1 09	1 11	1 12	1 13	1 15	1 16	1 17	1 19	1 20
90..	1..21	1..23	1..24	1..26	1..27	1..29	1..30	1..32	1..33	1..35
100..	1..35	1..37	1..38	1..40	1..42	1..43	1..45	1..47	1..48	1..50
200	2 70	2 73	2 77	2 80	2 83	2 87	2 90	2 93	2 97	3 00
300..	4..05	4..10	4..15	4..20	4..25	4..30	4..35	4..40	4..45	4..50
400	5 40	5 47	5 53	5 60	5 67	5 73	5 80	5 87	5 93	6 00
500..	6..75	6..83	6..92	7..00	7..08	7..17	7..25	7..33	7..42	7..50
600	8 10	8 20	8 30	8 40	8 50	8 60	8 70	8 80	8 90	9 00
700..	9..45	9..57	9..68	9..80	9..92	10..03	10..15	10..27	10..38	10..50
800	10 80	10 93	11 07	11 20	11 33	11 47	11 60	11 73	11 87	12 00
900..	12..15	12..30	12..45	12..60	12..75	12..90	13..05	13..20	13..35	13..50
1,000..	13..50	13..67	13..83	14..00	14..17	14..33	14..50	14..67	14..83	15..00
2,000	27 00	27 33	27 67	28 00	28 33	28 67	29 00	29 33	29 67	30 00
3,000..	40..50	41..00	41..50	42..00	42 .50	43..00	43..50	44..00	44..50	45..00
4,000	54 00	54 67	55 33	56 00	56 67	57 33	58 00	58 67	59 33	60 00
5,000..	67..50	68..33	69..17	70..00	70..83	71..67	72..50	73..33	74..17	75..00
6,000	81 00	82 00	83 00	84 00	85 00	86 00	87 00	88 00	89 00	90 00
7,000..	94..50	95..67	96..83	98..00	99..17	100..33	101..50	102..67	103..83	105..00
8,000	108 00	109 33	110 67	112 00	113 33	114 67	116 00	117 33	118 67	120 00
9,000..	121..50	123..00	124..50	126..00	127..50	129..00	130..50	132..00	133..50	135..00
10,000..	135..00	136..67	138..33	140..00	141..67	143..33	145..00	146..67	148..33	150..00
20,000	270 00	273 33	276 67	280 00	283 33	286 67	290 00	293 33	296 67	300 00
30,000..	405..00	410..00	415..00	420..00	425..00	430..00	435..00	440..00	445..00	450..00
40,000	540 00	546 67	553 33	560 00	566 67	573 33	580 00	586 67	593 33	600 00
50,000..	675..00	683..33	691..67	700..00	708..33	716..67	725..00	733..33	741..67	750..00
60,000	810 00	820 00	830 00	840 00	850 00	860 00	870 00	880 00	890 00	900 00
70,000..	945..00	956..67	968..33	980..00	991..67	1,003..33	1,015..00	1,026..67	1,038..33	1,050..00
80,000	1,080 00	1,093 33	1,106 67	1,120 00	1,133..33	1,146 67	1,160 00	1,173 33	1,186 67	1,200 00
90,000	1,215..00	1,230..00	1,245..00	1,260..00	1,275..00	1,290..00	1,305..00	1,320..00	1,335..00	1,350..00

	91 JOURS.	92 JOURS.	93 JOURS.	94 JOURS.	95 JOURS.	96 JOURS.	97 JOURS.	98 JOURS.	99 JOURS.	100 JOURS.
fr.	fr. c.	fr. c.	fr. c.	fr. c.	fr. c.	fr. c.	fr. c.	fr. c.	fr. c.	fr. c.
1..	0..01	0..01	0..02	0..02	0..02	0..02	0..02	0..02	0..02	0..02
2	0 03	0 03	0 03	0 03	0 03	0 03	0 03	0 03	0 03	0 03
3..	0..05	0..05	0..05	0..05	0..05	0..05	0..05	0..05	0..05	0..05
4	0 06	0 06	0 06	0 06	0 06	0 06	0 06	0 06	0 07	0 07
5..	0..08	0..08	0..08	0..08	0..08	0..08	0..08	0..08	0..08	0..08
6	0 09	0 09	0 09	0 09	0 09	0 10	0 10	0 10	0 10	0 10
7..	0..11	0..11	0..11	0..11	0..11	0..11	0..11	0..11	0..12	0..12
8	0 12	0 12	0 12	0 12	0 13	0 13	0 13	0 13	0 13	0 13
9..	0..14	0..14	0..14	0..14	0..14	0..14	0..15	0..15	0..15	0..15
10..	0..15	0..15	0..15	0..16	0..16	0..16	0..16	0..16	0..16	0..17
20	0 30	0 31	0 31	0 31	0 32	0 32	0 32	0 33	0 33	0 33
30..	0..45	0..46	0..46	0..47	0..47	0..48	0..48	0..49	0..49	0..50
40	0 61	0 61	0 62	0 63	0 63	0 64	0 65	0 65	0 66	0 67
50..	0..76	0..77	0..77	0..78	0..79	0..80	0..81	0..82	0..82	0..83
60	0 91	0 92	0 93	0 94	0 95	0 96	0 97	0 98	0 99	1 00
70..	1..06	1..07	1..08	1..10	1..11	1..12	1..13	1..14	1..15	1..17
80	1 21	1 23	1 24	1 25	1 27	1 28	1 29	1 31	1 32	1 33
90..	1..36	1..38	1..39	1..41	1..42	1..44	1..46	1..47	1..48	1..50
100..	1..52	1..53	1..55	1..57	1..58	1..60	1..62	1..63	1..65	1..67
200	3 03	3 07	3 10	3 13	3 17	3 20	3 23	3 27	3 30	3 33
300..	4..55	4..60	4..65	4..70	4..75	4..80	4..85	4..90	4..95	5..00
400	6 07	6 13	6 20	6 27	6 33	6 40	6 47	6 53	6 60	6 67
500..	7..58	7..67	7..75	7..83	7..92	8..00	8..08	8..17	8..25	8..33
600	9 10	9 20	9 30	9 40	9 50	9 60	9 70	9 80	9 90	10 00
700..	10..62	10..73	10..85	10..97	11..08	11..20	11..32	11..43	11..55	11..67
800	12 13	12 27	12 40	12 53	12 67	12 80	12 93	13 07	13 20	13 33
900..	13..65	13..80	13..95	14..10	14..25	14..40	14..55	14..70	14..85	15..00
1,000..	15..17	15..33	15..50	15..67	15..83	16..00	16..17	16..33	16..50	16..67
2,000	30 33	30 67	31 00	31 33	31 67	32 00	32 33	32 67	33 00	33 33
3,000..	45..50	46..00	46..50	47..00	47..50	48..00	48..50	49..00	49..50	50..00
4,000	60 67	61 33	62 00	62 67	63 33	64 00	64 67	65 33	66 00	66 67
5,000..	75..83	76..67	77..50	78..33	79..17	80..00	80..83	81..67	82..50	83..33
6,000	91 00	92 00	93 00	94 00	95 00	96 00	97 00	98 00	99 00	100 00
7,000..	106..17	107..33	108..50	109..67	110..83	112..00	113..17	114..33	115..50	116..67
8,000	121 33	122 67	124 00	125 33	126 67	128 00	129 33	130 67	132 00	133 33
9,000..	136..50	138..00	139..50	141..00	142..50	144..00	145..50	147..00	148..50	150..00
10,000..	151..67	153..33	155..00	156..67	158..33	160..00	161..67	163..33	165..00	166..67
20,000	303 33	306 67	310 00	313 33	316 67	320 00	323 33	326 67	330 00	333 33
30,000..	455..00	460..00	465..00	470..00	475..00	480..00	485..00	490..00	495..00	500..00
40,000	606 67	613 33	620 00	626 67	633 33	640 00	646 67	653 33	660 00	666 67
50,000..	758..33	766..67	775..00	783..33	791..67	800..00	808..33	816..67	825..00	833..33
60,000	910 00	920 00	930 00	940 00	950 00	960 00	970 00	980 00	990 00	1,000 00
70,000..	1,061..67	1,073..33	1,085..00	1,096..67	1,108..33	1,120..00	1,131..67	1,143..33	1,155..00	1,166..67
80,000	1,213 33	1,226 67	1,240 00	1,253 33	1,266 67	1,280 00	1,293 33	1,306 67	1,320 00	1,333 33
90,000..	1,365..00	1,380..00	1,395..00	1,410..00	1,425..00	1,440..00	1,455..00	1,470..00	1,485..00	1,500..00

	101 JOURS.	102 JOURS.	103 JOURS.	104 JOURS.	105 JOURS.	106 JOURS.	107 JOURS.	108 JOURS.	109 JOURS.	110 JOURS.
fr.	fr. c.	fr. c.	fr. c.	fr. c.	fr. c.	fr. c.	fr. c.	fr. c.	fr. c.	fr. c.
1..	0..02	0..02	0..02	0..02	0..02	0..02	0..02	0..02	0..02	0..02
2	0 03	0 03	0 03	0 03	0 03	0 03	0 04	0 04	0 04	0 04
3..	0..05	0..05	0..05	0..05	0..05	0..05	0..05	0..05	0..05	0..05
4	0 07	0 07	0 07	0 07	0 07	0 07	0 07	0 07	0 07	0 07
5..	0..08	0..08	0..09	0..09	0..09	0..09	0..09	0..09	0..09	0..09
6	0 10	0 10	0 10	0 10	0 10	0 11	0 11	0 11	0 11	0 11
7..	0..12	0..12	0..12	0..12	0..12	0..12	0..12	0..13	0..13	0..13
8	0 13	0 14	0 14	0 14	0 14	0 14	0 14	0 14	0 14	0 15
9..	0..15	0..15	0..15	0..16	0..16	0..16	0..16	0..16	0..16	0..16
10..	0..17	0..17	0..17	0 17	0..17	0..18	0..18	0..18	0..18	0..18
20	0 34	0 34	0 34	0 35	0 35	0 35	0 36	0 36	0 36	0 37
30..	0..50	0..51	0..51	0..52	0..52	0..53	0..53	0..54	0..54	0..55
40	0 67	0 68	0 69	0 69	0 70	0 71	0 71	0 72	0 73	0 73
50..	0..84	0..85	0..86	0..87	0..87	0..88	0..89	0..90	0..91	0..92
60	1 01	1 02	1 03	1 04	1 05	1 06	1 07	1 08	1 09	1 10
70..	1..18	1..19	1..20	1..21	1..22	1..24	1..25	1..26	1..27	1..28
80	1 35	1 36	1 37	1 39	1 40	1 41	1 43	1 44	1 45	1 47
90..	1..51	1..53	1..54	1..56	1..57	1..59	1..60	1..62	1..63	1..65
100..	1..68	1..70	1..72	1..73	1..75	1..77	1..78	1..80	1..82	1..83
200	3 37	3 40	3 43	3 47	3 50	3 53	3 57	3 60	3 63	3 67
300..	5..05	5..10	5..15	5..20	5..25	5..30	5..35	5..40	5..45	5..50
400	6 73	6 80	6 87	6 93	7 00	7 07	7 13	7 20	7 27	7 33
500..	8..42	8..50	8..58	8..67	8..75	8..83	8..92	9..00	9..08	9..17
600	10 10	10 20	10 30	10 40	10 50	10 60	10 70	10 80	10 90	11 00
700..	11..78	11..90	12..02	12..13	12..25	12..37	12..48	12..60	12..72	12..83
800	13 47	13 60	13 73	13 87	14 00	14 13	14 27	14 40	14 53	14 67
900..	15..15	15..30	15..45	15..60	15..75	15..90	16..05	16..20	16..35	16..50
1,000..	16..83	17..00	17..17	17..33	17..50	17..67	17..83	18..00	18..17	18..33
2,000	33 67	34 00	34 33	34 67	35 00	35 33	35 67	36 00	36 33	36 67
3,000..	50..50	51..00	51..50	52..00	52..50	53..00	53..50	54..00	54..50	55..00
4,000	67 33	68 00	68 67	69 33	70 00	70 67	71 33	72 00	72 67	73 33
5,000..	84..17	85..00	85..83	86..67	87..50	88..33	89..17	90..00	90..83	91..67
6,000	101 00	102 00	103 00	104 00	105 00	106 00	107 00	108 00	109 00	110 00
7,000..	117..83	119..00	120..17	121..33	122..50	123..67	124..83	126..00	127..17	128..33
8,000	134 67	136 00	137 33	138 67	140 00	141 33	142 67	144 00	145 33	146 67
9,000..	151..50	153..00	154..50	156..00	157..50	159..00	160..50	162..00	163..50	165..00
10,000..	168..33	170..00	171..67	173..33	175..00	176..67	178..33	180..00	181..67	183..33
20,000	336 67	340 00	343 33	346 67	350 00	353 33	356 67	360 00	363 33	366 67
30,000..	505..00	510..00	515..00	520..00	525..00	530..00	535..00	540..00	545..00	550..00
40,000	673 33	680 00	686 67	693 33	700 00	706 67	713 33	720 00	726 67	733 33
50,000..	841..67	850..00	858..33	866..67	875..00	833..33	891..67	900..00	908..33	916..67
60,000	1,010 00	1,020 00	1,030 00	1,040 00	1,050 00	1,060 00	1,070 00	1,080 00	1,090 00	1,100 00
70,000..	1,178..33	1,190..00	1,201..67	1,213..33	1,225..00	1,236..67	1,248..33	1,260..00	1,271..67	1,283..33
80,000	1,346 67	1,360 00	1,373 33	1,386 67	1,400 00	1,413 33	1,426 67	1,440 00	1,453 33	1,466 67
90,000..	1,515..00	1,530..00	1,545..00	1,560..00	1,575..00	1,590..00	1,605..00	1,620..00	1,635..00	1,650..00

	111 JOURS.	112 JOURS.	113 JOURS.	114 JOURS.	115 JOURS.	116 JOURS.	117 JOURS.	118 JOURS.	119 JOURS.	120 JOURS.
fr.	fr. c.	fr. c.	fr. c.	fr. c.	fr. c.	fr. c.	fr. c.	fr. c.	fr. c.	fr. c.
1..	0..02	0..02	0..02	0..02	0..02	0..02	0..02	0..02	0..02	0..02
2	0 04	0 04	0 04	0 04	0 04	0 04	0 04	0 04	0 04	0 04
3..	0..06	0..06	0..06	0..06	0..06	0..06	0..06	0..06	0..06	0..06
4	0 07	0 07	0 07	0 08	0 08	0 08	0 08	0 08	0 08	0 08
5..	0..09	0..09	0..09	0..09	0..10	0..10	0..10	0..10	0..10	0..10
6	0 11	0 11	0 11	0 11	0 11	0 12	0 12	0 12	0 12	0 12
7..	0..13	0..13	0..13	0..13	0..13	0..13	0..14	0..14	0..14	0..14
8	0 15	0 15	0 15	0 15	0 15	0 15	0 16	0 16	0..16	0 16
9..	0..17	0..17	0..17	0..17	0..17	0..17	0..18	0..18	0..18	0..18
10..	0..18	0..19	0..19	0..19	0..19	0..19	0..19	0..20	0..20	0..20
20	0 37	0 37	0 38	0 38	0 38	0 39	0 39	0 39	0 40	0 40
30..	0..55	0..56	0..56	0..57	0..57	0..58	0..58	0..59	0..59	0..60
40	0 74	0 75	0 75	0 76	0 77	0 77	0 78	0 79	0 79	0 80
50..	0..92	0..93	0..94	0..95	0..96	0..97	0..97	0..98	0..99	1..00
60	1 11	1 12	1 13	1 14	1 15	1 16	1 17	1 18	1 19	1 20
70..	1..29	1..31	1..32	1..33	1..34	1..35	1..36	1..38	1..39	1..40
80	1 48	1 49	1 51	1 52	1 53	1 55	1 56	1 57	1 59	1 60
90..	1..66	1..68	1..69	1..71	1..72	1..74	1..75	1..77	1..78	1..80
100..	1..85	1..87	1..88	1..90	1..92	1..93	1..95	1..97	1..98	2..00
200	3 70	3 73	3 77	3 80	3 83	3 87	3 90	3 93	3 97	4 00
300..	5..55	5..60	5..65	5..70	5..75	5..80	5..85	5..90	5..95	6..00
400	7 40	7 47	7 53	7 60	7 67	7 73	7 80	7 87	7 93	8 00
500..	9..25	9..33	9..42	9..50	9..58	9..67	9..75	9..83	9..92	10..00
600	11 10	11 20	11 30	11 40	11 50	11 60	11 70	11 80	11 90	12 90
700..	12..95	13..07	13..18	13..30	13..42	13..53	13..65	13..77	13..88	14..00
800	14 80	14 93	15 07	15 20	15 33	15 47	15 60	15 73	15 87	16 00
900..	16..65	16..80	16..95	17..10	17..25	17..40	17..55	17..70	17..85	18..00
1,000..	18..50	18..67	18..83	19..00	19..17	19..33	19..50	19..67	19..83	20..00
2,000	37 00	37 33	37 67	38 00	38 33	38 67	39 00	39 33	39 67	40 00
3,000..	55..50	56..00	56..50	57..00	57..50	58..00	58..50	59..00	59..50	60..00
4,000	74 00	74 67	75 33	76 00	76 67	77 33	78 00	78 67	79 33	80 00
5,000..	92..50	93..33	94..17	95..00	95..83	96..67	97..50	98..33	99..17	100..00
6,000	111 00	112 00	113 00	114 00	115 00	116 00	117 00	118 00	119 00	120 00
7,000..	129..50	130..67	131..83	133..00	134..17	135..33	136..50	137..67	138..83	140..00
8,000	148 60	149 33	150 67	152 00	153 33	154 67	156 00	157 33	158 67	160 00
9,000..	166..50	168..00	169..50	171..00	172..50	174..00	175..50	177..00	178..50	180..00
10,000..	185..00	186..67	188..33	190..00	191..67	193..33	195..00	196..67	198..33	200..00
20,000	370 00	373 33	376 67	380 00	383 33	386 67	390 00	393 33	396 67	400 00
30,000..	555..00	560..00	565..00	570..00	575..00	580..00	585..00	590..00	595..00	600..00
40,000	740 00	746 67	753 33	760 00	766 67	773 33	780 00	786 67	793 33	800 00
50,000..	925..00	933..33	941..67	950..00	958..33	966..67	975..00	983..33	991..67	1,000..00
60,000	1,110 00	1,120 00	1,130 00	1,140 00	1,150 00	1,160 00	1,170 00	1,180 00	1,190 00	1,200 00
70,000..	1,295..00	1,306..67	1,318..33	1,330..00	1,341..67	1,353..33	1,365..00	1,376..67	1,388..33	1,400..00
80,000	1,480 00	1,493 33	1,506 67	1,520 00	1,533 33	1,546 67	1,560 00	1,573 33	1,586 67	1,600 00
90,000..	1,665..00	1,680..00	1,695..00	1,710..00	1,725..00	1,740..00	1,755..00	1,770..00	1,785..00	1,800..00

	121 JOURS.	122 JOURS.	123 JOURS.	124 JOURS.	125 JOURS.	126 JOURS.	127 JOURS.	128 JOURS.	129 JOURS.	130 JOURS.
fr.	fr. c.	fr. c.	fr. c.	fr. c.	fr. c.	fr. c.	fr. c.	fr. c.	fr. c.	fr. c.
1..	0..02	0..02	0..02	0..02	0..02	0..02	0..02	0..02	0..02	0..02
2	0 04	0 04	0 04	0 04	0 04	0 04	0 04	0 04	0 04	0 04
3..	0..06	0..06	0..06	0..06	0..06	0..06	0..06	0..06	0..06	0..06
4	0 08	0 08	0 08	0 08	0 08	0 08	0 08	0 08	0 09	0 09
5..	0..10	0..10	0..10	0..10	0..10	0..10	0..11	0..11	0..11	0..11
6	0 12	0 12	0 12	0 12	0 12	0 13	0 13	0 13	0 13	0 13
7..	0..14	0..14	0..14	0..14	0..15	0..15	0..15	0..15	0..15	0..15
8	0 16	0 16	0 16	0 16	0..17	0 17	0 17	0 17	0 17	0 17
9..	0..18	0..18	0..18	0..19	0..19	0..19	0..19	0..19	0..19	0..19
10..	0..20	0..20	0..20	0..21	0..21	0..21	0..21	0..21	0..21	0..22
20	0 40	0 41	0 41	0 41	0 42	0 42	0 42	0 43	0 43	0 43
30..	0..60	0..61	0..61	0..62	0..62	0..63	0..63	0..64	0..64	0..65
40	0 81	0 81	0 82	0 83	0 83	0 84	0 85	0 85	0 86	0 87
50..	1..01	1..02	1..02	1..03	1..04	1..05	1..06	1..07	1..07	1..08
60	1 21	1 22	1 23	1 24	1 25	1 26	1 27	1 28	1 29	1 30
70..	1..41	1..42	1..43	1..45	1..46	1..47	1..48	1..49	1..50	1..52
80	1 61	1 63	1 64	1 65	1 67	1 68	1 69	1 71	1 72	1 73
90..	1..81	1..83	1..84	1..86	1..87	1..89	1..90	1..92	1..93	1..95
100..	2..02	2..03	2..05	2..07	2..08	2..10	2..12	2..13	2..15	2..17
200	4 03	4 07	4 10	4 13	4 17	4 20	4 23	4 27	4 30	4 33
300..	6..05	6..10	6..15	6..20	6..25	6..30	6..35	6..40	6..45	6..50
400	8 07	8 13	8 20	8 27	8 33	8 40	8 47	8 53	8 60	8 67
500..	10..08	10..17	10..25	10..33	10..42	10..50	10..58	10..67	10..75	10..83
600	12 10	12 20	12 30	12 40	12 50	12 60	12 70	12 80	12 90	13 00
700..	14..12	14..23	14..35	14..47	14..58	14..70	14..80	14..93	15..05	15..17
800	16 13	16 27	16 40	16 53	16 67	16 80	16 93	17 07	17 20	17 33
900..	18..15	18..30	18..45	18..60	18..75	18..90	19..05	19..20	19..35	19..50
1,000..	20..17	20..33	20..50	20..67	20..83	21..00	21..17	21..33	21..50	21..67
2,000	40 33	40 67	41 00	41 33	41 67	42 00	42 33	42 67	43 00	43 33
3,000..	60..50	61..00	61..50	62..00	62..50	63..00	63..50	64..00	64..50	65..00
4,000	80 67	81 33	82 00	82 67	83 33	84 00	84 67	85 33	86 00	86 67
5,000..	100..83	101..67	102..50	103..33	104..17	105..00	105..83	106..67	107..50	108..33
6,000	121 00	122 00	123 00	124 00	125 00	126 00	127 00	128 00	129 00	130 00
7,000..	141..17	142..33	143..50	144..67	145..83	147..00	148..17	149..33	150..50	151..67
8,000	161 33	162 67	164 00	165 33	166 67	168 00	169 33	170 67	172 00	173 33
9,000..	181..50	183..00	184..50	186..00	187..50	189..00	190..50	192..00	193..50	195..00
10,000..	201..67	203..33	205..00	206..67	208..33	210..00	211..67	213..33	215..00	216..67
20,000	403 33	406 67	410 00	413 33	416 67	420 00	423 33	426 67	430 00	433 33
30,000..	605..00	610..00	615..00	620..00	625..00	630..00	635..00	640..00	645..00	650..00
40,000	806 67	813 33	820 00	826 67	833 33	840 00	846 67	853 33	860 00	866 67
50,000..	1,008..33	1,016..67	1,025..00	1,033..33	1,041..67	1,050..00	1,058..33	1,066..67	1,075..00	1,083..33
60,000	1,210 00	1,220 00	1,230 00	1,240 00	1,250 00	1,260 00	1,270 00	1,280 00	1,290 00	1,300 00
70,000..	1,411..67	1,423..33	1,435..00	1,446..67	1,458..33	1,470..00	1,481..67	1,493..33	1,505..00	1,516..67
80,000	1,613 33	1,626 67	1,640 00	1,653 33	1,666 67	1,680 00	1,693 33	1,706 67	1,720 00	1,733 33
90,000..	1,815..00	1,830..00	1,845..00	1,860..00	1,875..00	1,890..00	1,905..00	1,920..00	1,935..00	1,950..00

	131 JOURS.	132 JOURS.	133 JOURS.	134 JOURS.	135 JOURS.	136 JOURS.	137 JOURS.	138 JOURS.	139 JOURS.	140 JOURS.
fr.	fr. c.	fr. c.	fr. c.	fr. c.	fr. c.	fr. c.	fr. c.	fr. c.	fr. c.	fr. c.
1..	0..02	0..02	0..02	0..02	0..02	0..02	0..02	0..02	0..02	0..02
2	0 04	0 04	0 04	0 04	0 04	0 04	0 05	0 05	0 05	0 05
3..	0..07	0..07	0..07	0..07	0..07	0..07	0..07	0..07	0..07	0..07
4	0 09	0 09	0 09	0 09	0 09	0 09	0 09	0 09	0 09	0 09
5..	0..11	0..11	0..11	0..11	0..11	0..11	0..11	0..11	0..12	0..12
6	0 13	0 13	0 13	0 13	0 13	0 14	0 14	0 14	0 14	0 14
7..	0..15	0..15	0..15	0..16	0..16	0..16	0..16	0..16	0..16	0..16
8	0 17	0 18	0 18	0 18	0 18	0 18	0 18	0 18	0 18	0 19
9..	0..20	0..20	0..20	0..20	0..20	0..20	0..21	0..21	0..21	0..21
10..	0..22	0..22	0..22	0 22	0..22	0..23	0..23	0..23	0..23	0..23
20	0 44	0 44	0 44	0 45	0 45	0 45	0 46	0 46	0 46	0 47
30..	0..65	0..66	0..66	0..67	0..67	0..68	0..68	0..69	0..69	0..70
40	0 87	0 88	0 89	0 89	0 90	0 91	0 91	0 92	0 93	0 93
50..	1..09	1..10	1..11	1..12	1..12	1..13	1..14	1..15	1..16	1..17
60	1 31	1 32	1 33	1 34	1 35	1 36	1 37	1 38	1 39	1 40
70..	1..53	1..54	1..55	1..56	1..57	1..59	1..60	1..61	1..62	1..63
80	1 75	1 76	1 77	1 79	1 80	1 81	1 83	1 84	1 85	1 87
90..	1..96	1..98	1..99	2..01	2..02	2..04	2..05	2..07	2..08	2..10
100..	2..18	2..20	2..22	2..23	2..25	2..27	2..28	2..30	2..32	2..33
200	4 37	4 40	4 43	4 47	4 50	4 53	4 57	4 60	4 63	4 67
300..	6..65	6..60	6..65	6..70	6..75	6..80	6..85	6..90	6..95	7..00
400	8 73	8 80	8 87	8 93	9 00	9 07	9 13	9 20	9 27	9 33
500..	10..92	11..00	11..08	11..17	11..25	11..33	11..42	11..50	11..58	11..67
600	13 10	13 20	13 30	13 40	13 50	13 60	13 70	13 80	13 90	14 00
700..	15..28	15..40	15..52	15..63	15..75	15..87	15..98	16..10	16..22	16..33
800	17 47	17 60	17 73	17 87	18 00	18 13	18 27	18 40	18 53	18 67
900..	19..65	19..80	19..95	20..10	20..25	20..40	20..55	20..70	20..85	21..00
1,000..	21..83	22..00	22..17	22..33	22..50	22..67	22..83	23..00	23..17	23..33
2,000	43 67	44 00	44 33	44 67	45 00	45 33	45 67	46 00	46 33	46 67
3,000..	65..50	66..00	66..50	67..00	67..50	68..00	68..50	69..00	69..50	70..00
4,000	87 33	88 00	86 67	89 33	90 00	90 67	91 33	92 00	92 67	93 33
5,000..	109..17	110..00	110..83	111..67	112..50	113..33	114..17	115..00	115..83	116..67
6,000	131 00	132 00	133 00	133 00	135 00	136 00	137 00	138 00	139 00	140 00
7,000..	152..83	154..00	155..17	156..33	157..50	158..67	159..83	161..00	162..17	163..33
8,000	174 67	176 00	177 33	178 67	180 00	181 33	182 67	184 00	185 33	186 67
9,000..	196..50	198..00	199..50	201..00	202..50	204..00	205..50	207..00	208..50	210..00
10,000..	218..33	220..00	221..67	223..33	225..00	226..67	228..33	230..00	231..67	233..33
20,000	436 67	440 00	443 33	446 67	450 00	453 33	456 67	460 00	463 33	466 67
30,000..	655..00	660..00	665..00	670..00	675..00	680..00	685..00	690..00	695..00	700..00
40,000	873 33	880 00	886 67	893 33	900 00	906 67	913 33	920 00	926 67	933 33
50,000..	1,091..67	1,100..00	1,108..33	1,116..67	1,125..00	1,133..33	1,141..67	1,150..00	1,558..33	1,166..67
60,000	1,310 00	1,320 00	1,330 00	1,340 00	1,350 00	1,360 00	1,370 00	1,380 00	1,390 00	1,400 00
70,000..	1,528..33	1,540..00	1,551..67	1,563..33	1,575..00	1,586..67	1,598..33	1,610..00	1,621..67	1,633..33
80,000	1,746 67	1,760 00	1,773 33	1,786 67	1,800 00	1,813 33	1,826 67	1,840 00	1,853 33	1,866 67
90,000..	1,965..00	1,980..00	1,995..00	2,010..00	2,025..00	2,040..00	2,055..00	2,070..00	2,085..00	2,100..00

	141 JOURS.	142 JOURS.	143 JOURS.	144 JOURS.	145 JOURS.	146 JOURS.	147 JOURS.	148 JOURS.	149 JOURS.	150 JOURS.
fr.	fr. c.	fr. c.	fr. c.	fr. c.	fr. c.	fr. c.	fr. c.	fr. c.	fr. c.	fr. c.
1..	0..02	0..02	0..02	0..02	0..02	0..02	0..02	0..02	0..02	0..02
2	0 05	0 05	0 05	0 05	0 05	0 05	0 05	0 05	0 05	0 05
3..	0..07	0..07	0..07	0..07	0..07	0..07	0..07	0..07	0..07	0..07
4	0 09	0 09	0 09	0 10	0 10	0 10	0 10	0 10	0 10	0 10
5..	0..12	0..12	0..12	0..12	0..12	0..12	0..12	0..12	0..12	0..12
6	0 14	0 14	0 14	0 14	0 14	0 15	0 15	0 15	0 15	0 15
7..	0..16	0..17	0..17	0..17	0..17	0..17	0..17	0..17	0..17	0..17
8	0 19	0 19	0 19	0 19	0 19	0 19	0 20	0 20	0 20	0 20
9..	0..21	0..21	0..21	0..22	0..22	0..22	0..22	0..22	0..22	0..22
10..	0..23	0..24	0..24	0..24	0..24	0..24	0..24	0..25	0..25	0..25
20	0 47	0 47	0 48	0 48	0 48	0 49	0 49	0 49	0 50	0 50
30..	0..70	0..71	0..71	0..72	0..72	0..73	0..73	0..74	0..74	0..75
40	0 94	0 95	0 95	0 96	0 97	0 97	0 98	0 99	0 99	1 00
50..	1..17	1..18	1..19	1..20	1..21	1..22	1..22	1..23	1..24	1..25
60	1 41	1 42	1 43	1 44	1 45	1 46	1 47	1 48	1 49	1 50
70..	1..64	1..66	1..67	1..68	1..69	1..70	1..71	1..73	1..74	1..75
80	1 88	1 89	1 91	1 92	1 93	1 95	1 96	1 97	1 99	2 00
90..	2..11	2..13	2..14	2..16	2..17	2..19	2..20	2..22	2..23	2..25
100..	2..35	2..37	2..38	2..40	2..42	2..43	2..45	2..47	2..48	2..50
200	4 70	4 73	4 77	4 80	4 83	4 87	4 90	4 93	4 97	5 00
300..	7..05	7..10	7..15	7..20	7..25	7..30	7..35	7..40	7..45	7..50
400	9 40	9 47	9 53	9 60	9 67	9 73	9 80	9 87	9 93	10 00
500..	11..75	11..83	11..92	12..00	12..08	12..17	12..25	12..33	12..42	12..50
600	14 10	14 20	14 30	14 40	14 50	14 60	13 70	14 80	14 90	15 00
700..	16..45	16..57	16..68	16..80	16..92	17..03	17..15	17..27	17..38	17..50
800	18 80	18 93	19 07	19 20	19 33	19 47	19 60	19 73	19 87	20 00
900..	21..15	21..30	21..45	21..60	21..75	21..90	22..05	22..20	22..35	22..50
1,000..	23..50	23..67	23..83	24..00	24..17	24..33	24..50	24..67	24..83	25..00
2,000	47 00	47 33	47 67	48 00	48 33	48 67	49 00	49 33	49 67	50 00
3,000..	70..50	71..00	71..50	72..00	72..50	73..00	73..50	74..00	74..50	75..00
4,000	94 00	94 67	95 33	96 00	96 67	97 33	98 00	98 67	99 33	100 00
5,000..	117..50	118..33	119..17	120..00	120..83	121..67	122..50	123..33	124..17	125..00
6,000	141 00	142 00	143 00	144 00	145 00	146 00	147 00	148 00	149 00	150 00
7,000..	164..50	165..67	166..83	168..00	169..17	170..33	171..50	172..67	173..83	175..00
8,000	188 00	189 33	190 67	192 00	193 33	194 67	196 00	197 33	198 67	200 00
9,000..	211..50	213..00	214..50	216..00	217..50	219..00	220..50	222..00	223..50	225..00
10,000..	235..00	236..67	238..33	240..00	241..67	243..33	245..00	246..67	248..33	250..00
20,000	470 00	473 33	476 67	480 00	483 33	486 67	490 00	493 33	496 67	500 00
30,000..	705..00	710..00	715..00	720..00	725..00	730..00	735..00	740..00	745..00	750..00
40,000	940 00	946 67	953 33	960 00	966 67	973 33	980 00	986 67	993 33	1,000 00
50,000..	1,176..00	1,183..33	1,191..67	1,200..00	1,208..33	1,216..67	1,225..00	1,233..33	1,241..67	1,250..00
60,000	1,410 00	1,420 00	1,430 00	1,440 00	1,450 00	1,460 00	1,470 00	1,480 00	1,490 00	1,500 00
70,000..	1,645..00	1,656..67	1,668..33	1,680..00	1,691..67	1,703..33	1,715..00	1,726..67	1,738..33	1,750..00
80,000	1,880 00	1,893 33	1,906 67	1,920 00	1,933..33	1,946 67	1,960 00	1,973 33	1,986 67	2,000 00
90,000..	2,115..00	2,130..00	2,145..00	2,160..00	2,175..00	2,190..00	2,205..00	2,220..00	2,235..00	2,250..00

	151 JOURS.	152 JOURS.	153 JOURS.	154 JOURS.	155 JOURS.	156 JOURS.	157 JOURS.	158 JOURS.	159 JOURS.	160 JOURS.
fr.	fr. c.	fr. c.	fr. c.	fr. c.	fr. c.	fr. c.	fr. c.	fr. c.	fr. c.	fr. c.
1..	0..02	0..02	0..03	0..03	0..03	0..03	0..03	0..03	0..03	0..03
2	0 05	0 05	0 05	0 05	0 05	0 05	0 05	0 05	0 05	0 05
3..	0..08	0..08	0..08	0..08	0..08	0..08	0..08	0..08	0..08	0..08
4	0 10	0 10	0 10	0 10	0 10	0 10	0 10	0 10	0 11	0 11
5..	0..13	0..13	0..13	0..13	0..13	0..13	0..13	0..13	0..13	0..13
6	0 15	0 15	0 15	0 15	0 15	0 16	0 16	0 16	0 16	0 16
7..	0..18	0..18	0..18	0..18	0..18	0..18	0..18	0..18	0..19	0..19
8	0 20	0 20	0 20	0 20	0 21	0 21	0 21	0 21	0 21	0 21
9..	0..23	0..23	0..23	0..23	0..23	0..23	0..24	0..24	0..24	0..24
10..	0..25	0..25	0..25	0..26	0..26	0..26	0..26	0..26	0..26	0..27
20	0 50	0 51	0 51	0 51	0 52	0 52	0 52	0 53	0 53	0 53
30..	0..75	0..76	0..76	0..77	0..77	0..78	0..78	0..79	0..79	0..80
40	1 01	1 01	1 02	1 03	1 03	1 04	1 05	1 05	1 06	1 07
50..	1..26	1..27	1..27	1..28	1..29	1..30	1..31	1..32	1..32	1..33
60	1 51	1 52	1 53	1 54	1 55	1 56	1 57	1 58	1 59	1 60
70..	1..76	1..77	1..78	1..80	1..81	1..82	1..83	1..84	1..85	1..87
80	2 01	2 03	2 04	2 05	2 07	2 08	2 09	2 11	2 12	2 13
90..	2..26	2..28	2..29	2..31	2..32	2..34	2..35	2..37	2..38	2..40
100..	2..52	2..53	2..55	2..57	2..58	2..60	2..62	2..63	2..65	2..67
200	5 03	5 07	5 10	5 13	5 17	5 20	5 23	5 27	5 30	5 33
300..	7..55	7..60	7..65	7..70	7..75	7..80	7..85	7..90	7..95	8..00
400	10 07	10 13	10 20	10 27	10 33	10 40	10 47	10 53	10 60	10 67
500..	12..58	12..67	12..75	12..83	12..92	13..00	13..08	13..17	13..25	13..33
600	15 10	15 20	15 30	15 40	15 50	15 60	15 70	15 80	15 90	16 00
700..	17..62	17..73	17..85	17..97	18..08	18..20	18..32	18..43	18..55	18..67
800	20 13	20 27	20 40	20 53	20 67	20 80	20 93	21 07	21 20	21 33
900..	22..65	22..80	22..95	23..10	23..25	23..40	23..55	23..70	23..85	24..00
1,000..	25..17	25..33	25..50	25..67	25..83	26..00	26..17	26..33	26..50	26..67
2,000	50 33	50 67	51 00	51 33	51 67	52 00	52 33	52 67	53 00	53 33
3,000..	75..50	76..00	76..50	77..00	77..50	58..00	78..50	79..00	79..50	80..00
4,000	100 67	101 33	102 00	102 67	103 33	104 00	104 67	105 33	106 00	106 67
5,000..	125..83	126..67	127..50	128..33	129..17	130..00	130..83	131..67	132..50	133..33
6,000	151 00	152 00	153 00	154 00	155 00	156 00	157 00	158 00	159 00	160 00
7,000..	176..17	177..33	178..50	179..67	180..83	182..00	183..17	184..33	185..50	186..67
8,000	201 33	202 67	204 00	205 33	206 67	208 00	209 33	210 67	212 00	213 33
9,000..	226..50	228..00	229..50	231..00	232..50	234..00	235..50	237..00	238..50	240..00
10,000..	251..67	253..33	255..00	256..67	258..33	260..00	261..67	263..33	265..00	266..67
20,000	503 33	506 67	510 00	513 33	516 67	520 00	523 33	526 67	530 00	533 33
30,000..	755..00	760..00	765..00	770..00	775..00	780..00	785..00	790..00	795..00	800..00
40,000	1,006 67	1,013 33	1,020 00	1,026 67	1,033 33	1,040 00	1,046 67	1,053 33	1,060 00	1,066 67
50,000..	1,258..33	1,266..67	1,275..00	1,283..33	1,291..67	1,300..00	1,308..33	1,316..67	1,325..00	1,333..33
60,000	1,510 00	1,520 00	1,530 00	1,540 00	1,550 00	1,560 00	1,570 00	1,580 00	1,590 00	1,600 00
70,000..	1,761..67	1,773..33	1,785..00	1,796..67	1,808..33	1,820..00	1,831..67	1,843..33	1,855..00	1,866..67
80,000	2,013 33	2,026 67	2,040 00	2,053 33	2,066 67	2,080 00	2,093 33	2,106 67	2,120 00	2,133 33
90,000..	2,265..00	2,280..00	2,295..00	2,310..00	2,325..00	2,340..00	2,355..00	2,370..00	2,385..00	2,400..00

	161 JOURS.	162 JOURS.	163 JOURS.	164 JOURS.	165 JOURS.	166 JOURS.	167 JOURS.	168 JOURS.	169 JOURS.	170 JOURS.
fr.	fr. c.	fr. c.	fr. c.	fr. c.	fr. c.	fr. c.	fr. c.	fr. c.	fr. c.	fr. c.
1..	0..03	0..03	0..03	0..03	0..03	0..03	0..03	0..03	0..03	0..03
2	0 05	0 05	0 05	0 05	0 05	0 05	0 06	0 06	0 06	0 06
3..	0..08	0..08	0..08	0..08	0..08	0..08	0..08	0..08	0..08	0..08
4	0 11	0 11	0 11	0 11	0 11	0 11	0 11	0 11	0 11	0 13
5..	0..13	0..13	0..14	0..14	0..14	0..14	0..14	0..14	0..14	0..14
6	0 16	0 16	0 16	0 16	0 16	0 17	0 17	0 17	0 17	0 17
7..	0..19	0..19	0..19	0..19	0..19	0..19	0..19	0..20	0..20	0..20
8	0 21	0 22	0 22	0 22	0 22	0 22	0 22	0 22	0 22	0 23
9..	0..24	0..24	0..24	0..25	0..25	0..25	0..25	0..25	0..25	0..25
10..	0..27	0..27	0..27	0..27	0..27	0..28	0..28	0..28	0..28	0..28
20	0 54	0 54	0 54	0 55	0 55	0 55	0 56	0 56	0 56	0 57
30..	0..80	0..81	0..81	0..82	0..82	0..83	0..83	0..84	0..84	0..85
40	1 07	1 08	1 09	1 09	1 10	1 11	1 11	1 12	1 13	1 13
50..	1..34	1..35	1..36	1..37	1..37	1..38	1..39	1..40	1..41	1..42
60	1 61	1 62	1 63	1 64	1 65	1 66	1 67	1 68	1 69	1 70
70..	1..88	1..89	1..90	1..91	1..92	1..94	1..95	1..96	1..97	1..98
80	2 15	2 16	2 17	2 19	2 20	2 21	2 23	2 24	2 25	2 27
90..	2..41	2..43	2..44	2..46	2..47	2..49	2..50	2..52	2..53	2..55
100..	2..68	2..70	2..72	2..73	2..75	2..77	2..78	2..80	2..82	2..83
200	5 37	5 40	5 43	5 47	5 50	5 53	5 57	5 60	5 63	5 67
300..	8..05	8..10	8..15	8..20	8..25	8..30	8..35	8..40	8..45	8..50
400	10 73	10 80	10 87	10 93	11 00	11 07	11 13	11 20	11 27	11 33
500..	13..42	13..50	13..58	13..67	13..75	13..83	13..92	14..00	14..08	14..17
600	16 10	16 20	16 30	16 40	16 50	16 60	16 70	16 80	16 90	17 00
700..	18..78	18..90	19..02	19..13	19..25	19..37	19..48	19..60	19..72	19..83
800	21 47	21 60	21 73	21 87	22 00	22 13	22 27	22 40	22 53	22 67
900..	24..15	24..30	24..45	24..60	24..75	24..90	25..05	25..20	25..35	25..50
1,000..	26..83	27..00	27..17	27..33	27..50	27..67	27..83	28..00	28..17	28..33
2,000	53 67	54 00	54 33	54 67	55 00	55 33	55 67	56 00	56 33	56 67
3,000..	80..50	81..00	81..50	82..00	82..50	83..00	83..50	84..00	84..50	85..00
4,000	107 33	108 00	108 67	109 33	110 00	110 67	111 33	112 00	112 67	113 33
5,000..	134..17	135..00	135..83	136..67	137..50	138..33	139..17	140..00	140..83	141..67
6,000	161 00	162 00	163 00	164 00	165 00	166 00	167 00	168 00	169 00	170 00
7,000..	187..83	189..00	190..17	191..33	192..50	193..67	194..83	196..00	197..17	198..33
8,000	214 67	216 00	217 33	218 67	220 00	221 33	222 67	224 00	225 33	226 67
9,000..	241..50	243..00	244..50	246..00	247..50	249..00	250..50	252..00	253..50	255..00
10,000..	268..33	270..00	271..67	273..33	275..00	276..67	278..33	280..00	281..67	283..33
20,000	536 67	540 00	543 33	546 67	550 00	553 33	556 67	560 00	563 33	566 67
30,000..	805..00	810..00	815..00	820..00	825..00	830..00	835..00	840..00	845..00	850..00
40,000	1,073 33	1,080 00	1,086 67	1,093 33	1,100 00	1,106 67	1,113 33	1,120 00	1,126 67	1,133 33
50,000..	1,341..67	1,350..00	1,358..33	1,366..67	1,375..00	1,383..33	1,391..67	1,400..00	1,408..33	1,416..67
60,000	1,610 00	1,620 00	1,630 00	1,640 00	1,650 00	1,660 00	1,670 00	1,680 00	1,690 00	1,700 00
70,000..	1,878..33	1,890..00	1,901..67	1,913..33	1,925..00	1,936..67	1,948..33	1,960..00	1,971..67	1,983..33
80,000	2,146 67	2,160 00	2,173 33	2,186 67	2,200 00	2,213 33	2,226 67	2,240 00	2,253 33	2,266 67
90,000..	2,415..00	2,430..00	2,445..00	2,460..00	2,475..00	2,490..00	2,505..00	2,520..00	2,535..00	2,550..00

fr.	171 JOURS.	172 JOURS.	173 JOURS.	174 JOURS.	175 JOURS.	176 JOURS.	177 JOURS.	178 JOURS.	179 JOURS.	180 JOURS.
	fr. c.	fr. c.	fr. c.	fr. c.	fr. c.	fr. c.	fr. c.	fr. c.	fr. c.	fr. c.
1..	0..03	0..03	0..03	0..03	0..03	0..03	0..03	0..03	0..03	0..02
2	0 06	0 06	0 06	0 06	0 06	0 06	0 06	0 06	0 06	0 06
3..	0..09	0..09	0..09	0..09	0..09	0..09	0..09	0..09	0..09	0..09
4	0 11	0 11	0 11	0 12	0 12	0 12	0 12	0 12	0 12	0 12
5..	0..14	0..14	0..14	0..14	0..15	0..15	0..15	0..15	0..15	0..15
6	0 17	0 17	0 17	0 17	0 17	0 18	0 18	0 18	0 18	0 18
7..	0..20	0..20	0..20	0..20	0..20	0..20	0..21	0..21	0..21	0..21
8	0 23	0 23	0 23	0 23	0 23	0 23	0 24	0 24	0 24	0 24
9..	0..26	0..26	0..26	0..26	0..26	0..26	0..27	0..27	0..27	0..27
10..	0..28	0..29	0..29	0..29	0..29	0..29	0..29	0..30	0..30	0..30
20	0 57	0 57	0 58	0 58	0 58	0 59	0 59	0 59	0 60	0 60
30..	0..85	0..86	0..86	0..87	0..87	0..88	0..88	0..89	0..89	0..90
40	1 14	1 15	1 15	1 16	1 17	1 17	1 18	1 19	1 19	1 20
50..	1..42	1..43	1..44	1..45	1..46	1..47	1..47	1..48	1..49	1..50
60	1 71	1 72	1 73	1 74	1 75	1 76	1 77	1 78	1 79	1 80
70..	1..99	2..01	2..02	2..00	2..04	2..05	2..06	2..08	2..09	2..10
80	2 28	2 29	2 31	2 32	2 33	2 35	2 36	2 37	2 39	2 40
90..	2..56	2..58	2..59	2..61	2..62	2..64	2..65	2..67	2..68	2..70
100..	2..85	2..87	2..88	2..90	2..92	2..93	2..95	2..97	2..98	3..00
200	5 70	5 73	5 77	5 80	5 83	5 87	5 90	5 93	5 97	6 00
300..	8..55	8..60	8..65	8..70	8..75	8..80	8..85	8..90	8..95	9..00
400	11 40	11 47	11 53	11 60	11 67	11 73	11 80	11 87	11 93	12 00
500..	14..25	14..33	14..42	14..50	14..58	14..67	14..75	14..83	14..92	15..00
600	17 10	17 20	17 30	17 40	17 50	17 60	17 70	17 80	17 90	18 00
700..	19..95	20..07	20..18	20..30	20..42	20..53	20..65	20..77	20..88	21..00
800	22 80	22 93	23 07	23 20	23 33	23 47	23 60	23 73	23 87	24 00
900..	25..65	25..80	25..95	26..10	26..25	26..40	26..55	26..70	26..85	27..00
1,000..	28..50	28..67	28..83	29..00	29..17	29..33	29..50	29..67	29..83	30..00
2,000	57 00	57 33	57 67	58 00	58 33	58 67	59 00	59 33	59 67	60 00
3,000..	85..50	86..00	86..50	87..00	87..50	88..00	88..50	89..00	89..50	90..00
4,000	114 00	114 67	115 33	116 00	116 67	117 33	118 00	118 67	119 33	120 00
5,000..	142..50	143..33	144..17	145..00	145..83	146..67	147..50	148..33	149..17	150..00
6,000	171 00	172 00	173 00	174 00	175 00	176 00	177 00	178 00	179 00	180 00
7,000..	199..50	200..67	201..83	203..00	204..17	205..33	206..50	207..67	208..83	210..00
8,000	228 00	229 33	230 67	232 00	233 33	234 67	236 00	237 33	238 67	240 00
9,000..	256..50	258..00	259..50	261..00	262..50	264..00	265..50	267..00	268..50	270..00
10,000..	285..00	286..67	288..33	290..00	291..67	293..33	295..00	296..67	298..33	300..00
20,000	570 00	573 33	576 67	580 00	583 33	586 67	590 00	593 33	596 67	600 00
30,000..	855..00	860..00	865..00	870..00	875..00	880..00	885..00	890..00	895..00	900..00
40,000	1,140 00	1,146 67	1,153 33	1,160 00	1,166 67	1,173 33	1,180 00	1,186 67	1,193 33	1,200 00
50,000..	1,425..00	1,433..33	1,441..67	1,450..00	1,458..33	1,466..67	1,475..00	1,483..33	1,491..67	1,500..00
60,000	1,710 00	1,720 00	1,730 00	1,740 00	1,750 00	1,760 00	1,770 00	1,780 00	1,790 00	1,800 00
70,000..	1,995..00	2,006..67	2,018..33	2,030..00	2,041..67	2,053..33	2,065..00	2,076..67	2,088..33	2,100..00
80,000	2,280 00	2,293 33	2,306 67	2,320 00	2,333 33	2,346 67	2,360 00	2,373 33	2,386 67	2,400 00
90,000	2,565..00	2,580..00	2,595..00	2,610..00	2,625..00	2,640..00	2,655..00	2,670..00	2,685..00	2,700..00

	181 JOURS.	182 JOURS.	183 JOURS.	184 JOURS.	185 JOURS.	186 JOURS.	187 JOURS.	188 JOURS.	189 JOURS.	190 JOURS.
fr.	fr. c.	fr. c.	fr. c.	fr. c.	fr. c.	fr. c.	fr. c.	fr. c.	fr. c.	fr. c.
1..	0..03	0..03	0..03	0..03	0..03	0..03	0..03	0..03	0..03	0..03
2	0 06	0 06	0 06	0 06	0 06	0 06	0 06	0 06	0 06	0 06
3..	0..09	0..09	0..09	0..09	0..09	0..09	0..09	0..09	0..09	0..09
4	0 12	0 12	0 12	0 12	0 12	0 12	0 12	0 12	0 13	0 13
5..	0..15	0..15	0..15	0..15	0..15	0..15	0..16	0..16	0..16	0..16
6	0 18	0 18	0 18	0 18	0 18	0 19	0 19	0 19	0 19	0 19
7..	0..21	0..21	0..21	0..21	0..22	0..22	0..22	0..22	0..22	0..22
8	0 24	0 24	0 24	0 24	0..25	0 25	0 25	0 25	0 25	0 25
9..	0..27	0..27	0..27	0..28	0..28	0..28	0..28	0..28	0..28	0..28
10..	0..30	0..30	0..30	0..31	0..31	0..31	0..31	0..31	0..31	0..32
20	0 60	0 61	0 61	0 61	0 62	0 62	0 62	0 63	0 63	0 63
30..	0..90	0..91	0..91	0..92	0..92	0..93	0..93	0..94	0..94	0..95
40	1 21	1 21	1 22	1 23	1 23	1 24	1 25	1 25	1 26	1 27
50..	1..51	1..52	1..52	1..53	1..54	1..55	1..56	1..57	1..57	1..58
60	1 81	1 82	1 83	1 84	1 85	1 86	1 87	1 88	1 89	1 90
70..	2..11	2..12	2..13	2..15	2..16	2..17	2..18	2..19	2..20	2..22
80	2 41	2 43	2 44	2 45	2 47	2 48	2 49	2 51	2 52	2 53
90..	2..71	2..73	2..74	2..76	2..77	2..79	2..80	2..82	2..83	2..85
100..	3..02	3..03	3..05	3..07	3..08	3..10	3..12	3..13	3..15	3..17
200	6 03	6 07	6 10	6 13	6 17	6 20	6 23	6 27	6 30	6 33
300..	9..05	9..10	9..15	9..20	9..25	9..30	9..35	9..40	9..45	9..50
400	12 07	12 13	12 20	12 27	12 33	12 40	12 47	12 53	12 60	12 67
500..	15..08	15..17	15..25	15..33	15..42	15..50	15..58	15..67	15..75	15..83
600	18 10	18 20	18 30	18 40	18 50	18 60	18 70	18 80	18 90	19 00
700..	21..12	21..23	21..35	21..47	21..58	21..70	21..82	21..93	22..05	22..17
800	24 13	24 27	24 40	24 53	24 67	24 80	24 93	25 07	25 20	25 33
900..	27..15	27..30	27..45	27..60	27..75	27..90	28..05	28..20	28..35	28..50
1,000..	30..17	30..33	30..50	30..67	30..83	31..00	31..17	31..33	31..50	31..67
2,000	60 33	60 67	61 00	61 33	61 67	62 00	62 33	62 67	63 00	63 33
3,000..	90..50	91..00	91..50	92..00	92..50	93..00	93..50	94..00	94..50	95..00
4,000	120 67	121 33	122 00	122 67	123 33	124 00	124 67	125 33	126 00	126 67
5,000..	150..83	151..67	152..50	153..33	154..17	155..00	155..83	156..67	157..50	158..33
6,000	181 00	182 00	183 00	184 00	185 00	186 00	187 00	188 00	189 00	190 00
7,000..	211..17	212..33	213..50	214..67	215..83	217..00	218..17	219..33	220..50	221..67
8,000	241 33	242 67	244 00	245 33	246 67	248 00	249 33	250 67	252 00	253 33
9,000..	271..50	273..00	274..50	276..00	277..50	279..00	280..50	282..00	283..50	285..00
10,000..	301..67	303..33	305..00	306..67	308..33	310..00	311..67	313..33	315..00	316..67
20,000	603 33	606 67	610 00	613 33	616 67	620 00	623 33	626 67	630 00	633 33
30,000..	905..00	910..00	915..00	920..00	925..00	930..00	935..00	940..00	945..00	950..00
40,000	1,206 67	1,213 33	1,220 00	1,226 67	1,233 33	1,240 00	1,246 67	1,253 33	1,260 00	1,266 67
50,000..	1,508..33	1,516..67	1,525..00	1,533..33	1,541..67	1,550..00	1,558..33	1,566..67	1,575..00	1,583..33
60,000	1,810 00	1,820 00	1,830 00	1,840 00	1,850 00	1,860 00	1,870 00	1,880 00	1,890 00	1,900 00
70,000..	2,111..67	2,123..33	2,135..00	2,146..67	2,158..33	2,170..00	2,181..67	2,193..33	2,205..00	2,216..67
80,000	2,413 33	2,426 67	2,440 00	2,453 33	2,466 67	2,480 00	2,493 33	2,506 67	2,520 00	2,533 33
90,000..	2,715..00	2,730..00	2,745..00	2,760..00	2,775..00	2,790..00	2,805..00	2,820..00	2,835..00	2,850..00

	191 JOURS.	192 JOURS.	193 JOURS.	194 JOURS.	195 JOURS.	196 JOURS.	197 JOURS.	198 JOURS.	199 JOURS.	200 JOURS.
fr.	fr. c.	fr. c.	fr. c.	fr. c.	fr. c.	fr. c.	fr. c.	fr. c.	fr. c.	fr. c.
1..	0..03	0..03	0..03	0..03	0..03	0..03	0..03	0..03	0..03	0..03
2	0 06	0 06	0 06	0 06	0 06	0 06	0 07	0 07	0 07	0 07
3..	0..10	0..10	0..10	0..10	0..10	0..10	0..10	0..10	0..10	0..10
4	0 13	0 13	0 13	0 13	0 13	0 13	0 13	0 13	0 13	0 13
5..	0..16	0..16	0..16	0..16	0..16	0..16	0..16	0..16	0..17	0..17
6	0 19	0 19	0 19	0 19	0 19	0 20	0 20	0 20	0 20	0 20
7..	0..22	0..22	0..22	0..23	0..23	0..23	0..23	0..23	0..23	0..23
8	0 25	0 26	0 26	0 26	0 26	0 26	0 26	0 26	0 26	0 27
9..	0..29	0..29	0..29	0..29	0..29	0..29	0..30	0..30	0..30	0..30
10..	0..32	0..32	0..32	0 32	0..32	0..33	0..33	0..33	0..33	0..33
20	0 64	0 64	0 64	0 6	0 65	0 65	0 66	0 66	0 66	0 67
30..	0..95	0..96	0..96	0..97	0..97	0..98	0..98	0..99	0..99	1..00
40	1 27	1 28	1 29	1 29	1 30	1 31	1 31	1 32	1 33	1 33
50..	1..59	1..60	1..61	1..62	1..62	1..63	1..64	1..65	1..66	1..67
60	1 91	1 92	1 93	1 94	1 95	1 96	1 97	1 98	1 99	2 00
70..	2..23	2..24	2..25	2..26	2..27	2..29	2..30	2 31	2..32	2..33
80	2 55	2 56	2 57	2 59	2 60	2 61	2 63	2 64	2 65	2 67
90..	2..86	2..88	2..89	2..91	2..92	2..94	2..95	2..97	2..98	3..00
100..	3..18	3..20	3..22	3..23	3..25	3..27	3..28	3..30	3..32	3..33
200	6 37	6 40	6 43	6 47	6 50	6 53	6 57	6 60	6 63	6 67
300..	9..65	9..60	9..65	9..70	9..75	9..80	9..85	9..90	9..95	10..00
400	12 73	12 80	12 87	12 93	13 00	13 07	13 13	13 20	13 27	13 33
500..	15..92	16..00	16..08	16..17	16..25	16..33	16..42	16..50	16..58	16..67
600	19 10	19 20	19 30	19 40	19 50	19 60	19 70	19 80	19 90	20 00
700..	22..28	22..40	22..52	22..63	22..75	22..87	22..98	23..10	23..22	23..33
800	25 47	25 60	25 73	25 87	26 00	26 13	26 27	26 40	26 53	26 67
900..	28..65	28..80	28..95	29..10	29..25	29..40	29..55	29..70	29..85	30..00
1,000..	31..83	32..00	32..17	32..33	32..50	32..67	32..83	33..00	33..17	33..33
2,000	63 67	64 00	64 33	64 67	65 00	65 33	65 67	66 00	66 33	66 67
3,000..	95..50	96..00	96..50	97..00	97..50	98..00	98..50	99..00	99..50	100..00
4,000	127 33	128 00	128 67	129 33	130 00	130 67	131 33	132 00	132 67	133 33
5,000..	159..17	160..00	160..83	161..67	162..50	163..33	164..17	165..00	165..83	166..67
6,000	191 00	192 00	193 00	194 00	195 00	196 00	197 00	198 00	199 00	200 00
7,000..	222..83	224..00	225..17	226..33	227..50	228..67	229..83	231..00	232..17	233..33
8,000	254 67	256 00	257 33	258 67	260 00	261 33	262 67	264 00	265 33	266 67
9,000..	286..50	288..00	289..50	291..00	292..50	294..00	295..50	297..00	298..50	300..00
10,000..	318..33	320..00	321..67	323..33	325..00	326..67	328..33	330..00	331..67	333..33
20,000	636 67	640 00	643 33	646 67	650 00	653 33	656 67	660 00	663 33	666 67
30,000.	955..00	960..00	965..00	970..00	975..00	980..00	985..00	990..00	995..00	1,000..00
40,000	1,273 33	1,280 00	1,286 67	1,293 33	1,300 00	1,306 67	1,313 33	1,320 00	1,326 67	1,333 33
50,000..	1,591..67	1,600..00	1,608..33	1,616..67	1,625..00	1,633..33	1,641..67	1,650..00	1,658..33	1,666..67
60,000	1,910 00	1,920 00	1,930 00	1,940 00	1,950 00	1,960 00	1,970 00	1,980 00	1,990 00	2,000 00
70,000..	2,228..33	2,240..00	2,251..67	2,263..33	2,275..00	2,286..67	2,298..33	2,310..00	2,321..67	2,333..33
80,000.	2,546 67	2,560 00	2,573 33	2,586 67	2,600 00	2,613 33	2,626 67	2,640 00	2,653 33	2,666 67
90,000.	2,865..00	2,880..00	2,895..00	2,910..00	2,925..00	2,940..00	2,955..00	2,970..00	2,985..00	3,000..00

	201 JOURS.	202 JOURS.	203 JOURS.	204 JOURS.	205 JOURS.	206 JOURS.	207 JOURS.	208 JOURS.	209 JOURS.	210 JOURS.
fr.	fr. c.	fr. c.	fr. c.	fr. c.	fr. c.	fr. c.	fr. c.	fr. c.	fr. c.	fr. c.
1..	0..03	0..03	0..03	0..03	0..03	0..03	0..03	0..03	0..03	0..03
2	0 07	0 07	0 07	0 07	0 07	0 07	0 07	0 07	0 07	0 07
3..	0..10	0..10	0..10	0..10	0..10	0..10	0..10	0..10	0..10	0..10
4	0 13	0 13	0 13	0 14	0 14	0 14	0 14	0 14	0 14	0 14
5..	0..17	0..17	0..17	0..17	0..17	0..17	0..17	0..17	0..17	0..17
6	0 20	0 20	0 20	0 20	0 20	0 21	0 21	0 21	0 21	0 21
7..	0..23	0..24	0..24	0..24	0..24	0..24	0..24	0..24	0..24	0..24
8	0 27	0 27	0 27	0 27	0 27	0 27	0 28	0 28	0 28	0 28
9..	0..30	0..30	0..30	0..31	0..31	0..31	0..31	0..31	0..31	0..31
10..	0..33	0..34	0..34	0..34	0..34	0..34	0..34	0 35	0..35	0..35
20	0 67	0 67	0 68	0 68	0 68	0 69	0 69	0 6[illegible]	0 70	0 70
30..	1..00	1..01	1..01	1..02	1..02	1..03	1..03	1..04	1..04	1..05
40	1 34	1 35	1 35	1 36	1 37	1 37	1 38	1 39	1 39	1 40
50..	1..67	1..68	1..69	1..70	1..71	1..72	1..72	1..73	1..74	1..75
60	2 01	2 02	2 03	2 04	2 05	2 06	2 07	2 08	2 09	2 10
70..	2..34	2..36	2..37	2..38	2..39	2..40	2..41	2..43	2..44	2..45
80	2 68	2 69	2 71	2 72	2 73	2 75	2 76	2 77	2 79	2 80
90..	3..01	3..03	3..04	3..06	3..07	3..09	3..10	3..12	3..13	3..15
100..	3..35	3..37	3..38	3..40	3..42	3..43	3..45	3..47	3..48	3..50
200	6 70	6 73	6 77	6 80	6 83	6 87	6 90	6 93	6 97	7 00
300..	10..05	10..10	10..15	10..20	10..25	10..30	10..35	10..40	10..45	10..50
400	13 40	13 47	13 53	13 60	13 67	13 73	13 80	13 87	13 93	14 00
500..	16..75	16..83	16..92	17..00	17..08	17..17	17..25	17..33	17..42	17..50
600	20 10	20 20	20 30	20 40	20 50	20 60	20 70	20 80	20 90	21 00
700..	23..45	23..57	23..68	23..80	23..92	24..03	24..15	24..27	24..38	24..50
800	26 80	26 93	27 07	27 20	27 33	27 47	27 60	27 73	27 87	28 00
900..	30..15	30..30	30..45	30..60	30..75	30..90	31..05	31..20	31..35	31..50
1,000..	33..50	33..67	33..83	34..00	34..17	34..33	34..50	34..67	34..83	35..00
2,000	67 00	67 33	67 67	68 00	68 33	68 67	69 00	69 33	69 67	70 00
3,000..	100..50	101..00	101..50	102..00	102..50	103..00	103..50	104..00	104..50	105..00
4,000	134 00	134 67	135 33	136 00	136 67	137 33	138 00	138 67	139 33	140 00
5,000..	167..50	168..33	169..17	170..00	170..83	171..67	172..50	173..33	174..17	175..00
6,000	201 00	202 00	203 00	204 00	205 00	206 00	207 00	208 00	209 00	210 00
7,000..	234..50	235..67	236..83	238..00	239..17	240..33	241..50	242..67	243..83	245..00
8,000	268 00	269 33	270 67	272 00	273 33	274 67	276 00	277 33	278 67	280 00
9,000..	301..50	303..00	304..50	306..00	307..50	309..00	310..50	312..00	313..50	315..00
10,000..	335..00	336..67	338..33	340..00	341..67	343..33	345..00	346..67	348..33	350..00
20,000	670 00	673 33	676 67	680 00	683 33	686 67	690 00	693 33	696 67	700 00
30,000..	1,005..00	1,010..00	1,015..00	1,020..00	1,025..00	1,030..00	1,035..00	1,040..00	1,045..00	1,050..00
40,000	1,340 00	1,346 67	1,353 33	1,360 00	1,366 67	1,373 33	1,380 00	1,386 67	1,393 33	1,400 00
50,000..	1,675..00	1,683..33	1,691..67	1,700..00	1,708..33	1,716..67	1,725..00	1,733..33	1,741..67	1,750..00
60,000	2,010 00	2,020 00	2,030 00	2,040 00	2,050 00	2,060 00	2,070 00	2,080 00	2,090 00	2,100 00
70,000..	2,345..00	2,356..67	2,368..33	2,380..00	2,391..67	2,403..33	2,415..00	2,426..67	2,438..33	2,450..00
80,000	2,680 00	2,693 33	2,706 67	2,720 00	2,733 33	2,746 67	2,760 00	2,773 33	2,786 67	2,800 00
90,000..	3,015..00	3,030..00	3,045..00	3,060..00	3,075..00	3,090..00	3,105..00	3,120..00	3,135..00	3,150..00

	211 JOURS.	212 JOURS.	213 JOURS.	214 JOURS.	215 JOURS.	186 JOURS.	217 JOURS.	218 JOURS.	219 JOURS.	220 JOURS.
fr.	fr. c.	fr. c.	fr. c.	fr. c.	fr. c.	fr. c.	fr. c.	fr. c.	fr. c.	fr. c.
1..	0..03	0..03	0..04	0..04	0..04	0..04	0..04	0..04	0..04	0..04
2	0 07	0 07	0 07	0 07	0 07	0 07	0 07	0 07	0 07	0 07
3..	0..11	0..11	0..11	0..11	0..11	0..11	0..11	0..11	0..11	0..11
4	0 14	0 14	0 14	0 14	0 14	0 14	0 14	0 14	0 15	0 15
5..	0..18	0..18	0..18	0..18	0..18	0..18	0..18	0..18	0..18	0..18
6	0 21	0 21	0 21	0 21	0 21	0 22	0 22	0 22	0 22	0 22
7..	0..25	0..25	0..25	0..25	0..25	0..25	0..25	0..25	0,.26	0..26
8	0 28	0 28	0 28	0 28	0..29	0 29	0 29	0 29	0 29	0 29
9.	0..32	0..32	0..32	0..32	0..32	0,.32	0..33	0..33	0..33	0..33
10..	0..35	0..35	0..35	0..36	0..36	0..36	0..36	0..36	0..36	0..37
20	0 70	0 71	0 71	0 71	0 71	0 72	0 72	0 73	0 73	0 73
30..	1..05	1..06	1..06	1..07	1..07	1..08	1..08	1..09	1..09	1..10
40	1 41	1 41	1 42	1 43	1 43	1 44	1 45	1 45	1 46	1 47
50..	1..76	1..77	1..77	1..78	1..79	1..80	1..81	1..82	1..82	1..83
60	2 11	2 12	2 13	2 14	2 15	2 16	2 17	2 18	2 19	2 20
70..	2..46	2..47	2..48	2..50	2..51	2..52	2..53	2..54	2..55	2..57
80	2 81	2 83	2 84	2 85	2 87	2 88	2 89	2 91	2 92	2 93
90..	3..16	3..18	3..19	3..21	3..22	3..24	3..25	3..27	3..28	3..30
100..	3..52	3..53	3..55	3..57	3..58	3..60	3..62	3..63	3..65	3..67
200	7 03	7 07	7 10	7 13	7 17	7 20	7 23	7 27	7 30	7 33
300..	10..55	10..60	10..65	10..70	10..75	10..80	10..85	10..90	10..95	11..00
400	14 07	14 13	14 20	14 27	14 33	14 40	14 47	14 53	14 60	14 67
500..	17..58	17..67	17..75	17..83	17..92	18..00	18..08	18..17	18..25	18..33
600	21 10	21 20	21 30	21 40	21 50	21 60	21 70	21 80	21 90	22 00
700..	24..62	24..73	24..85	24..97	25..08	25..20	25..32	25..43	25..55	25..67
800	28 13	28 27	28 40	28 53	28 67	28 80	28 93	29 07	29 20	29 33
900..	31..65	31..80	31..95	32..10	32..25	32..40	32..55	32..70	32..85	33..00
1,000..	35..17	35..33	35..50	35..67	35..83	36..00	36..17	36..33	36..50	36..67
2,000	70 33	70 67	71 00	71 33	71 67	72 00	72 33	72 67	73 00	73 33
3,000..	105..50	106..00	106..50	107..00	107..50	108..00	108..50	109..00	109..50	110..00
4,000	140 67	141 33	142 00	142 67	143 33	144 00	144 67	145 33	146 00	146 67
5,000..	175..83	176..67	177..50	178..33	179..17	180..00	180..83	181..67	182..50	183..33
6,000	211 00	212 00	213 00	214 00	215 00	216 00	217 00	218 00	219 00	220 00
7,000..	246..17	247..33	248..50	249..67	250..83	252..00	253..17	254..33	255..50	256..67
8,000	281 33	282 67	284 00	285 33	286 67	288 00	289 33	290 67	292 00	293 33
9,000..	316..50	318..00	319..50	321..00	322..50	324..00	325..50	327..00	328..50	330..00
10,000..	351..67	353..33	355..00	356..67	358..33	360..00	361..67	363..33	365..00	366..67
20,000..	703 33	706 67	710 00	713 33	716 67	720 00	723 33	726 67	730 00	733 33
30,000..	1,055..00	1,060..00	1,065..00	1,070..00	1,075..00	1,080..00	1,085..00	1,090..00	1,095..00	1,100..00
40,000..	1,406 67	1,413 33	1,420 00	1,426 67	1,433 33	1,440 00	1,446 67	1,453 33	1,460 00	1,466 67
50,000..	1,758..33	1,766..67	1,775..00	1,783..33	1,791..67	1,800..00	1,808..33	1,816..67	1,825..00	1,833..33
60,000..	2,110 00	2,120 00	2,130 00	2,140 00	2,150 00	2,160 00	2,170 00	2,180 00	2,190 00	2,200 00
70,000..	2,461..67	2,473..33	2,485..00	2,496..67	2,508..33	2,520..00	2,531 67	2,543..33	2,555..00	2,566..67
80,000	2,813 33	2,826 67	2,840 00	2,853 33	2,866 67	2,880 00	2,893 33	2,906 67	2,920 00	2,933 33
90,000..	3,165..00	3,180..00	3,195..00	3,210..00	3,225..00	3,240..00	3,255..00	3,270..00	3,285..00	3,300..00

	221 JOURS.	222 JOURS.	223 JOURS.	224 JOURS.	225 JOURS.	226 JOURS.	227 JOURS.	228 JOURS.	229 JOURS.	230 JOURS.
fr.	fr. c.	fr. c.	fr. c.	fr. c.	fr. c.	fr. c.	fr. c.	fr. c.	fr. c.	fr. c.
1..	0..04	0..04	0..04	0..04	0..04	0..04	0..04	0..04	0..04	0..04
2	0 07	0 07	0 07	0 07	0 07	0 07	0 08	0 08	0 08	0 08
3..	0..11	0..11	0..11	0..11	0..11	0..11	0..11	0..11	0..11	0..11
4	0 15	0 15	0 15	0 15	0 15	0 15	0 15	0 15	0 15	0 15
5..	0..18	0..18	0..19	0..19	0..19	0..19	0..19	0..19	0..19	0..19
6	0 22	0 22	0 22	0 22	0 22	0 23	0 23	0 23	0 23	0 23
7..	0..26	0..26	0..26	0..26	0..26	0..26	0..26	0..27	0..27	0..27
8	0 29	0 30	0 30	0 30	0 30	0 30	0 30	0 30	0 30	0 31
9..	0..33	0..33	0..33	0..34	0..34	0..34	0..34	0..34	0..34	0..34
10..	0..37	0..37	0..37	0..37	0..37	0..38	0..38	0..38	0..38	0..38
20	0 74	0 74	0 74	0 75	0 75	0 75	0 76	0 76	0 76	0 77
30..	1..10	1..11	1..11	1..12	1..12	1..13	1..13	1..14	1..14	1..15
40	1 47	1 48	1 49	1 49	1 50	1 51	1 51	1 52	1 53	1 53
50..	1..84	1..85	1..86	1..87	1..87	1..88	1..89	1..90	1..91	1..92
60	2 21	2 22	2 23	2 24	2 25	2 26	2 27	2 28	2 29	2 30
70..	2..58	2..59	2..60	2..61	2..62	2..64	2..65	2..66	2..67	2..68
80	2 95	2 96	2 97	2 99	3 00	3 01	3 03	3 04	3 05	3 07
90..	3..31	3..33	3..34	3..36	3..37	3..39	3..40	3..42	3..43	3..45
100..	3..68	3..70	3..72	3..73	3..75	3..76	3..78	3..80	3..82	3..83
200	7 37	7 40	7 43	7 47	7 50	7 53	7 57	7 60	7 63	7 67
300..	11..05	11..10	11..15	11..20	11..25	11..30	11..35	11..40	11..45	11..50
400	14 73	14 80	14 87	14 93	15 00	15 07	15 13	15 20	15 27	15 33
500..	18..42	18..50	18..58	18..67	18..75	18..83	18..92	19..00	19..08	19..17
600	22 10	22 20	22 30	22 40	22 50	22 60	22 70	22 80	22 90	23 00
700..	25..78	25..90	26..02	26..13	26..25	26..37	26..48	26..60	26..72	26..83
800	29 47	29 60	29 73	29 87	30 00	30 13	30 27	30 40	30 53	30 67
900..	33..15	33..30	33..45	33..60	33..75	33..90	34..05	34..20	34..35	34..50
1,000..	36..83	37..00	37..17	37..33	37..50	37..67	37..83	38..00	38..17	38..33
2,000	73 67	74 00	74 33	74 67	75 00	75 33	75 67	76 00	76 33	76 67
3,000..	110..50	111..00	111..50	112..00	112..50	113..00	113..50	114..00	114..50	115..00
4,000	147 33	148 00	148 67	149 33	150 00	150 67	151 33	152 00	152 67	153 33
5,000..	184..17	185..00	185..83	186..67	187..50	188..33	189..17	190..00	190..83	191..67
6,000	221 00	222 00	223 00	224 00	225 00	226 00	227 00	228 00	229 00	230 00
7,000..	257..83	259..00	260..17	261..33	262..50	263..67	264..83	266..00	267..17	268..33
8,000	294 67	296 00	297 33	298 67	300 00	301 33	302 67	304 00	305 33	306 67
9,000..	331..50	333..00	334..50	336..00	337..50	339..00	340..50	342..00	343..50	345..00
10,000..	368..33	370..00	371..67	373..33	375..00	376..67	378..33	380..00	381..67	383..33
20,000	736 67	740 00	743 33	746 67	750 00	753 33	756 67	760 00	763 33	766 67
30,000..	1,105..00	1,110..00	1,115..00	1,120..00	1,125..00	1,130..00	1,135..00	1,140..00	1,145..00	1,150..00
40,000	1,473 33	1,480 00	1,486 67	1,493 33	1,500 00	1,506 67	1,513 33	1,520 00	1,526 67	1,533 33
50,000..	1,841..67	1,850..00	1,858..33	1,866..67	1,875..00	1,883..33	1,891..67	1,900..00	1,908..33	1,916..67
60,000	2,210 00	2,220 00	2,230 00	2,240 00	2,250 00	2,260 00	2,270 00	2,280 00	2,290 00	2,300 00
70,000..	2,578..33	2,590..00	2,601..67	2,613..33	2,625..00	2,636..67	2,648..33	2,660..00	2,671..67	2,683..33
80,000	2,946 67	2,960 00	2,973 33	2,986 67	3,000 00	3,013 33	3,026 67	3,040 00	3,053 33	3,066 67
90,000..	3,315..00	3,330..00	3,345..00	3,360..00	3,375..00	3,390..00	3,405..00	3,420..00	3,435..00	3,450..00

	231 JOURS.	232 JOURS.	233 JOURS.	234 JOURS.	235 JOURS.	236 JOURS.	237 JOURS.	238 JOURS.	239 JOURS.	240 JOURS.
fr.	fr. c.	fr. c.	fr. c.	fr. c.	fr. c.	fr. c.	fr. c.	fr. c.	fr. c.	fr. c.
1..	0..04	0..04	0..04	0..04	0..04	0..04	0..04	0..04	0..04	0..04
2	0 08	0 08	0 08	0 08	0 08	0 08	0 08	0 08	0 08	0 08
3..	0..12	0..12	0..12	0..12	0..12	0..12	0..12	0..12	0..12	0..12
4	0 15	0 15	0 15	0 16	0 16	0 16	0 16	0 16	0 16	0 16
5..	0..19	0..19	0..19	0..19	0..20	0..20	0..20	0..20	0..20	0..20
6	0 23	0 23	0 23	0 23	0 23	0 24	0 24	0 24	0 24	0 24
7..	0..27	0..27	0..27	0..27	0..27	0..27	0..28	0..28	0..28	0..28
8	0 31	0 31	0 31	0 31	0 31	0 31	0 32	0 32	0 32	0 32
9..	0..35	0..35	0..35	0..35	0..35	0..35	0..36	0..36	0..36	0..36
10..	0..38	0..39	0..39	0..39	0..39	0..39	0..39	0..40	0..40	0..40
20	0 77	0 77	0 78	0 78	0 78	0 79	0 79	0 79	0 80	0 80
30..	1..15	1..16	1..16	1..17	1..17	1..18	1..18	1..19	1..19	1..20
40	1 54	1 55	1 55	1 56	1 57	1 57	1 58	1 59	1 59	1 60
50..	1..92	1..93	1..94	1..95	1..96	1..97	1..97	1..98	1..99	2..00
60	2 31	2 32	2 33	2 34	2 35	2 36	2 37	2 38	2 39	2 40
70..	2..69	2..71	2..72	2..73	2..74	2..75	2..76	2..78	2..79	2..80
80	3 08	3 09	3 11	3 12	3 13	3 15	3 16	3 17	3 19	3 20
90..	3..46	3..48	3..49	3..51	3..52	3..54	3..55	3..57	3..58	3..60
100..	3..85	3..87	3..88	3..90	3..92	3..93	3..95	3..97	3..98	4..00
200	7 70	7 73	7 77	7 80	7 83	7 87	7 90	7 93	7 97	8 00
300..	11..55	11..60	11..65	11..70	11..75	11..80	11..85	11..90	11..95	12..00
400	15 40	15 47	15 53	15 60	15 67	15 73	15 80	15 87	15 93	16 00
500..	19..25	19..33	19..42	19..50	19..58	19..67	19..75	19..83	19..92	20..00
600	23 10	23 20	23 30	23 40	23 50	23 60	23 70	23 80	23 90	24 00
700..	26..95	27..07	27..18	27..30	27..42	27..53	27..65	27..77	27..88	28..00
800	30 80	30 93	31 07	31 20	31 33	31 47	31 60	31 73	31 87	32 00
900..	34..65	34..80	34..95	35..10	35..25	35..40	35..55	35..70	35..85	36..00
1,000..	38..50	38..67	38..83	39..00	39..17	39..33	39..50	39..67	39..83	40..00
2,000	77 00	77 33	87 67	78 00	78 33	78 67	79 00	79 33	79 67	80 00
3,000..	115..50	116..00	116..50	117..00	117..50	118..00	118..50	119..00	119..50	120..00
4,000	154 00	154 67	155 33	156 00	156 67	157 33	158 00	158 67	159 33	160 00
5,000..	192..50	193..33	194..17	195..00	195..83	196..67	197..50	198..33	199..17	200..00
6,000	231 00	232 00	233 00	234 00	235 00	236 00	237 00	238 00	239 00	240 00
7,000..	269..50	270..67	271..83	273..00	274..17	275..33	276..50	277..67	278..83	280..00
8,000	308 00	309 33	310 67	312 00	313 33	314 67	316 00	317 33	318 67	320 00
9,000..	346..50	348..00	349..50	351..00	352..50	354..00	355..50	357..00	358..50	360..00
10,000..	385..00	386..67	388..33	390..00	391..67	393..33	395..00	396..67	398..33	400..00
20,000	770 00	773 33	776 67	780 00	783 33	786 67	790 00	793 33	796 67	800 00
30,000..	1,155..00	1,160..00	1,165..00	1,170..00	1,175..00	1,180..00	1,185..00	1,190..00	1,195..00	1,200..00
40,000	1,540 00	1,546 67	1,553 33	1,560 00	1,566 67	1,573 33	1,580 00	1,586 67	1,593 33	1,600 00
50,000..	1,925..00	1,933..33	1,941..67	1,950..00	1,958..33	1,966..67	1,975..00	1,983..33	1,991..67	2,000..00
60,000	2,310 00	2,320 00	2,330 00	2,340 00	2,350 00	2,360 00	2,370 00	2,380 00	2,390 00	2,400 00
70,000..	2,695..00	2,706..67	2,718..33	2,730..00	2,741..67	2,753..33	2,765..00	2,776..67	2,788..33	2,800..00
80,000	3,080 00	3,093 33	3,106 67	3,120 00	3,133..33	3,146 67	3,160 00	3,173 33	3,186 67	3,200 00
90,000..	3,465..00	3,480..00	3,495..00	3,510..00	3,525..00	3,540..00	3,555..00	3,570..00	3,585..00	3,600..00

	241 JOURS.	242 JOURS.	243 JOURS.	244 JOURS.	245 JOURS.	246 JOURS.	247 JOURS.	248 JOURS.	249 JOURS.	250 JOURS.
fr.	fr. c.	fr. c.	fr. c.	fr. c.	fr. c.	fr. c.	fr. c.	fr. c.	fr. c.	fr. c.
1..	0..04	0..04	0..04	0..04	0..04	0..04	0..04	0..04	0..04	0..04
2	0 08	0 08	0 08	0 08	0 08	0 08	0 08	0 08	0 08	0 08
3..	0..12	0..12	0..12	0..12	0..12	0..12	0..12	0..12	0..12	0..12
4	0 16	0 16	0 16	0 16	0 16	0 16	0 16	0 16	0 17	0 17
5..	0..20	0..20	0..20	0..20	0..20	0..20	0..21	0..21	0..21	0..21
6	0 24	0 24	0 24	0 24	0 24	0 25	0 25	0 25	0 25	0 25
7..	0..28	0..28	0..28	0..28	0..29	0..29	0..29	0..29	0..29	0..29
8	0 32	0 32	0 32	0 32	0 33	0 33	0 33	0 33	0 33	0 33
9..	0..36	0..36	0..36	0..37	0..37	0..37	0..37	0..37	0..37	0..37
10..	0..40	0..40	0..40	0..41	0..41	0..41	0..41	0..41	0..41	0..42
20	0 80	0 81	0 81	0 81	0 82	0 82	0 82	0 83	0 83	0 83
30..	1..20	1..21	1..21	1..22	1..22	1..23	1..23	1..24	1..24	1..25
40	1 61	1 61	1 62	1 63	1 63	1 64	1 65	1 65	1 66	1 67
50..	2..01	2..02	2..02	2..03	2..04	2..05	2..06	2..07	2..07	2..08
60	2 41	2 42	2 43	2 44	2 45	2 46	2 47	2 48	2 49	2 50
70..	2..81	2..82	2..83	2..85	2..86	2..87	2..88	2..89	2..90	2..92
80	3 21	3 23	3 24	3 25	3 27	3 28	3 29	3 31	3 32	3 33
90..	3..61	3..63	3..64	3..66	3..67	3..69	3..70	3..72	3..73	3..75
100..	4..02	4..03	4..05	4..07	4..08	4..10	4..12	4..13	4..15	4..17
200	8 03	8 07	8 10	8 13	8 17	8 20	8 23	8 27	8 30	8 33
300..	12..05	12..10	12..15	12..20	12..25	12..30	12..35	12..40	12..45	12..50
400	16 07	16 13	16 20	16 27	16 33	16 40	16 47	16 53	16 60	16 67
500..	20..08	20..17	20..25	20..33	20..42	20..50	20..58	20..67	20..75	20..83
600	24 10	24 20	24 30	24 40	24 50	24 60	24 70	24 80	24 90	25 00
700..	28..12	28..23	28..35	28..47	28..58	28..70	28..82	28..93	29..05	29..17
800	32 13	32 27	32 40	32 53	32 67	32 80	32 93	33 07	33 20	33 33
900..	36..15	36..30	36..45	36..60	36..75	36..90	37..05	37..20	37..35	37..50
1,000..	40..17	40..33	40..50	40..67	40..83	41..00	41..17	41..33	41..50	41..67
2,000	80 33	80 67	81 00	81 33	81 67	82 00	82 33	82 67	83 00	83 33
3,000..	120..50	121..00	121..50	122..00	122..50	123..00	123..50	124..00	124..50	125..00
4,000	160 67	161 33	162 00	162 67	163 33	164 00	164 67	165 33	166 00	166 67
5,000..	200..83	201..67	202..50	203..33	204..17	205..00	205..83	206..67	207..50	208..33
6,000	241 00	242 00	243 00	244 00	245 00	246 00	247 00	248 00	249 00	250 00
7,000..	281..17	282..33	283..50	284..67	285..83	287..00	288..17	289..33	290..50	291..67
8,000	321 33	322 67	324 00	325 33	326 67	328 00	329 33	330 67	332 00	333 33
9,000..	361..50	363..00	364..50	366 00	367..50	369..00	370..50	372..00	373..50	375..00
10,000..	401..67	403..33	405..00	406..67	408..33	410..00	411..67	413..33	415..00	416..67
20,000	803 33	806 67	810 00	813 33	816 67	820 00	823 33	826 67	830 00	833 33
30,000..	1,205..00	1,210..00	1,215..00	1,220..00	1,225..00	1,230..00	1,235..00	1,240..00	1,245..00	1,250..00
40,000	1,606 67	1,613 33	1,620 00	1,626 67	1,633 33	1,640 00	1,646 67	1,653 33	1,660 00	1,666 67
50,000..	2,008..33	2,016..67	2,025..00	2,033..33	2,041..67	2,050..00	2,058..33	2,066..67	2,075..00	2,083..33
60,000	2,410 00	2,420 00	2,430 00	2,440 00	2,450 00	2,460 00	2,470 00	2,480 00	2,490 00	2,500 00
70,000..	2,811..67	2,823..33	2,835..00	2,846..67	2,858..33	2,870..00	2,881..67	2,893..33	2,905..00	2,916..67
80,000	3,213..33	3,226 67	3,240 00	3,253 33	3,266 67	3,280 00	3,293 33	3,306 67	3,320 00	3,333 33
90,000..	3,615..00	3,630..00	3,645..00	3,660..00	3,675..00	3,690..00	3,705..00	3,720..00	3,735..00	3,750..00

	251 JOURS.	252 JOURS.	253 JOURS.	254 JOURS.	255 JOURS.	256 JOURS.	257 JOURS.	258 JOURS.	259 JOURS.	260 JOURS.
fr.	fr. c.	fr. c.	fr. c.	fr. c.	fr. c.	fr. c.	fr. c.	fr. c.	fr. c.	fr. c.
1..	0..04	0..04	0..04	0..04	0..04	0..04	0..04	0..04	0..04	0..04
2	0 08	0 08	0 08	0 08	0 08	0 08	0 09	0 09	0 09	0 09
3..	0..13	0..13	0..13	0..13	0..13	0..13	0..13	0..13	0..13	0..13
4	0 17	0 17	0 17	0 17	0 17	0 17	0 17	0 17	0 17	0 17
5..	0..21	0..21	0..21	0..21	0..21	0..21	0..21	0..21	0..22	0..22
6	0 25	0 25	0 25	0 25	0 25	0 26	0 26	0 26	0 26	0 26
7..	0..29	0..29	0..29	0..30	0..30	0..30	0..30	0..30	0..30	0..30
8	0 33	0 33	0 34	0 34	0 34	0 34	0 34	0 34	0 34	0 35
9..	0..38	0..38	0..38	0..38	0..38	0..38	0..39	0..39	0..39	0..39
10..	0..42	0..42	0..42	0..42	0..42	0..43	0..43	0..43	0..43	0..43
20	0 84	0 84	0 84	0 85	0 85	0 85	0 86	0 86	0 86	0 87
30..	1..25	1..26	1..26	1..27	1..27	1..28	1..28	1..29	1..29	1..30
40	1 67	1 68	1 69	1 69	1 70	1 71	1 71	1 72	1 73	1 73
50..	2..09	2..10	2..11	2..12	2..12	2..13	2..14	2..15	2..16	2..17
60	2 51	2 52	2 53	2 54	2 55	2 56	2 57	2 58	2 59	2 60
70..	2..93	2..94	2..95	2..96	2..97	2..99	3..00	3..01	3..02	3..03
80	3 35	3 36	3 37	3 39	3 40	3 41	3 43	3 44	3 45	3 47
90..	3..76	3..78	3..79	3..81	3..82	3..84	3..85	3..87	3..88	3..90
100..	4..18	4..20	4..22	4..23	4..25	4..27	4..28	4..30	4..32	4..33
200	8 37	8 40	8 43	8 47	8 50	8 53	8 57	8 60	8 63	8 67
300..	12..55	12..60	12..65	12..70	12..75	12..80	12..85	12..90	12..95	13..00
400	16 73	16 80	16 87	16 93	17 00	17 07	17 13	17 20	17 27	17 33
500..	20..92	21..00	21..08	21..17	21..25	21..33	21..42	21..50	21..58	21..67
600	25 10	25 20	25 30	25 40	25 50	25 60	25 70	25 80	25 90	26 00
700..	29..28	29..40	29..52	29..63	29..75	29..87	29..98	30..10	30..22	30..33
800	33 47	33 60	33 73	33 87	34 00	34 13	34 27	34 40	34 53	34 67
900..	37..65	37..80	37..95	38..10	38..25	38..40	38..55	38..70	38..85	39..00
1,000..	41..83	42..00	42..17	42..33	42..50	42..67	42..83	43..00	43..17	43..33
2,000	83 67	84 00	84 33	84 67	85 00	85 33	85 67	86 00	86 33	86 67
3,000..	125..50	126..00	126..50	127..00	127..50	128..00	128..50	129..00	129..50	130..00
4,000	167 33	168 00	168 67	169 33	170 00	170 67	171 33	172 00	172 67	173 33
5,000..	209..17	210..00	210..83	211..67	212..50	213..33	214..17	215..00	215..83	216..67
6,000	251 00	252 00	253 00	254 00	255 00	256 00	257 00	258 00	259 00	260 00
7,000..	292..83	294..00	295..17	296..33	297..50	298..67	299..83	301..00	302..17	303..33
8,000	334 67	336 00	337 33	338 67	340 00	341 33	342 67	344 00	345 33	346 67
9,000..	376..50	378..00	379..50	381..00	382..50	384..00	385..50	387..00	388..50	390..00
10,000..	418..33	420..00	421..67	423..33	425..00	426..67	428..83	430..00	431..67	433..33
20,000	836 67	840 00	843 33	846 67	850 00	853 33	856 67	860 00	863 33	866 67
30,000..	1,255..00	1,260..00	1,265..00	1,270..00	1,275..00	1,280..00	1,285..00	1,290..00	1,295..00	1,300..00
40,000	1,673 33	1,680 00	1,686 67	1,693 33	1,700 00	1,706 67	1,713 33	1,720 00	1,726 67	1,733 33
50,000..	2,091..67	2,100..00	2,108..33	2,116..67	2,125..00	2,133..33	2,141..67	2,150..00	2,158..33	2,166..67
60,000	2,510 00	2,520 00	2,530 00	2,540 00	2,550 00	2,560 00	2,570 00	2,580 00	2,590 00	2,600 00
70,000..	2,928..33	2,940..00	2,951..67	2,963..33	2,975..00	2,986..67	2,998..33	3,010..00	3,021..67	3,033..33
80,000	3,346 67	3,360 00	3,373 33	3,386 67	3,400 00	3,413 33	3,426 67	3,440 00	3,453 33	3,466 67
90,000..	3,765..00	3,780..00	3,795..00	3,810..00	3,825..00	3,840..00	3,855..00	3,870..00	3,885..00	3,900..00

	261 JOURS.	262 JOURS.	263 JOURS.	264 JOURS.	265 JOURS.	266 JOURS.	267 JOURS.	268 JOURS.	269 JOURS.	270 JOURS.
fr.	fr. c.	fr. c.	fr. c.	fr. c.	fr. c.	fr. c.	fr. c.	fr. c.	fr. c.	fr. c.
1..	0..04	0..04	0..04	0..04	0..04	0..04	0..04	0..04	0..04	0..04
2	0 09	0 09	0 09	0 09	0 09	0 09	0 09	0 09	0 09	0 09
3..	0..13	0..13	0..13	0..13	0..13	0..13	0..13	0..13	0..13	0..13
4	0 17	0 17	0 17	0 18	0 18	0 18	0 18	0 18	0 18	0 18
5..	0..22	0..22	0..22	0..22	0..22	0..22	0..22	0..22	0..22	0..22
6	0 26	0 26	0 26	0 26	0 26	0 27	0 27	0 27	0 27	0 27
7..	0..30	0..31	0..31	0..31	0..31	0..31	0..31	0..31	0..31	0..31
8	0 35	0 35	0 35	0 35	0 35	0 35	0 36	0 36	0 36	0 36
9..	0..39	0..39	0..39	0..40	0..40	0..40	0..40	0..40	0..40	0..40
10..	0..43	0..44	0..44	0..44	0..44	0..44	0..44	0 45	0..45	0..45
20	0 87	0 87	0 88	0 88	0 88	0 89	0 89	0 89	0 90	0 90
30..	1..30	1..31	1..31	1..32	1..32	1..33	1..33	1..34	1..34	1..35
40	1 74	1 75	1 75	1 76	1 77	1 77	1 78	1 79	1 79	1 80
50..	2..17	2..18	2..19	2..20	2..21	2..22	2..22	2..23	2..24	2..25
60	2 61	2 62	2 63	2 64	2 65	2 66	2 67	2 68	2 69	2 70
70..	3..04	3..06	3..07	3..08	3..09	3..10	3..11	3..13	3..14	3..15
80	3 48	3 49	3 51	3 52	3 53	3 55	3 56	3 57	3 59	3 60
90..	3..91	3..93	3..94	3..96	3..97	3..99	4..00	4..02	4..03	4..05
100..	4..35	4..37	4..38	4..40	4..42	4..43	4..45	4..47	4..48	4..50
200	8 70	8 73	8 77	8 80	8 83	8 87	8 90	8 93	8 97	9 00
300..	13..05	13..10	13..15	13..20	13..25	13..30	13..35	13..40	13..45	13..50
400	17 40	17 47	17 53	17 60	17 67	17 73	17 80	17 87	17 93	18 00
500..	21..75	21..83	21..92	22..00	22..08	22..17	22..25	22..33	22..42	22..50
600	26 10	26 20	26 30	26 40	26 50	26 60	26 70	26 80	26 90	27 00
700..	30..45	30..57	30..68	30..80	30..92	31..03	31..15	31..27	31..38	31..50
800	34 80	34 93	35 07	35 20	35 33	35 47	35 60	35 73	35 87	36 00
900..	39..15	39..30	39..45	39..60	39..75	39..90	40..05	40..20	40..35	40..50
1,000..	43..50	43..67	43..83	44..00	44..17	44..33	44..50	44..67	44..83	45..00
2,000	87 00	87 33	87 67	88 00	88 33	88 67	89 00	89 33	89 67	90 00
3,000..	130..50	131..00	131..50	132..00	132..50	133..00	133..50	134..00	134..50	135..00
4,000	174 00	174 37	175 33	176 00	176 67	177 33	178 00	178 67	179 33	180 00
5,000..	217..50	218..33	219..17	220..00	220..83	221..67	222..50	223..33	224..17	225..00
6,000	261 00	262 00	263 00	264 00	265 00	266 00	267 00	268 00	269 00	270 00
7,000..	304..50	305..67	306..83	308..00	309..17	310..33	311..50	312..67	313..83	315..00
8,000	348 00	349 33	350 67	352 00	353 33	354 67	356 00	357 33	358 67	360 00
9,000..	391..50	393..00	394..50	396..00	397..50	399..00	400..50	402..00	403..50	405..00
10,000..	435..00	436..67	438..33	440..00	441..67	443..33	445..00	446..67	448..33	450..00
20,000	870 00	873 33	876 67	880 00	883 33	886 67	890 00	893 33	896 67	900 00
30,000..	1,305..00	1,310..00	1,315..00	1,320..00	1,325..00	1,330..00	1,335..00	1,340..00	1,345..00	1,350..00
40,000	1,740 00	1,746 67	1,753 33	1,760 00	1,766 67	1,773 33	1,780 00	1,786 67	1,793 33	1,800 00
50,000..	2,175..00	2,133..33	2,191..67	2,200..00	2,208..33	2,216..67	2,225..00	2,233..33	2,241..67	2,250..00
60,000	2,610 00	2,620 00	2,630 00	2,640 00	2,650 00	2,660 00	2,670 00	2,380 00	2,690 00	2,700 00
70,000..	3,045..00	3,056..67	2,068..33	3,080..00	3,091..67	3,103..33	3,115..00	3,126..67	3,138..33	3,150..00
80,000	3,480 00	3,493 33	3,503 67	3,520 00	3,533 33	3,546 67	3,560 00	3,573 33	3,586 67	3,600 00
90,000..	3,915..00	3,930..00	3,945..00	3,960..00	3,975..00	3,990..00	4,005..00	4,020..00	4,035..00	4,050..00

	271 JOURS.	272 JOURS.	273 JOURS.	274 JOURS.	275 JOURS.	276 JOURS.	277 JOURS.	278 JOURS.	279 JOURS.	280 JOURS.
fr.	fr. c.	fr. c.	fr. c.	fr. c.	fr. c.	fr. c.	fr. c.	fr. c.	fr. c.	fr. c.
1..	0..04	0..04	0..05	0..05	0..05	0..05	0..05	0..05	0..05	0..05
2	0 09	0 09	0 09	0 09	0 09	0 09	0 09	0 09	0 09	0 09
3..	0..14	0..14	0..14	0..14	0..14	0..14	0..14	0..14	0..14	0..14
4	0 18	0 18	0 18	0 18	0 18	0 18	0 18	0 18	0 19	0 19
5..	0..23	0..23	0..23	0..23	0..23	0..23	0..23	0..23	0..23	0..23
6	0 27	0 27	0 27	0 27	0 27	0 28	0 28	0 28	0 28	0 28
7..	0..32	0..32	0..32	0..32	0..32	0..32	0..32	0..32	0..33	0..33
8	0 36	0 36	0 36	0 36	0..37	0 37	0 37	0 37	0 37	0 37
9..	0..41	0..41	0..41	0..41	0..41	0..41	0..42	0..42	0..42	0..42
10..	0..45	0..45	0..45	0..46	0..46	0..46	0..46	0..46	0..46	0..47
20	0 90	0 91	0 91	0 91	0 92	0 92	0 92	0 93	0 93	0 93
30..	1..35	1..36	1..36	1..37	1..37	1..38	1..38	1..39	1..39	1..40
40	1 81	1 81	1 82	1 83	1 83	1 84	1 85	1 85	1 86	1 87
50..	2..26	2..27	2..27	2..28	2..29	2..30	2..31	2..32	2..32	2..33
60	2 72	2 72	2 73	2 74	2 75	2 76	2 77	2 78	2 79	2 80
70..	3..16	3..17	3..18	3..20	3..21	3..22	3..23	3..24	3..25	3..27
80	3 61	3 63	3 64	3 65	3 67	3 68	3 69	3 71	3 72	3 73
90..	4..06	4..08	4..09	4..11	4..12	4..14	4..15	4..17	4..18	4..20
100..	4..52	4..53	4..55	4..57	4..58	4..60	4..62	4..63	4..65	4..67
200	9 03	9 07	9 10	9 13	9 17	9 20	9 23	9 27	9 30	9 33
300..	13..55	13..60	13..65	13..70	13..75	13..80	13..85	13..90	13..95	14..00
400	18 07	18 13	18 20	18 27	18 33	18 40	18 47	18 53	18 60	18 67
500..	22..58	22..67	22..75	22..83	22..92	23..00	23..08	23..17	23..25	23..33
600	27 10	27 20	27 30	27 40	27 50	27 60	27 70	27 80	27 90	28 00
700..	31..62	31..73	31..85	31..97	32..08	32..20	32..32	32..43	32..55	32..67
800	36 13	36 27	36 40	36 53	36 67	36 80	36 93	37 07	37 20	37 33
900..	40..65	40..80	40..95	41..10	41..25	41..40	41..55	41..70	41..85	42..00
1,000..	45..17	45..33	45..50	45..67	45..83	46..00	46..17	46..33	46..50	46..67
2,000	90 33	90 67	91 00	91 33	91 67	92 00	92 33	92 67	93 00	93 33
3,000..	135..50	136..00	136..50	137..00	137..50	138..00	138..50	139..00	139..50	140..00
4,000	180 67	181 33	182 00	182 67	183 33	184 00	184 67	185 33	186 00	186 67
5,000..	225..83	226..67	227..50	228..33	229..17	230..00	230..83	231..67	232..50	233..33
6,000	271 00	272 00	273 00	274 00	275 00	276 00	277 00	278 00	279 00	280 00
7,000..	316..17	317..33	318..50	319..67	320..83	322..00	323..17	324..33	325..50	326..67
8,000	361 33	362 67	364 00	365 33	366 67	368 00	369 33	370 67	372 00	373 33
9,000..	406..50	408..00	409..50	411..00	412..50	414..00	415..50	417..00	418..50	420..00
10,000..	451..67	453..33	455..00	456..67	458..33	460..00	461..67	463..33	465..00	466..67
20,000	903 33	906 67	910 00	913 33	916 67	920 00	923 33	926 67	930 00	933 33
30,000..	1,355..00	1,360..00	1,365..00	1,370..00	1,375..00	1,380..00	1,385..00	1,390..00	1,395..00	1,400..00
40,000	1,806 67	1,813 33	1,820 00	1,826 67	1,833 33	1,840 00	1,846 67	1,853 33	1,860 00	1,866 67
50,000..	2,258..33	2,266..67	2,275..00	2,283..33	2,291..67	2,300..00	2,308..33	2,316..67	2,325..00	2,333..33
60,000	2,710 00	2,720 00	2,730 00	2,740 00	2,750 00	2,760 00	2,770 00	2,780 00	2,790 00	2,800 00
70,000..	3,161..67	3,173..33	3,185..00	3,196..67	3,208..33	3,220..00	3,231..67	3,243..33	3,255..00	3,266..67
80,000	3,613 33	3,626 67	3,640 00	3,653 33	3,666 67	3,680 00	3,693 33	3,706 67	3,720 00	3,733 33
90,000..	4,065..00	4,080..00	4,095..00	4,110..00	4,125..00	4,140..00	4,155..00	4,170..00	4,185..00	4,200..00

	281 JOURS.	282 JOURS.	283 JOURS.	284 JOURS.	285 JOURS.	286 JOURS.	287 JOURS.	288 JOURS.	289 JOURS.	290 JOURS.
fr.	fr. c.	fr. c.	fr. c.	fr. c.	fr. c.	fr. c.	fr. c.	fr. c.	fr. c.	fr. c.
1..	0..05	0..05	0..05	0..05	0..05	0..05	0..05	0..05	0..05	0..05
2	0 09	0 09	0 09	0 09	0 09	0 09	0 10	0 10	0 10	0 10
3..	0..14	0..14	0..14	0..14	0..14	0..14	0..14	0..14	0..14	0..14
4	0 19	0 19	0 19	0 19	0 19	0 19	0 19	0 19	0 19	0 19
5..	0..23	0..23	0..24	0..24	0..24	0..24	0..24	0..24	0..24	0..24
6	0 28	0 28	0 28	0 28	0 28	0 29	0 29	0 29	0 29	0 29
7..	0..33	0..33	0..33	0..33	0..33	0..33	0..33	0..34	0..34	0..34
8	0..37	0 38	0 38	0 38	0 38	0 38	0 38	0 38	0 38	0 39
9..	0..42	0..42	0..42	0..43	0..43	0..43	0..43	0..43	0..43	0..43
10..	0..47	0..47	0..47	0..47	0..47	0..48	0..48	0..48	0..43	0..48
20	0 94	0 94	0 94	0 95	0 95	0 96	0 96	0 96	0 96	0 97
30..	1..40	1..41	1..41	1..42	1..42	1..43	1..43	1..44	1..44	1..45
40	1 87	1 88	1 89	1 89	1 90	1 91	1 91	1 92	1 93	1 93
50..	2..34	2..35	2..36	2..37	2..37	2..38	2..39	2..40	2..41	2..42
60	2 81	2 82	2 83	2 84	2 85	2 86	2 87	2 88	2 89	2 90
70..	3..28	3..29	3..30	3..31	3..32	3..34	3..35	3..36	3..37	3..38
80	3 75	3 76	3 77	3 79	3 80	3 81	3 83	3 84	3 85	3 87
90..	4..21	4..23	4..24	4..26	4..27	4..29	4..30	4..32	4 33	4..35
100..	4..68	4..70	4..72	4..73	4..75	4..77	4..78	4..80	4..82	4..83
200	9 37	9 40	9 43	9 47	9 50	9 53	9 57	9 60	9 63	9 67
300..	14..05	14..10	14..15	14..20	14..25	14..30	14..35	14..40	14..45	14..50
400	18 73	18 80	18 87	18 93	19 00	19 07	19 13	19 20	19 27	19 33
500..	23..42	23..50	23..58	23..67	23..75	23..83	23..92	24..00	24..08	24..17
600	28 10	28 20	28 30	28 40	28 50	28 60	28 70	28 80	28 90	29 00
700..	32..78	32..90	33..02	33..13	33..25	33..37	33..48	33..60	33..72	33..83
800	37 47	37 60	37 73	37 87	38 00	38 13	38 27	38 40	38 53	38 67
900..	42..15	42..30	42..45	42..60	42..75	42..90	43..05	43..20	43..35	43..50
1,000..	46..83	47..00	47..17	47..33	47..50	47..67	47..83	48..00	43..17	48..33
2,000	93 67	94 00	94 33	94 67	95 00	95 33	95 67	96 00	96 33	96 67
3,000..	140..50	141..00	141..50	142..00	142..50	143..00	143..50	144..00	144..50	145..00
4,000	187 33	188 00	188 67	189 33	190 00	190 67	191 33	192 00	192 67	193 33
5,000..	234..17	235..00	235..83	236..67	237..50	238..33	239..17	240..00	240..83	241..67
6,000	281 00	282 00	283 00	284 00	285 00	286 00	287 00	288 00	289 00	290 00
7,000..	327..83	329..00	330..17	331..33	332..50	333..67	334..83	336..00	337..17	338..33
8,000	374 67	376 00	377 33	378 67	380 00	381 33	382 67	384 00	385 33	386 67
9,000..	421..50	423..00	424..50	426..00	427..50	429..00	430..50	432..00	433..50	435..00
10,000..	468..33	470..00	471..67	473..33	475..00	476..67	478..33	480..00	481..67	483..33
20,000	936 67	940 00	943 33	946 67	950 00	953 33	956 67	960 00	963 33	966 67
30,000..	1,405..00	1,410..00	1,415..00	1,420..00	1,425..00	1,430..00	1,435..00	1,440..00	1,445..00	1,450..00
40,000	1,873 33	1,880 00	1,886 67	1,893 33	1,900 00	1,906 67	1,913 33	1,920 00	1,926 67	1,933 33
50,000..	2,341..67	2,350..00	2,358..33	2,366 67	2,375..00	2,383..33	2,391..67	2,400..00	2,408..33	2,416..67
60,000	2,810 00	2,820 00	2,830 00	2,840 00	2,850 00	2,860 00	2,870 00	2,880 00	2,890 00	2,900 00
70,000..	3,278..33	3,290..00	3,301..67	3,313..33	3,325..00	3,336..67	3,348..33	3,360..00	3,371..67	3,383..33
80,000	3,746 67	3,760 00	3,773 33	3,786 67	3,800 00	3,813 33	3,826 67	3,840 00	3,853 33	3,866 67
90,000..	4,215..00	4,230..00	4,245..00	4,260..00	4,275..00	4,290..00	4,305..00	4,320..00	4,335..00	4,350..00

	291 JOURS.	292 JOURS.	293 JOURS.	294 JOURS.	295 JOURS.	296 JOURS.	297 JOURS.	298 JOURS.	299 JOURS.	300 JOURS.
fr.	fr. c.	fr. c.	fr. c.	fr. c.	fr. c.	fr. c.	fr. c.	fr. c.	fr. c.	fr. c.
1..	0..05	0..05	0..05	0..05	0..05	0..05	0..05	0..05	0..05	0..05
2	0 10	0 10	0 10	0 10	0 10	0 10	0 10	0 10	0 10	0 10
3..	0..15	0..15	0..15	0..15	0..15	0..15	0..15	0..15	0..15	0..15
4	0 19	0 19	0 19	0 20	0 20	0 20	0 20	0 20	0 20	0 20
5..	0..24	0..24	0..24	0..24	0..25	0..25	0..25	0..25	0..25	0..25
6	0 29	0 29	0 29	0 29	0 29	0 30	0 30	0 30	0 30	0 30
7..	0..34	0..34	0..34	0..34	0..34	0..34	0..35	0..35	0..35	0..35
8	0 39	0 39	0 39	0 39	0 39	0 39	0 40	0 40	0 40	0 40
9..	0..44	0..44	0..44	0..44	0..44	0..44	0..45	0..45	0..45	0..45
10..	0..48	0..49	0..49	0..49	0..49	0..49	0..49	0 50	0..50	0..50
20	0 97	0 97	0 98	0 98	0 98	0 99	0 99	0 99	1 00	1 00
30..	1..45	1..46	1..46	1..47	1..47	1..48	1..48	1..49	1..49	1..50
40	1 94	1 95	1 95	1 96	1 97	1 97	1 98	1 99	1 99	2 00
50..	2..42	2..43	2..44	2..45	2..46	2..47	2..47	2..48	2..49	2..50
60	2 91	2 92	2 93	2 94	2 95	2 96	2 97	2 98	2 99	3 00
70..	3..39	3..41	3..42	3..43	3..44	3..45	3..46	3..48	3..49	3..50
80	3 88	3 89	3 91	3 92	3 93	3 95	3 96	3 97	3 99	4 00
90..	4..36	4..38	4..39	4..41	4..42	4..44	4..45	4..47	4..48	4..50
100..	4..85	4..87	4..88	4..90	4..92	4..93	4..95	4..97	4..98	5..00
200	9 70	9 73	9 77	9 80	9 83	9 87	9 90	9 93	9 97	10 00
300..	14..55	14..60	14..65	14..70	14..75	14..80	14..85	14..90	14..95	15..00
400	19 40	19 47	19 53	19 60	19 67	19 73	19 80	19 87	19 93	20 00
500..	24..25	24..33	24..42	24..50	24..58	24..67	24..75	24..83	24..92	25..00
600	29 10	29 20	29 30	29 40	29 50	29 60	29 70	29 80	29 90	30 00
700..	33..95	34..07	34..18	34..30	34..42	34..53	34..65	34..77	34..88	35..00
800	38 80	38 93	39 07	39 20	39 33	39 47	39 60	39 73	39 87	40 00
900..	43..65	43..80	43..95	4..10	44..25	44..40	44 55	44..70	44..85	45..00
1,000..	48..50	48..67	48..83	49..00	49..17	49..33	49..50	49..67	49..83	50..00
2,000	97 00	97 33	97 67	98 00	98 33	98 67	99 00	99 33	99 67	100 00
3,000..	145..56	146..00	146..50	147..00	147..50	148..00	148..50	149..00	149..50	150..00
4,000	194 00	194 67	195 33	196 00	196 67	197 33	198 00	198 67	199 33	200 00
5,000..	242..50	243..33	244..17	245..00	245..83	246..67	247..50	248..33	249..17	250..00
6,000	291 00	292 00	293 00	294 00	295 00	296 00	297 00	298 00	299 00	300 00
7,000..	339..50	340..67	341..83	343..00	344..17	345..33	346..50	347..67	348..83	350..00
8,000	388 00	389 33	390 67	392 00	393 33	394 67	396 00	397 33	398 67	400 00
9,000..	436..50	438..00	439..50	441..00	442..50	444..00	445..50	447..00	448..50	450..00
10,000..	485..00	486..67	488..33	490..00	491..67	493..33	495..00	496..67	498..33	500..00
20,000	970 00	973 33	976 67	980 00	983 33	986 67	990 00	993 33	996 67	1,000 00
30,000..	1,455..60	1,460..66	1,465..00	1,470..00	1,475..00	1,480..00	1,485..00	1,490..00	1,495..00	1,500..00
40,000	1,940 00	1,946 67	1,953 33	1,960 00	1,966 67	1,973 33	1,980 00	1,986 67	1,993 33	2,000 00
50,000..	2,425..00	2,433..33	2,441..67	2,450..00	2,458..33	2,466..67	2,475..00	2,483..33	2,491..67	2,500..00
60,000	2,910 00	2,920 00	2,930 00	2,940 00	2,950 00	2,960 00	2,970 00	2,980 00	2,990 00	3,000 00
70,000..	3,395..00	3,406..67	3,418..33	3,430..00	3,441..67	3,453..33	3,465..00	3,476..67	3,488..33	3,500..00
80,000	3,880 00	3,893 33	3,906 67	3,920 00	3,933 33	3,946 67	3,960 00	3,973 33	3,986 67	4,000 00
90,000..	,365..00	4,380..00	4,395..00	4,410..00	4,425..00	4,440..00	4,455..00	4,470..00	4,485..00	4,500..00

	301 JOURS.	302 JOURS.	303 JOURS.	304 JOURS.	305 JOURS.	306 JOURS.	307 JOURS.	308 JOURS.	309 JOURS.	310 JOURS.
fr.	fr. c.	fr. c.	fr. c.	fr. c.	fr. c.	fr. c.	fr. c.	fr. c.	fr. c.	fr. c.
1..	0..05	0..05	0..05	0..05	0..05	0..05	0..05	0..05	0..05	0..05
2	0 10	0 10	0 10	0 10	0 10	0 10	0 10	0 10	0 10	0 10
3..	0..15	0..15	0..15	0..15	0..15	0..15	0..15	0..15	0..15	0..15
4	0 20	0 20	0 20	0 20	0 20	0 20	0 20	0 20	0 21	0 21
5..	0..25	0..25	0..25	0..25	0..25	0..25	0..26	0..26	0..26	0..26
6	0 30	0 30	0 30	0 30	0 30	0 31	0 31	0 31	0 31	0 31
7..	0..35	0..35	0..35	0..35	0..36	0..36	0..36	0..36	0..35	0..36
8	0 40	0 40	0 40	0 40	0 41	0 41	0 41	0 41	0 41	0 41
9..	0..45	0..45	0..45	0..46	0..46	0..46	0..46	0..46	0..46	0..46
10..	0..50	0..50	0..50	0..51	0..51	0..51	0..51	0..51	0..51	0..52
20	1 00	1 01	0 01	1 01	1 02	1 02	1 02	1 03	1 03	1 03
30..	1..50	1..51	1..51	1..52	1..52	1..53	1..53	1..54	1..54	1..55
40	2 01	2 01	1 02	2 03	2 03	2 04	2 05	2 05	2 06	2 07
50..	2..51	2..52	2..52	2..53	2..54	2..55	2..56	2..57	2..57	2..58
60	3 01	3 02	2 03	3 04	3 05	3 06	3 07	3 08	3 09	3 10
70..	3..51	3..52	2..53	3..55	3..56	3..57	3..58	3..59	3..60	3..62
80	4 01	4 03	3 04	4 05	4 07	4 08	4 09	4 11	4 12	4 13
90..	4..51	4..53	3..54	4..56	4..57	4..59	4..60	4..62	4..63	4..65
100..	5..02	5..03	5..05	5..07	5..08	5..10	5..12	5..13	5..15	5..17
200	10 03	10 07	10 10	10 13	10 17	10 20	10 23	10 27	10 30	10 33
300..	15..05	15..10	15..15	15..20	15..25	15..30	15..35	15..40	15..45	15..50
400	20 07	20 13	20 20	20 27	20 33	20 40	20 47	20 53	20 60	20 67
500..	25..08	25..17	25..25	25..33	25..42	25..50	25..58	25..67	25..75	25..83
600	30 10	30 20	30 30	30 40	30 50	30 60	30 70	30 80	30 90	31 00
700..	35..12	35..23	35..35	35..47	35..58	35..70	35..82	35..93	36..05	36..17
800	40 13	40 27	40 40	40 53	40 67	40 80	40 93	41 07	41 20	41 33
900..	45..15	45..30	45..45	45..60	45..75	45..90	46..05	46..20	46..35	46..50
1,000..	50..17	50..33	50..50	50..67	50..83	51..00	51..17	51..33	51..50	51..67
2,000	100 33	100 67	101 00	101 33	101 67	102 00	102 33	102 67	103 00	103 33
3,000..	150..50	151..00	151..50	152..00	152..50	153..00	153..50	154..00	154..50	155..00
4,000	200 67	201 33	202 00	202 67	203 33	204 00	204 67	205 33	206 00	206 67
5,000..	250..83	251..67	252..50	253..33	254..17	255..00	255..83	256..67	257..50	258..33
6,000	301 00	302 00	303 00	304 00	305 00	306 00	307 00	308 00	309 00	310 00
7,000..	351..17	352..33	353..50	354..67	355..83	357..00	358..17	359..33	360..50	361..67
8,000	401 33	402 67	404 00	405 33	406 67	408 00	409 33	410 67	412 00	413 33
9,000..	451..50	453..00	454..50	456..00	457..50	459..00	460..50	462..00	463..50	465..00
10,000..	501..67	503..33	505..00	506..67	508..33	510..00	511..67	513..33	515..00	516..67
20,000	1,003 33	1,006 67	1,010 00	1,013 33	1,016 67	1,020 00	1,023 33	1,026 67	1,030 00	1,033 33
30,000..	1,505..00	1,510..00	1,515..00	1,520..00	1,525..00	1,530..00	1,535..00	1,540..00	1,545..00	1,550..00
40,000	2,006 67	2,013 33	2,020 00	2,026 67	2,033 33	2,040 00	2,046 67	2,053 33	2,060 00	2,066 67
50,000..	2,508..33	2,516..67	2,525..00	2,533..33	2,541..67	2,550..00	2,558..33	2,566..67	2,575..00	2,583..33
60,000	3,010 00	3,020 00	3,030 00	3,040 00	3,050 00	3,060 00	3,070 00	3,080 00	3,090 00	3,100 00
70,000..	3,511..67	3,523..33	3,535..00	3,546..67	3,558..33	3,570..00	3,581..67	3,593..33	3,605..00	3,616..67
80,000	4,013..33	4,026 67	4,040 00	4,053 33	4,066 67	4,080 00	4,093 33	4,106 67	4,120 00	4,133 33
90,000..	4,515..00	4,530..00	4,545..00	4,560..00	4,575..00	4,590..00	4,605..00	4,620..00	4,635..00	4,650..00

	311	312	313	314	315	316	317	318	319	320
	JOURS.	JOURS.	JOURS.	JOURS.	JOURS.	JOURS.	JOURS.	JOURS.	JOURS.	JOURS.
fr.	fr. c.	fr. c.	fr. c.	fr. c.	fr. c.	fr. c.	fr. c.	fr. c.	fr. c.	fr. c.
1..	0..05	0..05	0..05	0..05	0..05	0..05	0..05	0..05	0..05	0..05
2	0 10	0 10	0 10	0 10	0 10	0 10	0 11	0 11	0 11	0 11
3..	0..16	0..16	0..16	0..16	0..16	0..16	0..16	0..16	0..16	0..16
4	0 21	0 21	0 21	0 21	0 21	0 21	0 21	0 21	0 21	0 21
5..	0..26	0..26	0..26	0..26	0..26	0..26	0..26	0..26	0..27	0..27
6	0 31	0 31	0 31	0 31	0 31	0 32	0 32	0 32	0 32	0 32
7..	0..36	0..36	0..36	0..37	0..37	0..37	0..37	0..37	0..37	0..37
8	0 41	0 42	0 42	0 42	0 42	0 42	0 42	0 42	0 42	0 43
9..	0..47	0..47	0..47	0..47	0..47	0..47	0..48	0..48	0..48	0..48
10..	0..52	0..52	0..52	0..52	0..52	0..53	0..53	0..53	0..53	0..53
20	1 04	1 04	1 04	1 05	1 05	1 05	1 06	1 06	1 06	1 07
30..	1..55	1..56	1..56	1..57	1..57	1..58	1..58	1..59	1..59	1..60
40	2 07	2 08	2 09	2 09	2 10	2 11	2 11	2 12	2 13	2 13
50..	2..59	2..60	2..61	2..62	2..62	2..63	2..64	2..65	2..66	2..67
60	3 11	3 12	3 13	3 14	3 15	3 16	3 17	3 18	3 19	3 20
70..	3..63	3..64	3..65	3..66	3..67	3..69	3..70	3..71	3..72	3..73
80	4 15	4 16	4 17	4 19	4 20	4 21	4 23	4 24	4 25	4 27
90..	4..66	4..68	4..69	4..71	4..72	4..74	4..75	4..77	4..78	4..80
100..	5..18	5..20	5..22	5..23	5..25	5..27	5..28	5..30	5..32	5..33
200	10 37	10 40	10 43	10 47	10 50	10 53	10 57	10 60	10 63	10 67
300..	15..55	15..60	15..65	15..70	15..75	15..80	15..85	15..90	15..95	16..00
400	20 73	20 80	20 87	20 93	21 00	21 07	21 13	21 20	21 27	21 33
500..	25..92	26..00	26..08	26..17	26..25	26..33	26..42	26..50	26..58	26..67
600	31 10	31 20	31 30	31 40	36 50	31 60	31 70	31 80	31 90	32 00
700..	36..28	36..40	36..52	36..63	36..75	36..87	36..98	37..10	37..22	37..33
800	41 47	41 60	41 73	41 87	42 00	42 13	42 27	42 40	42 53	42 67
900..	46..65	46..80	46..95	47..10	47..25	47..40	47..55	47..70	47..85	48..00
1,000..	51..83	52..00	52..17	52..33	52..50	52..67	52..83	53..00	53..17	53..33
2,000	103 67	104 00	104 33	104 67	105 00	105 33	105 67	106 00	106 33	106 67
3,000..	155..50	156..00	156..50	157..00	157..50	158..00	158..50	159..00	159..50	160..00
4,000	207 33	208 00	208 67	209 33	210 00	210 67	211 33	212 00	212 67	213 33
5,000..	259..17	260..00	260..83	261..67	262..50	263..33	264..17	265..00	265..83	266..67
6,000	311 00	312 00	313 00	314 00	315 00	316 00	317 00	318 00	319 00	320 00
7,000..	362..83	364..00	365..17	366..33	367..50	368..67	369..83	371..00	372..17	373..33
8,000	414 67	416 00	417 33	418 67	420 00	421 33	422 67	424 00	425 33	426 67
9,000..	466..50	468..00	469..50	471..00	472..50	474..00	475..50	477..00	478..50	480..00
10,000..	518..33	520..00	521..67	523..33	525..00	526..67	528..33	530..00	531..67	533..33
20,000	1,036 67	1,040 00	1,043 33	1,046 67	1,050 00	1,053 33	1,056 67	1,060 00	1,063 33	1066 67
30,000..	1,555..00	1,560..00	1,565..00	1,570..00	1,575..00	1,580..00	1,585..00	1,590..00	1,595..00	1,600..00
40,000	2,073 33	2,080 00	2,086 67	2,093 33	2,100 00	2,106 67	2,113 33	2,120 00	2,126 67	2,133 33
50,000..	2,591..67	2,600..00	2,608..33	2,616..67	2,625..00	2,633..33	2,641..67	2,650..00	2,658..33	2,666..67
60,000	3,110 00	3,120 00	3,130 00	3,140 00	3,150 00	3,160 00	3,170 00	3,180 00	3,190 00	3,200 00
70,000..	3,628..33	3,640..00	3,651..67	3,663..33	3,675..00	3,686..67	3,698..33	3,710..00	3,721..67	3,733..33
80,000	4,146 67	4,160 00	4,173 33	4,186 67	4,200 00	4,213 33	4,226 67	4,240 00	4,253 33	4,266 67
90,000..	4,665..00	4,680..00	4,695..00	4,710..00	4,725..00	4,740..00	4,755..00	4,770..00	4,785..00	4,800..00

fr.	321 JOURS. fr. c.	322 JOURS. fr. c.	323 JOURS. fr. c.	324 JOURS. fr. c.	325 JOURS. fr. c.	320 JOURS. fr. c.	327 JOURS. fr. c.	328 JOURS. fr. c.	311 JOURS. fr. c.	330 JOURS. fr. c.
1..	0..05	0..05	0..05	0..05	0..05	0..05	0..05	0..05	0..05	0..05
2	0 11	0 11	0 11	0 11	0 11	0 11	0 11	0 11	0 11	0 11
3..	0..16	0..16	0..16	0..16	0..16	0..16	0..16	0..16	0..16	0..16
4	0 21	0 21	0 21	0 22	0 22	0 22	0 22	0 22	0 22	0 22
5..	0..27	0..27	0..27	0..27	0..27	0..27	0..27	0..27	0..27	0..27
6	0 32	0 32	0 32	0 32	0 32	0 33	0 33	0 33	0 33	0 33
7..	0..37	0..38	0..38	0..33	0..38	0..38	0..38	0..38	0..38	0..38
8	0 43	0 43	0 43	0 43	0 43	0 43	0 44	0 44	0 44	0 44
9..	0..48	0..48	0..48	0..4[illegible]	0..49	0..49	0..49	0..49	0..49	0..49
10..	0..53	0..54	0..54	0..5[illegible]	0..54	0..54	0..54	0..55	0..55	0..55
20	1 07	1 07	1 08	1 [illegible]8	1 08	1 09	1 09	1 09	1 10	1 10
30..	1..60	1..61	1..61	1..62	1..62	1..63	1..63	1..64	1..64	1..65
40	2 14	2 15	2 15	2 [illegible]	2 17	2 17	2 18	2 19	2 19	2 20
50..	2..67	2..68	2..69	2..70	2..71	2..72	2..72	2..73	2..74	2..75
60	3 21	3 22	3 23	3 24	3 25	3 26	3 28	3 27	3 29	3 30
70..	3..74	3..76	3..77	3..[illegible]8	3..79	3..80	3..81	3..83	3..84	3..85
80	4 28	4 29	4 31	4 32	4 33	4 35	4 36	4 37	4 39	4 40
90..	4..81	4..83	4..84	4..36	4..87	4..89	4..90	4..92	4..93	4..95
100..	5..35	5..37	5..38	5..40	5..42	5..43	5..45	5..47	5..48	5..50
200	10 70	10 73	10 77	10 80	10 83	10 87	10 90	10 93	10 97	11 00
300..	16..05	16..10	16..15	16..20	16..25	16..30	16..35	16..40	16..45	16..50
400	21 40	21 47	21 53	21 60	21 67	21 73	21 80	21 87	21 93	22 00
500..	26..75	26..83	26..92	27..00	27..08	27..17	27..25	27..33	27..42	27..50
600	32 10	32 20	32 30	32 40	32 50	32 60	32 70	32 80	32 90	33 00
700..	37..45	37..57	37..68	37..80	37..92	38..03	38..15	38..27	38..38	38..50
800	42 80	42 93	43 07	43 20	43 33	43 47	43 60	43 73	43 87	44 00
900..	48..15	48..30	48..45	48..60	48..75	48..90	49..05	49..20	49..35	49..50
1,000..	53..50	53..67	53..83	54..00	54..17	54..33	54..50	54..67	54..83	55..00
2,000	107 00	107 33	107 67	103 00	108 33	108 67	109 00	109 33	109 67	110 00
3,000..	160..50	161..00	161..50	1[illegible]..00	162..50	163..00	163..50	164..00	164..50	165..00
4,000	214 00	214 67	215 33	215 00	216 67	217 33	218 00	218 67	219 33	220 00
5,000..	267..50	268..33	269..17	270..00	270..83	271..67	272..50	273..33	274..17	275..00
6,000	321 00	322 00	323 00	324 00	325 00	326 00	327 00	328 00	329 00	330 00
7,000..	374..50	375..67	376..83	[illegible]78..00	379..17	380..33	381..50	382..67	383..83	385..00
8,000	428 00	429 33	430 67	432 00	433 33	434 67	436 00	437 33	438 67	440 00
9,000..	481..50	483..00	484..50	486..00	487..50	489..00	490..50	492..00	493..50	495..00
10,000..	535..00	536..67	538..33	540..00	541..67	543..33	545..00	546..67	548..33	550..00
20,000	1,070 00	1,073 33	1,076 67	1,[illegible]80 00	1,083 33	1,086 67	1,090 00	1,093 33	1,096 67	1,100 00
30,000..	1,605..00	1,610..00	1,615..00	1,620..00	1,625..00	1,630..00	1,635..00	1,640..00	1,645..00	1,650..00
40,000	2,140 00	2,146 67	2,153 33	2,160 00	2,166 67	2,173 33	2,180 00	2,186 67	2,193 33	2,200 00
50,000..	2,675..00	2,683..33	2,691..67	2,700..00	2,708..33	2,716..67	2,725..00	2,733..33	2,741..67	2,750..00
60,000	3,210 00	3,220 00	3,230 00	3,240 00	3,250 00	3,260 00	3,270 00	3,280 00	3,290 00	3,300 00
70,000..	3,745..00	3,756..67	3,768..33	3,780..00	3,791..67	3,803..33	3,815..00	3,826..67	3,838..33	3,850..00
80,000.	4,280 00	4,293 33	4,306 67	4,320 00	4,333 33	4,346 67	4,360 00	4,373 33	4,386 67	4,400 00
90,000..	4,815..00	4,830..00	4,845..00	4,860..00	4,875..00	4,890..00	4,905..00	4,920..00	4,935..00	4,950..00

	331 JOURS.	332 JOURS.	333 JOURS.	334 JOURS.	335 JOURS.	336 JOURS.	337 JOURS.	338 JOURS.	339 JOURS.	340 JOURS.
fr.	fr. c.	fr. c.	fr. c.	fr. c.	fr. c.	fr. c.	fr. c.	fr. c.	fr. c.	fr. c.
1..	0..05	0..05	0..06	0..06	0..06	0..06	0..06	0..06	0..06	0..06
2	0 11	0 11	0 11	0 11	0 11	0 11	0 11	0 11	0 11	0 11
3..	0..17	0..17	0..17	0..17	0..17	0..17	0..17	0..17	0..17	0..17
4	0 22	0 22	0 22	0 22	0 22	0 22	0 22	0 22	0 23	0 23
5..	0..28	0..28	0..28	0..28	0..28	0..28	0..28	0..28	0..28	0..28
6	0 33	0 33	0 33	0 33	0 33	0 34	0 34	0 34	0 34	0 34
7..	0..39	0..39	0..39	0..39	0..39	0..39	0..39	0..39	0..40	0..40
8	0 44	0 44	0 44	0 44	0 44	0 45	0 45	0 45	0 45	0 45
9..	0..50	0..50	0..50	0..50	0..50	0..50	0..51	0..51	0..51	0..51
10..	0..55	0..55	0..55	0..56	0..56	0..56	0..56	0..56	0..56	0..57
20	1 10	1 11	1 11	1 11	1 12	1 12	1 12	1 13	1 13	1 13
30..	1..65	1..66	1..66	1..67	1..67	1..68	1..68	1..69	1..69	1..70
40	2 21	2 21	2 22	2 23	2 23	2 24	2 25	2 25	2 26	2 27
50..	2..76	2..77	2..77	2..78	2..79	2..80	2..81	2..82	2..82	2..83
60	3 31	3 32	3 33	3 34	3 35	3 36	3 37	3 38	3 39	3 40
70..	3..86	3..87	3..88	3..90	3..91	3..92	3..93	3..94	3..95	3..97
80	4 41	4 43	4 44	4 45	4 47	4 48	4 49	4 51	4 52	4 53
90..	4..96	4..98	4..99	5..01	5..02	5..04	5..05	5..07	5..08	5..10
100..	5..52	5..53	5..55	5..67	5..58	5..60	5..62	5..63	5..65	5..67
200	11 03	11 07	11 10	11 13	11 17	11 20	11 23	11 27	11 30	11 33
300..	16..55	16..60	16..65	16..70	16..75	16..80	16..85	16..90	16..95	17..00
400	22 07	22 13	22 20	22 27	22 33	22 40	22 47	22 53	22 60	22 67
500..	27..58	27..67	27..75	27..83	27..92	28..00	28..08	28..17	28..25	28..33
600	33 10	33 20	33 30	33 40	33 50	33 60	33 70	33 80	33 90	34 00
700..	38..62	38..73	38..85	38..97	39..08	39..20	39..32	39..43	39..55	39..67
800	44 13	44 27	44 40	44 53	44 67	44 80	44 93	45 07	45 20	45 33
900..	49..65	49..80	49..95	50..10	50..25	50..40	50..55	50..70	50..85	51..00
1,000..	55..17	55..33	55..50	55..67	55..83	56..00	56..17	56..33	56..50	56..67
2,000	110 33	110 67	111 00	111 33	111 67	112 00	112 33	112 67	113 00	113 33
3,000..	165..50	166..00	166..50	167..00	167..50	168..00	168..50	169..00	169..50	170..00
4,000	220 67	221 33	222 00	222 67	223 33	224 00	224 67	225 33	226 00	226 67
5,000..	275..83	276..67	277..50	278..33	279..17	280..00	280..83	281..67	282..50	283..33
6,000	331 00	332 00	333 00	334 00	335 00	336 00	337 00	338 00	339 00	340 00
7,000..	386..17	387..33	388..50	389..67	390..83	392..00	393..17	394..33	395..50	396..67
8,000	441 33	442 67	444 00	445 33	446 67	448 00	449 33	450 67	452 00	453 33
9,000..	496..50	498..00	499..50	501..00	502..50	504..00	505..50	507..00	508..50	510..00
10,000..	551..67	553..33	555..00	556..67	558..33	560..00	561..67	563..33	565..00	566..67
20,000	1,103 33	1,106 67	1,110 00	1,113 33	1,116 67	1,120 00	1,123 33	1,126 67	1,130 00	1,133 33
30,000..	1,655..00	1,660..00	1,665..00	1,670..00	1,675..00	1,680..00	1,685..00	1,690..00	1,695..00	1,700..00
40,000	2,206 67	2,213 33	2,220 00	2,226 67	2,233 33	2,240 00	2,246 67	2,253 33	2,260 00	2,266 67
50,000..	2,758..33	2,766..67	2,775..00	2,783..33	2,791..67	2,800..00	2,808..33	2,816..67	2,825..00	2,833..33
60,000	3,310 00	3,320 00	3,330 00	3,340 00	3,350 00	3,360 00	3,370 00	3,380 00	3,390 00	3,400 00
70,000..	3,861..67	3,873..33	3,885..00	3,896..67	3,908..33	3,920..00	3,931..67	3,943..33	3,955..00	3,966..67
80,000	4,413..33	4,426 67	4,440 00	4,453 33	4,466 67	4,480 00	4,493 33	4,506 67	4,520 00	4,533 33
90,000..	4,965..00	4,980..00	4,995..00	5,010..00	5,025..00	5,040..00	5,055..00	5,070..00	5,085..00	5,100..00

	341 JOURS.	342 JOURS.	343 JOURS.	344 JOURS.	345 JOURS.	346 JOURS.	347 JOURS.	348 JOURS.	349 JOURS.	350 JOURS.
fr.	fr. c.	fr. c.	fr. c.	fr. c.	fr. c.	fr. c.	fr. c.	fr. c.	fr. c.	fr. c.
1..	0..06	0..06	0..06	0..06	0..06	0..06	0..06	0..06	0..06	0..06
2	0 11	0 11	0 11	0 11	0 11	0 11	0 12	0 12	0 12	0 12
3..	0..17	0..17	0..17	0..17	0..17	0..17	0..17	0..17	0..17	0..17
4	0 23	0 23	0 23	0 23	0 23	0 23	0 23	0 23	0 23	0 23
5..	0..28	0..28	0..29	0..29	0..29	0..29	0..29	0..29	0..29	0..29
6	0 34	0 34	0 34	0 34	0 34	0 35	0 35	0 35	0 35	0 35
7..	0..40	0..40	0..40	0..40	0..40	0..40	0..40	0..41	0..41	0..41
8	0..45	0 46	0 46	0 46	0 46	0 46	0 46	0 46	0 46	0 47
9..	0..51	0..51	0..51	0..52	0..52	0..52	0..52	0..52	0..52	0..52
10..	0..57	0..57	0..57	0..57	0..57	0..58	0..58	0..58	0..58	0..58
20	1 14	1 14	1 14	1 15	1 15	1 15	1 16	1 16	1 16	1 17
30..	1..70	1..71	1..71	1..72	1..72	1..73	1..73	1..74	1..74	1..75
40	2 27	2 28	2 29	2 29	2 30	2 31	2 31	2 32	2 33	2 33
50..	2..84	2..85	2..86	2..8[illegible]	2..87	2..88	2..89	2..90	2..91	2..92
60	3 41	3 42	3 43	3 44	3 45	3 46	3 47	3 48	3 49	3 50
70..	3..98	3..99	4..00	4..01	4..02	4..04	4..05	4..06	4..07	4..08
80	4 55	4 56	4 57	4 59	4 60	4 61	4 63	4 64	4 65	4 67
90..	5..11	5..13	5..14	5..15	5..17	5..19	5..20	5..22	5..23	5..25
100..	5..68	5..70	5..72	5..73	5..75	5..77	5..78	5..80	5..82	5..83
200	11 37	11 40	11 43	11 47	11 50	11 53	11 57	11 60	11 63	11 67
300..	17..05	17..10	17..15	17..20	17..25	17..30	17..35	17..40	17..45	17..50
400	22 73	22 80	22 87	22 93	23 00	23 07	23 13	23 20	23 27	23 33
500..	28..42	28..50	28..58	28..67	28..75	28..83	28..92	29..00	29..08	29..17
600	34 10	34 20	34 30	34 40	34 50	34 60	34 70	34 80	34 90	35 00
700..	39..78	39..90	40..02	40..13	40..25	40..37	40..48	40..60	40..72	40..83
800	45 47	45 60	45 73	45 87	46 00	46 13	46 27	46 40	46 53	46 67
900..	51..15	51..30	51..45	01..60	51..75	51..90	52..05	52..20	52..35	52..50
1,000..	56..83	57..00	57..17	57..33	57..50	57..67	57..83	58..00	58..17	58..33
2,000	113 67	114 00	114 33	114 67	115 00	115 33	115 67	116 00	116 33	116 67
3,000..	170..50	171..00	171..50	172..00	172..50	173..00	173..50	174..00	174..50	175..00
4,000	227 33	228 00	228 67	229 33	230 00	230 67	231 33	232 00	232 67	233 33
5,000..	284..17	285..00	285..83	286..67	287..50	288..33	289..17	290..00	290..83	291..67
6,000	341 00	342 00	343 00	344 00	345 00	346 00	347 00	348 00	349 00	350 00
7,000..	397..83	399..00	400..17	401..33	402..50	403..67	404..83	406..00	407..17	408..33
8,000	454 67	456 00	457 33	458 67	460 00	461 33	462 67	464 00	465 33	466 67
9,000..	511..50	513..00	514..50	516..00	517..50	519..00	520..50	522..00	523..50	525..00
10,000..	568..33	570..00	571..67	573..33	575..00	576..67	578..33	580..00	581..67	583..33
20,000	1,136 67	1,140 00	1,143 33	1,146 67	1,150 00	1,153 33	1,156 67	1,160 00	1,163 33	1,166 67
30,000..	1,705..00	1,710..00	1,715..00	1,720..00	1,725..00	1,730..00	1,735..00	1,740..00	1,745..00	1,750..00
40,000	2,273 33	2,280 00	2,286 67	2,293 33	2,300 00	2,306 67	2,313 33	2,320 00	2,326 67	2,333 33
50,000..	2,841..67	2,850..00	2,858..33	2,866..67	2,875..00	2,883..33	2,891..67	2,900..00	2,908..33	2,916..67
60,000	3,410 00	3,420 00	3,430 00	3,440 00	3,450 00	3,460 00	3,470 00	3,480 00	3,490 00	3,500 00
70,000..	3,978..33	3,990..00	4,001..67	4,013..33	4,025..00	4,036..67	4,048..33	4,060..00	4,071..67	4,083..33
80,000	4,546 67	4,560 00	4,573 33	4,586 67	4,600 00	4,613 33	4,626 67	4,640 00	4,653 33	4,666 67
90,000..	5,115..00	5,130..00	5,145..00	5,160..00	5,175..00	5,190..00	5,205..00	5,220..00	5,235..00	5,250..00

fr.	351 JOURS. fr. c.	352 JOURS. fr. c.	353 JOURS. fr. c.	354 JOURS. fr. c.	355 JOURS. fr. c.	356 JOURS. fr. c.	357 JOURS. fr. c.	358 JOURS. fr. c.	359 JOURS. fr. c.	360 JOURS. fr. c.
1..	0..06	0..06	0..06	0..06	0..06	0..06	0..06	0..06	0..06	0..06
2	0 12	0 12	0 12	0 12	0 12	0 12	0 12	0 12	0 12	0 12
3..	0..18	0..18	0..18	0..18	0..18	0..18	0..18	0..18	0..18	0..18
4	0 23	0 23	0 23	0 24	0 24	0 24	0 24	0 24	0 24	0 24
5..	0..29	0..29	0..29	0..29	0..30	0..30	0..30	0..30	0..30	0..30
6	0 35	0 35	0 35	0 35	0 35	0 36	0 36	0 36	0 36	0 36
7..	0..41	0..41	0..41	0..41	0..41	0..41	0..42	0..42	0..42	0..42
8	0 47	0 47	0 47	0 47	0 47	0 47	0 48	0 48	0 48	0 48
9..	0..53	0..53	0..53	0..53	0..53	0..53	0..54	0..54	0..54	0..54
10..	0..58	0..59	0..59	0..59	0..59	0..59	0..59	0 60	0..60	0..60
20	1 17	1 17	1 18	1 18	1 18	1 19	1 19	1 19	1 20	1 20
30..	1..75	1..76	1..76	1..77	1..77	1..78	1..78	1..79	1..79	1..80
40	2 34	2 35	2 35	2 36	2 37	2 37	2 38	2 39	2 39	2 40
50..	2..92	2..93	2..94	2..95	2..96	2..97	2..97	2..98	2..99	3..00
60	3 51	3 52	3 53	3 5[illegible]	3 55	3 56	3 57	3 58	3 59	3 60
70..	4..09	4..11	4..12	4..13	4..14	4..15	4..16	4..18	4..19	4..2[illegible]
80	4 68	4 69	4 71	4 72	4 7[illegible]	4 7[illegible]	4 76	4 77	4 79	4 80
90..	5..26	5..28	5..29	5..31	5..32	5..34	5..35	5..37	5..38	5..40
100..	5..85	5..87	5..88	5..90	5..92	5..93	5..95	5..97	5..98	6..00
200	11 70	11 73	11 77	11 80	11 83	11 87	11 90	11 93	11 97	12 00
300..	17..55	17..60	17..65	17..70	17..75	17..80	17..85	17..90	17..9[illegible]	18..00
400	23 40	23 47	23 53	23 60	23 67	23 73	23 80	23 87	23 93	24 00
500..	29..25	29..33	29..42	29..50	29..58	29..67	29..75	29..83	29..92	30..00
600	35 10	35 20	35 30	35 40	35 50	35 60	35 70	35 80	35 90	36 00
700..	40..95	41..07	41..18	41..30	41..42	41..53	41..65	41..77	41..88	42..00
800	46 80	46 93	47 07	47 20	47 33	47 47	47 60	47 73	47 87	48 00
900..	52..65	52..80	52..95	53..10	53..25	53..40	53..55	53..70	53..85	54..00
1,000..	58..50	58..67	58..83	59..00	59..17	59..33	59..50	59..67	59..83	60..00
2,000	117 00	117 33	117 67	118 00	118 33	118 67	119 00	119 33	119 67	120 00
3,000..	175..50	176..00	176..50	177..00	177..50	178..00	178..50	179..00	179..50	180..00
4,000	234 00	234 67	235 33	236 00	236 67	237 33	238 00	238 67	239 33	240 00
5,000..	292..50	293..33	294..17	295..00	295..83	296..67	297..50	298..33	299..17	300..00
6,000	351 00	352 00	353 00	354 00	355 00	356 00	357 00	358 00	359 00	360 00
7,000..	409..50	410..67	411..83	413..00	414..17	415..33	416..50	417..67	418..83	420..00
8,000	468 00	469 33	470 67	472 00	473 33	474 67	476 00	477 33	478 67	480 00
9,000..	526..50	528..00	529..50	531..00	532..50	534..00	535..50	537..00	538..50	540..00
10,000..	585..00	586..67	588..33	590..00	591..67	593..33	595..00	596..67	598..33	600..00
20,000	1,170 00	1,173 33	1,176 67	1,180 00	1,183 33	1,186 67	1,190 00	1,193 33	1,196 67	1,200 00
30,000..	1,755..00	1,760..00	1,765..00	1,770..00	1,775..00	1,780..00	1,785..00	1,790..00	1,795..00	1,800..00
40,000	2,340 00	2,346 67	2,353 33	2,360 00	2,366 67	2,373 33	2,380 00	2,386 67	2,393 33	2,400 00
50,000..	2,925..00	2,933..33	2,941..67	2,950..00	2,958..33	2,966..67	2,975..00	2,983..33	2,991..67	3,000..00
60,000	3,510 00	3,520 00	3,530 00	3,540 00	3,550 00	3,560 00	3,570 00	3,580 00	3,590 00	3,600 00
70,000..	4,095..00	4,106..67	4,118..33	4,130..00	4,141..67	4,153..33	4,165..00	4,176..67	4,188..33	4,200..00
80,000	4,680 00	4,693 33	4,706 67	4,720 00	4,733 33	4,746 67	4,760 00	4,773 33	4,786 67	4,800 00
90,000..	5,265..00	5,280..00	5,295..00	5,310..00	5,325..00	5,340..00	5,355..00	5,370..00	5,385..00	5,400..00

	361 JOURS.	362 JOURS.	363 JOURS.	364 JOURS.	365 JOURS. ANNÉE commune.	366 JOURS. ANNÉE bissextile.	367 JOURS.	368 JOURS.	369 JOURS.	370 JOURS.
fr.	fr. c.	fr. c.	fr. c.	fr. c.	fr. c.	fr. c.	fr. c.	fr. c.	fr. c.	fr. c.
1..	0..06	0..06	0..06	0..06	0..06	0..06	0..06	0..06	0..06	0..06
2	0 12	0 12	0 12	0 12	0 12	0 12	0 12	0 12	0 12	0 12
3..	0..18	0..18	0..18	0..18	0..18	0..18	0..18	0..18	0..18	0..18
4	0 24	0 24	0 24	0 24	0 24	0 24	0 24	0 25	0 25	0 25
5..	0..30	0..30	0..30	0..30	0..30	0..30	0..31	0..31	0..31	0..31
6	0 36	0 36	0 36	0 36	0 36	0 37	0 37	0 37	0 37	0 37
7..	0..42	0..42	0..42	0..42	0..43	0..43	0..43	0..43	0..43	0..43
8	0 48	0 48	0 48	0 48	0 49	0 49	0 49	0 49	0 49	0 49
9..	0..54	0. 54	0..54	0..55	0..55	0..55	0..55	0..55	0..55	0..55
10..	0..60	0..60	0..60	0 61	0..61	0..61	0..61	0..61	0..61	0..62
20	1 20	1 21	1 21	1 21	1 22	1 22	1 22	1 23	1 23	1 23
30..	1..80	1..81	1..81	1..82	1..82	1..83	1..84	1..84	1..85	1..85
40	2 41	2 41	2 42	2 43	2 43	2 44	2 45	2 45	2 46	2 46
50..	3..01	3..02	3..02	3..03	3..04	3..05	3..06	3..07	3..07	3..08
60	3 61	3 62	3 63	3 64	3 65	3 66	3 67	3 68	3 69	3 70
70..	4..21	4..22	4..23	4..25	4..26	4..27	4..28	4..29	4..30	4..32
80	4 81	4 83	4 84	4 85	4 87	4 88	4 89	4 91	4 92	4 93
90..	5..41	5..43	5..44	5..46	5..47	5..49	5..50	5..52	5..53	5..55
100..	6..02	6..03	6..05	6..07	6..08	6..10	6..12	6..13	6..15	6..16
200	12 03	12 07	12 10	12 13	12 17	12 20	12 23	12 26	12 30	12 33
300..	18..05	18..10	18..15	18..20	18..25	18..30	18..35	18..40	18..45	18..50
400	24 07	24 13	24 20	24 27	24 33	24 40	24 46	24 53	24 60	24 67
500..	30..08	30..17	30..25	30..33	30..42	30..50	30..58	30..67	30..75	30..83
600	36 10	36 20	36 30	36 40	36 50	36 60	36 70	36 80	36 90	37 00
700..	42..12	42..23	42..35	42..47	42..58	42..70	42..82	42..93	43..05	43..16
800	48 13	48 27	48 40	48 53	48 67	48 80	48 93	49 07	49 20	49 33
900..	54..15	54..30	54..45	54..60	54..75	54..90	55..05	55..20	55..35	55..50
1,000..	60..17	60..33	60..50	60..67	60..83	61..00	61..17	61..33	61..50	61..67
2,000	120 33	120 67	121 00	121 33	121 67	122 00	122 33	122 67	123 00	123 33
3,000..	180..50	181..00	181..50	182..00	182..50	183..00	183..50	184..00	184..50	185..00
4,000	240 67	241 33	242 00	242 67	243 33	244 00	244 67	245 33	246 00	246 67
5,000..	300..83	301..67	302..50	303..33	304..17	305..00	305..83	306..67	307..50	308..33
6,000	361 00	362 00	363 00	364 00	365 00	366 00	367 00	368 00	369 00	370 00
7,000..	421..17	422..33	423..50	424..67	425..83	427..00	428..17	429..33	430..50	431..67
8,000	481 33	482 67	484 00	485 33	486 67	488 00	489 33	490 67	492 00	493 33
9,000..	541..50	543..00	544..50	546..00	547..50	549..00	550..50	552..00	553..50	555..00
10,000..	601..67	603..33	605..00	606..67	608..33	610..00	611..67	613..33	615..00	616..67
20,000	1,203 33	1,206 67	1,210 00	1,213 33	1,216 67	1,220 00	1,223 33	1,226 67	1,230 00	1,233 33
30,000..	1,805..00	1,810..00	1,815..00	1,820..00	1,825..00	1,830..00	1,835..00	1,840..00	1,845..00	1,850..00
40,000	2,406 67	2,413 33	2,420 00	2,426 67	2,433 33	2,440 00	2,446 67	2,453 33	2,460 00	2,466 67
50,000..	3,008..33	3,016..67	3,025..00	3,033..33	3,041..67	3,050..00	3,058..33	3,066..67	3,075..00	3,083..33
60,000	3,610 00	3,620 00	3,630 00	3,640 00	3,650 00	3,660 00	3,670 00	3,680 00	3,690 00	3,700 00
70,000..	4,211..67	4,223..33	4,235..00	4,246..67	4,258..33	4,270..00	4,281..67	4,293..33	4,305..00	4,316..67
80,000	4,813 33	4,826 67	4,840 00	4,853 33	4,866 67	4,880 00	4,893 33	4,906 67	4,920 00	4,933 33
90,000..	5,415..00	5,430..00	5,445..00	5,460..00	5,475..00	5,490..00	5,505..00	5,520..00	5,535..00	5,550..00

	371 JOURS.	372 JOURS.	373 JOURS.	374 JOURS.	375 JOURS.	376 JOURS.	377 JOURS.	378 JOURS.	379 JOURS.	380 JOURS.
fr.	fr. c.	fr. c.	fr. c.	fr. c.	fr. c.	fr. c.	fr. c.	fr. c.	fr. c.	fr. c.
1..	0..06	0..06	0..06	0..06	0..06	0..06	0..06	0..06	0..06	0..06
2	0 12	0 12	0 12	0 12	0 12	0 13	0 13	0 13	0 13	0 13
3..	0..19	0..19	0..19	0..19	0..19	0..19	0..19	0..19	0..19	0..19
4	0 25	0 25	0 25	0 25	0 25	0 25	0 25	0 25	0 25	0 25
5..	0..31	0..32	0..32	0..32	0..32	0..32	0..32	0..32	0..32	0..32
6	0 37	0 37	0 37	0 37	0 37	0 38	0 38	0 38	0 38	0 38
7..	0..43	0..43	0..44	0..44	0..44	0..44	0..44	0..44	0..44	0..44
8	0..49	0 50	0 50	0 50	0 50	0 50	0 50	0 50	0 51	0 51
9..	0..56	0..56	0..56	0..56	0..56	0..56	0..57	0..57	0..57	0..57
10..	0..62	0..62	0..62	0..63	0..63	0..63	0..63	0..63	0..63	0..64
20	1 24	1 24	1 24	1 25	1 25	1 25	1 26	1 26	1 26	1 27
30..	1..86	1..86	1..87	1..87	1..87	1..88	1..88	1..89	1..89	1..90
40	2 47	2 48	2 49	2 49	2 50	2 50	2 51	2 52	2 53	2 53
50..	3..09	3..10	3..10	2..12	3..12	3..13	3..14	3..15	3..16	3..17
60	3 71	3 72	3 73	3 74	3 75	3 76	3 77	3 78	3 79	3 80
70..	4..33	4..34	4..35	4..36	4..37	4..39	4..40	4..41	4..42	4..43
80	4 95	4 96	4 97	4 99	5 00	5 01	5 03	5 04	5 05	5 06
90..	5..56	5..58	5..59	5..61	5..62	5..64	5..65	5..67	5..68	5..70
100..	6..18	6..20	6..22	6..23	6..25	6..27	6..28	6..30	6..32	6..33
200	12 37	12 40	12 43	12 46	12 50	12 53	12 56	12 60	12 63	12 67
300..	18..55	18..60	18..65	18..70	18..75	18..80	18..85	18..90	18..95	19..00
400	24 73	24 80	24 87	24 93	25 00	25 07	25 13	25 20	25 26	25 33
500..	30..91	31..00	31..08	31..17	31..25	31..33	31..42	31..50	21..58	31..67
600	37 10	37 20	37 30	37 40	37 50	37 60	37 70	37 80	37 90	38 00
700..	43..28	43..40	43..52	43..63	43..75	43..87	43..98	44..10	44..22	44..33
800	49 47	49 60	49 73	49 87	50 00	50 13	50 27	50 40	50 53	50 67
900..	55..65	55..80	56..95	56..10	56..25	56..40	56..55	56..70	56..85	57..00
1,000..	61..83	62..00	62..17	62..33	62..50	62..67	62..83	63..00	63..17	63..33
2,000	123 67	124 00	124 33	124 67	125 00	125 33	125 67	126 00	126 33	126 67
3,000..	185..50	186..00	186..50	187..00	187..50	188..00	188..50	189..00	189..50	190..00
4,000	247 33	248 00	248 67	249 33	250 00	250 67	251 33	252 00	252 67	253 33
5,000..	309..17	310..00	310..83	311..67	312..50	313..33	314..17	315..00	315..83	316..67
6,000	371 00	372 00	373 00	374 00	375 00	376 00	377 00	378 00	379 00	380 00
7,000..	432..83	434..00	435..17	436..33	437..50	438..67	439..83	441..00	442..17	443..33
8,000	494 67	496 00	497 33	498 67	500 00	501 33	502 67	504 00	505 33	506 67
9,000..	556..50	558..00	559..50	561..00	562..50	564..00	565..50	567..00	568..50	570..00
10,000..	618..33	620..00	621..67	623..33	625..00	626..67	628..33	630..00	631..67	633..33
20,000	1,236 67	1,240 00	1,243 33	1,246 67	1,250 00	1,253 33	1,256 67	1,260 00	1,263 33	1,266 67
30,000..	1,855..00	1,860..00	1,835..00	1,870..00	1,875..00	1,880..00	1,885..00	1,890..00	1,895..00	1,900..00
40,000	2,473 33	2,480 00	2,486 67	2,493 33	2,500 00	2,506 67	2,513 33	2,520 00	2,526 67	2,533 33
50,000..	3,091..67	3,100..00	3,108..33	3,116..67	3,125..00	3,133..33	3,141..67	3,150..00	3,158..33	3,166..67
60,000	3,710 00	3,720 00	3,730 00	3,740 00	3,750 00	3,760 00	3,770 00	3,780 00	3,790 00	3,800 00
70,000..	4,328..33	4,340..00	4,351..67	4,363..33	4,375..00	4,386..67	4,398..33	4,410..00	4,421..67	4,433..33
80,000	4,946 67	4,960 00	4,973 33	4,986 67	5,000 00	5,013 33	5,026 67	5,040 00	5,053 33	8,066 67
90,000..	5,565..00	5,580..00	5,595..00	5,610..00	5,625..00	5,640..00	5,655..00	5,670..00	5,685..00	5,700..00

	381 JOURS.	382 JOURS.	383 JOURS.	384 JOURS.	385 JOURS.	386 JOURS.	387 JOURS.	388 JOURS.	389 JOURS.	390 JOURS.
fr.	fr. c.	fr. c.	fr. c.	fr. c.	fr. c.	fr. c.	fr. c.	fr. c.	fr. c.	fr. c.
1..	0..06	0..06	0..06	0..06	0..06	0..06	0..06	0..06	0..06	0..06
2	0 13	0 13	0 13	0 13	0 13	0 13	0 13	0 13	0 13	0 13
3..	0..19	0..19	0..19	0..19	0..19	0..19	0..19	0..19	0..19	0..19
4	0 25	0 25	0 26	0 26	0 26	0 26	0 26	0 26	0 26	0 26
5..	0..32	0..32	0..32	0..32	0..32	0 .32	0..32	0..32	0..32	0..32
6	0 38	0 38	0 38	0 38	0 38	0 39	0 39	0 39	0 39	0 39
7..	0..44	0..45	0..45	0..45	0..45	0..45	0..45	0..45	0..45	0..46
8	0 51	0 51	0 51	0 51	0 51	0 51	0 52	0 52	0 52	0 52
9..	0..57	0..57	0..57	0..58	0..58	0..58	0..58	0..58	0..58	0..59
10..	0..64	0..64	0..64	0..64	0..64	0..64	0..64	0..65	0..65	0..65
20	1 27	1 27	1 28	1 28	1 28	1 29	1 39	1 29	1 30	1 30
30..	1..90	1..91	1..91	1..92	1..92	1..93	1..93	1..94	1..94	1..95
40	2 54	2 54	2 55	2 55	2 67	2 57	2 58	2 58	2 59	2 60
50..	3..17	3..18	3..19	3..20	3..21	3..22	3..22	3..23	3..24	3..25
60	3 81	3 82	3 83	3 84	3 85	3 86	3 87	3 88	3 89	3 90
70..	4..44	4..46	4..47	4..48	4..49	4..50	4..51	4..53	4..54	4..55
80	5 08	5 09	5 11	5 12	5 13	5 15	5 16	5 17	5 19	5 20
90..	5..71	5..73	5..74	5..73	5..77	5..79	5..80	5..82	5..83	5..85
100..	6..35	6..37	6..39	6..40	6..42	6..43	6..45	6..47	6..48	6..50
200	12 70	12 73	12 76	12 80	12 83	12 86	12 90	12 93	12 96	13 00
300..	19..05	19..10	19..15	19..20	19..25	19..30	19..35	19..40	19..45	19..50
400	25 40	25 46	25 53	25 30	25 67	25 73	25 80	25 87	25 93	26 00
500..	31..75	31..83	31..92	32..00	32..08	32..17	32..25	32..33	32..42	32..50
600	38 10	38 20	38 30	38 40	38 50	38 60	38 70	38 80	38 90	39 00
700..	44..45	44..57	44..68	44..80	44..93	45..03	45..15	45..27	45..38	45..50
800	50 80	50 93	51 07	51 20	51 33	51 47	51 60	51 73	51 87	52 00
900..	57..15	57..30	57..45	57..60	57..75	57..90	58..05	58..20	58..35	58..50
1,000..	63..50	63..67	63..83	64..00	64..17	64..33	64..50	64..67	64..83	65..00
2,000	127 00	127 33	127 67	128 00	128 33	128 67	129 00	129 33	129 67	130 00
3,000..	190..50	191..00	191..50	192..00	192..50	193..00	193..50	194..00	194..50	195..00
4,000	254 00	254 67	255 33	256 00	256 67	257 33	258 00	258 67	259 33	260 00
5,000..	317..50	318..33	319..17	320..00	320..83	321..67	322..50	323..33	324..17	325..00
6,000	381 00	382 00	383 00	384 00	385 00	386 00	387 00	388 00	389 00	390 00
7,000..	444..50	445..67	446..83	448..00	449..17	450..33	451..50	452..67	453..83	455..00
8,000	508 00	509 33	510 67	512 00	513 33	514 67	516 00	517 33	518 67	520 00
9,000..	571..50	573..00	574..50	576..00	577..50	579..00	580..50	582..00	583..50	585..00
10,000..	635..00	636..67	638..33	640..00	641..67	643..33	645..00	646..67	648..33	650..00
20,000	1,270 00	1,273 33	1,276 67	1,280 00	1,283 33	1,286 67	1,290 00	1,293 33	1,296 67	1,300 00
30,000..	1,905..00	1,910..00	1,905..00	1,920..00	1,925..00	1,930..00	1,935..00	1,940..00	1,945..00	1,950..00
40,000	2,540 00	2,546 67	2,533 33	2,560 00	2,566 67	2,573 33	2,580 00	2,586 67	2,593 33	2,600 00
50,000..	3,175..00	3,183..33	3,191..67	3,200..00	3,208..33	3,216..67	3,225..00	3,233..33	3,241..67	3,250..00
60,000	3,810 00	3,820 00	3,830 00	3,840 00	3,850 00	3,860 00	3,870 00	3,880 00	3,890 00	3,900 00
70,000..	4,445..00	4,456..67	4,468..33	4,480..00	4,491..67	4,503..33	4,515..00	4,526..67	4,538..33	4,550..00
80,000	5,080 00	5,093 33	5,106 67	5,120 00	5,133 33	5,146 67	5,160 00	5,173 33	5,186 67	5,200 00
90,000..	5,715..00	5,730..00	5,745..00	5,760..00	5,775..00	5,790..00	5,805..00	5,820..00	5,835..00	5,850..00

	391 JOURS.	392 JOURS.	393 JOURS.	394 JOURS.	395 JOURS.	396 JOURS.	397 JOURS.	398 JOURS.	399 JOURS.	400 JOURS.
fr.	fr. c.	fr. c.	fr. c.	fr. c.	fr. c.	fr. c.	fr. c.	fr. c.	fr. c.	fr. c.
1..	0..07	0..07	0..07	0..07	0..07	0..07	0..07	0..07	0..07	0..07
2	0 13	0 13	0 13	0 13	0 13	0 13	0 13	0 13	0 13	0 13
3..	0..20	0..20	0..20	0..20	0..20	0..20	0..20	0..20	0..20	0..20
4	0 26	0 26	0 26	0 26	0 26	0 26	0 26	0 27	0 27	0 27
5..	0..33	0..33	0..33	0..33	0..33	0..33	0..33	0..33	0..33	0..33
6	0 39	0 39	0 39	0 39	0 39	0 40	0 40	0 40	0 40	0 40
7..	0..46	0..46	0..46	0..46	0..46	0..46	0..46	0..46	0..47	0..47
8	0 52	0 52	0 52	0 53	0 53	0 53	0 53	0 53	0 53	0 53
9..	0..59	0..59	0..59	0..59	0..59	0..59	0..60	0..60	0..60	0..60
10..	0..65	0..65	0..65	0..66	0..66	0..66	0..66	0..66	0..67	0..67
20	1 31	1 31	1 31	1 31	1 32	1 32	1 32	1 33	1 33	1 33
30..	1..95	1..96	1..96	1..97	1..97	1..98	1..98	1..99	1..99	2..00
40	2 60	2 61	2 62	2 63	2 63	2 64	2 65	2 65	2 66	2 67
50..	3..26	3..27	3..27	3..28	3..29	3..30	3..31	3..32	2..32	3..33
60	3 91	3 92	3 93	3 94	3 95	3 96	3 97	3 98	3 99	4 00
70..	4..56	4..57	4..58	4..60	4..61	4..62	4..63	4..64	3..65	4..67
80	5 21	5 23	5 24	5 25	5 27	5 28	5 29	5 31	4 32	5 33
90..	5..86	5..88	5..89	5..91	5..92	5..94	5..95	5..97	5..98	6..00
100..	6..52	6..53	6..55	6..57	6..58	6..60	6..62	6..63	6..65	6..67
200	13 03	13 06	13 10	13 13	13 16	13 20	13 23	13 27	13 30	13 33
300..	19..55	19..60	19..65	19..70	19..75	19..80	19..85	19..90	19..95	20..00
400	26 07	26 13	26 20	26 27	26 33	26 40	26 47	26 53	26 60	26 67
500..	32..58	32..67	32..75	32..83	32..92	33..00	33..08	33..17	33..25	33..33
600	39 10	39 20	39 30	39 40	39 50	39 60	39 70	39 80	39 90	40 00
700..	45..62	45..73	45..85	45..97	46..08	46..20	46..32	46..43	46..55	46..67
800	52 13	52 27	52 40	52 53	52 67	52 80	52 93	53 07	53 20	53 33
900..	58..65	58..80	58..95	59..10	59..25	59..40	59..55	59..70	59..85	60..00
1,000..	65..17	65..33	65..50	65..67	65..83	66..00	66..17	66..33	66..50	66..67
2,000	130 33	130 67	131 00	131 33	131 67	132 00	132 33	132 67	133 00	133 33
3,000..	195..50	196..00	196..50	197..00	197..50	198..00	198..50	199..00	199..50	200..00
4,000	260 67	261 33	262 00	262 67	263 33	264 00	264 67	265 33	266 00	266 67
5,000..	325..83	326..67	327..50	328..33	329..17	330..00	330..83	331..67	332..50	333..33
6,000	391 00	392 00	393 00	394 00	395 00	396 00	397 00	398 00	399 00	400 00
7,000..	456..17	457..33	458..50	459..67	460..83	462..00	463..17	464..33	465..50	466..67
8,000	521 33	522 67	524 00	525 33	526 67	528 00	529 33	530 67	532 00	533 33
9,000..	586..50	588..00	589..50	591..00	592..50	594..00	595..50	597..00	598..50	600..00
10,000..	651..67	653..33	655..00	656..67	658..33	660..00	661..67	663..33	665..00	666..67
20,000	1,303 33	1,306 67	1,310 00	1,313 33	1,316 67	1,320 00	1,323 33	1,326 67	1,330 00	1,333 33
30,000..	1,955..00	1,960..00	1,965..00	1,970..00	1,975..00	1,980..00	1,985..00	1,990..00	1,995..00	2,000..00
40,000	2,606 67	2,613 33	2,620 00	2,626 67	2,633 33	2,640 00	2,646 67	2,653 33	2,660 00	2,666 67
50,000..	3,258..33	3,266..67	3,275..00	3,283..33	3,291..67	3,300..00	3,308..33	3,316..67	3,325..00	3,333..33
60,000	3,910 00	3,920 00	3,930 00	3,940 00	3,950 00	3,960 00	3,970 00	3,980 00	3,990 00	4,000 00
70,000..	4,561..67	4,573..33	4,585..00	4,596..67	4,608..33	4,620..00	4,631..67	4,643..33	4,655..00	4,666..67
80,000	5,213..33	5,226 67	5,240 00	5,253 33	5,266 67	5,280 00	5,293 33	5,306 67	5,320 00	5,333 33
90,000..	5,865..00	5,880..00	5,895..00	5,910..00	5,925..00	5,940..00	5,955..00	5,970..00	5,985..00	6,000..00

	420 JOURS, ou 14 MOIS.	450 JOURS, ou 15 MOIS.	480 JOURS, ou 16 MOIS.	510 JOURS, ou 17 MOIS.	540 JOURS, ou 18 MOIS.	570 JOURS, ou 19 MOIS.	600 JOURS, ou 20 MOIS.	630 JOURS, ou 21 MOIS.	660 JOURS, ou 22 MOIS.	690 JOURS, ou 23 MOIS.
fr.	fr. c.	fr. c.	fr. c.	fr. c.	fr. c.	fr. c.	fr. c.	fr. c.	fr. c.	fr. c.
1..	0..07	0..07	0..08	0..08	0..09	0..09	0..10	0..10	0..11	0..11
2	0 14	0 15	0 16	0 17	0 18	0 19	0 20	0 21	0 22	0 23
3..	0..21	0..22	0..24	0..25	0..27	0..28	0..30	0..31	0..33	0..34
4	0 28	0 30	0 32	0 34	0 36	0 38	0 40	0 42	0 44	0 46
5..	0..35	0..37	0..40	0..42	0..45	0..47	0..50	0..52	0..55	0..57
6	0 42	0 45	0 48	0 51	0 54	0 57	0 60	0 63	0 66	0 69
7..	0..49	0..52	0..56	0..59	0..63	0..66	0..70	0..73	0..77	0..80
8	0 56	0 60	0 64	0 68	0 72	0 76	0 80	0 84	0 88	0 92
9..	0..63	0..67	0..72	0..76	0..81	0..85	0..90	0..94	0..99	1..03
10..	0..70	0..75	0..80	0..85	0 90	0..95	1..00	1..05	1..10	1..15
20	1 40	1 50	1 60	1 70	1 80	1 90	2 00	2 10	2 20	2 30
30..	2..10	2..25	2..40	2..55	2..70	2..85	3..00	3..15	3..30	3..45
40	2 80	3 00	3 20	3 40	3 60	3 80	4 00	4 20	4 40	4 60
50..	3..50	3..75	4..00	4..25	4..50	4..75	5..00	5..25	5..50	5..75
60	4 20	4 50	4 80	5 10	5 40	5 70	6 00	6 30	6 60	6 90
70..	4..90	5..25	5..60	5..95	6..30	6..65	7..00	7..35	7..70	8..05
80	5 60	6 00	6 40	6 80	7 20	7 60	8 00	8 40	8 80	9 20
90..	6..30	6..75	7..20	7..65	8..10	8..55	9..00	9..45	9..90	10..35
100..	7..00	7..50	8..00	8..50	9..00	9..50	10..00	10..50	11..00	11..50
200	14 00	15 00	16 00	17 00	18 00	19 00	20 00	21 00	22 00	23 00
300..	21..00	22..50	24..00	25..50	27..00	28..50	30..00	31..50	33..00	34..50
400	28 00	30 00	32 00	34 00	36 00	38 00	40 00	42 00	44 00	46 00
500..	35..00	37..50	40..00	42..50	45..00	47..50	50..00	52..50	55..00	57..50
600	42 00	45 00	48 00	51 00	54 00	57 00	60 00	63 00	66 00	69 00
700..	49..00	52..50	56..00	59..50	63..00	66..50	70..00	73..50	77..00	80..50
800	56 00	60 00	64 00	68 00	72 00	76 00	80 00	84 00	88 00	92 00
900..	63..00	67..50	72..00	76..50	81..00	85..50	90..00	94..50	99..00	103..50
1,000..	70..00	75..00	80..00	85..00	90..00	95..00	100..00	105..00	110..00	115..00
2,000	140 00	150 00	160 00	170 00	180 00	190 00	200 00	210 00	220 00	230 00
3,000..	210..00	225..00	240..00	255..00	270..00	285..00	300..00	315..00	330..00	345..00
4,000	280 00	300 00	320 00	340 00	360 00	380 00	400 00	420 00	440 00	460 00
5,000..	350..00	375..00	400..00	425..00	450..00	475..00	500..00	525..00	550..00	575..00
6,000	420 00	450 00	480 00	510 00	540 00	570 00	600 00	630 00	660 00	690 00
7,000.	490..00	525..00	560..00	595..00	630..00	665..00	700..00	735..00	770..00	805..00
8,000	560 00	600 00	640 00	680 00	720 00	760 00	800 00	840 00	880 00	920 00
9,000..	630..00	675..00	720..00	765..00	810..00	855..00	900..00	945..00	990..00	1,035..00
10,000..	700..00	750..00	800..00	850..00	900..00	950..00	1,000..00	1,050..00	1,100..00	1,150..00
20,000	1,400 00	1,500 00	1,600 00	1,700 00	1,800 00	1,900 00	2,000 00	2,100 00	2,200 00	2,300 00
30,000..	2,100..00	2,250..00	2,400..00	2,550..00	2,700..00	2,850..00	3,000..00	3,150..00	3,300..00	3,450..00
40,000	2,800 00	3,000 00	3,200 00	3,400 00	3,600 00	3,800 00	4,000 00	4,200 00	4,400 00	4,600 00
50,000..	3,500..00	3,750..00	4,000..00	4,250..00	4,500..00	4,750..00	5,000..00	5,250..00	5,500..00	5,750..00
60,000	4,200 00	4,500 00	4,800 00	5,100 00	5,400 00	5,700 00	6,000 00	6,300 00	6,600 00	6,900 00
70,000..	4,900..00	5,250..00	5,600..00	5,950..00	6,300..00	6,650..00	7,000..00	7,350..00	7,700..00	8,050..00
80,000	5,600 00	6,000 00	6,400 00	6,800 00	7,200 00	7,600 00	8,000 00	8,400 00	8,800 00	9,200 00
90,000..	6,300..00	6,750..00	7,200..00	7,650..00	8,100..00	8,550..00	9,000..00	9,450..00	9,900..00	10,350..00

	720 JOURS, ou 24 MOIS. (2 ANS.)	750 JOURS, ou 25 MOIS.	780 JOURS, ou 26 MOIS.	810 JOURS, ou 27 MOIS.	840 JOURS, ou 28 MOIS.	870 JOURS, ou 29 MOIS.	900 JOURS, ou 30 MOIS.	930 JOURS, ou 31 MOIS.	960 JOURS, ou 32 MOIS.	990 JOURS, ou 33 MOIS.
fr.	fr. c.	fr. c.	fr. c.	fr. c.	fr. c.	fr. c.	fr. c.	fr. c.	fr. c.	fr. c.
1..	0..12	0..12	0..13	0..13	0..14	0..14	0..15	0..15	0..16	0..16
2	0 24	0 25	0 26	0 27	0 28	0 29	0 30	0 31	0 32	0 33
3..	0..36	0..37	0..39	0..40	0..42	0..43	0..45	0..46	0..48	0..49
4	0 48	0 50	0 52	0 54	0 56	0 58	0 60	0 62	0 64	0 66
5..	0..60	0..62	0..65	0..67	0..70	0..72	0..75	0..77	0..80	0..82
6	0 72	0 75	0 78	0 81	0 84	0 87	0 90	0 93	0 96	0 99
7..	0..84	0..87	0..91	0..94	0..98	1..01	1..05	1..08	1..12	1..15
8	0 96	1 00	1 04	1 08	1 12	1 16	1 20	1 24	1 28	1 32
9..	1..08	1..12	1..17	1..21	1..26	1..30	1..35	1..39	1..44	1..48
10..	1..20	1..25	1..30	1..35	1..40	1..45	1..50	1..55	1..60	1..65
20	2 40	2 50	2 60	2 70	2 80	2 90	3 00	3 10	3 20	3 30
30..	3..60	3..75	3..90	4..05	4..20	4..35	4..50	4..65	4..80	4..95
40	4 80	5 00	5 20	5 40	5 60	5 80	6 00	6 20	6 40	6 60
50..	6..00	6..25	6..50	6..75	7..00	7..25	7..50	7..75	8..00	8..25
60	7 20	7 50	7 80	8 10	8 40	8 70	9 00	9 30	9 60	9 90
70..	8..40	8..75	9..10	9..45	9..80	10..15	10..50	10..85	11..20	11..55
80	9 60	10 00	10 40	10 80	11 20	11 60	12 00	12 40	12 80	13 20
90..	10..80	11..25	11..70	12..15	12..60	13..05	13..50	13..95	14..40	14..85
100..	12..00	12..50	13..00	13..50	14..00	14..50	15..00	15..50	16..00	16..50
200	24 00	25 00	26 00	27 00	28 00	29 00	30 00	31 00	32 00	33 00
300..	36..00	37..50	39..00	40..50	42..00	43..50	45..00	46..50	48..00	49..50
400	48 00	50 00	52 00	54 00	56 00	58 00	60 00	62 00	64 00	66 00
500..	60..00	62..50	65..00	67..50	70..00	72..50	75..00	77..50	80..00	82..50
600	72 00	75 00	78 00	81 00	84 00	87 00	90 00	93 00	96 00	99 00
700..	84..00	87..50	91..00	94..50	98..00	101..50	105..00	108..50	112..00	115..50
800	96 00	100 00	104 00	108 00	112 00	116 00	120 00	124 00	128 00	132 00
900..	108..00	112..50	117..00	121..50	126..00	130..50	135..00	139..50	144..00	148..50
1,000..	120..00	125..00	130..00	135..00	140..00	145..00	150..00	155..00	160..00	165..00
2,000	240 00	250 00	260 00	270 00	280 00	290 00	300 00	310 00	320 00	330 00
3,000..	360..00	375..00	390..00	405..00	420..00	435..00	450..00	465..00	480..00	495..00
4,000	480 00	500 00	520 00	540 00	560 00	580 00	600 00	620 00	640 00	660 00
5,000..	600..00	625..00	650..00	675..00	700..00	725..00	750..00	775..00	800..00	825..00
6,000	720 00	750 00	780 00	810 00	840 00	870 00	900 00	930 00	960 00	990 00
7,000..	840..00	875..00	910..00	945..00	980..00	1,015..00	1,050..00	1,085..00	1,120..00	1,155..00
8,000	960 00	1,600 00	1,040 00	1,080 00	1,120 00	1,160 00	1,200 00	1,240 00	1,280 00	1,320 00
9,000..	1,080..00	1,125..00	1,170..00	1,215..00	1,260..00	1,305..00	1,350..00	1,395..00	1,440..00	1,485..00
10,000..	1,200..00	1,250..00	1,300..00	1,350..00	1,400..00	1,450..00	1,500..00	1,550..00	1,600..00	1,650..00
20,000	2,400 00	2,500 00	2,600 00	2,700 00	2,800 00	2,900 00	3,000 00	3,100 00	3,200 00	3,300 00
30,000..	3,600..00	3,750..00	3,900..00	4,050..00	4,200..00	4,350..00	4,500..00	4,650..00	4,800..00	4,950..00
40,000	4,800 00	5,000 00	5,200 00	5,400 00	5,600 00	5,800 00	6,000 00	6,200 00	6,400 00	6,600 00
50,000..	6,000..00	6,250..00	6,500..00	6,750..00	7,000..00	7,250..00	7,500..00	7,750..00	8,000..00	8,250..00
60,000	7,200 00	7,500 00	7,800 00	8,100 00	8,400 00	8,700 00	9,000 00	9,300 00	9,600 00	9,900 00
70,000..	8,400..00	8,750..00	9,100..00	9,450..00	9,800..00	10,150..00	10,500..00	10,850..00	11,200..00	11,550..00
80,000	9,600 00	10,000 00	10,400 00	10,800..00	11,200 00	11,600 00	12,000 00	12,400 00	12,800 00	13,200 00
90,000..	10,800..00	11,250..00	11,700..00	12,150..00	12,600..00	13,050..00	13,500..00	13,950..00	14,400..00	14,850..00

fr.	1020 JOURS, ou 34 MOIS. fr. c.	1050 JOURS, ou 35 MOIS. fr. c.	1080 JOURS, ou 36 MOIS. (3 ANS.) fr. c.	1110 JOURS, ou 37 MOIS. fr. c.	1140 JOURS, ou 38 MOIS. fr. c.	1170 JOURS, ou 39 MOIS. fr. c.	1200 JOURS, ou 40 MOIS. fr. c.	1230 JOURS, ou 41 MOIS. fr. c.	1260 JOURS, ou 42 MOIS. fr. c.	1290 JOURS, ou 43 MOIS. fr. c.
1..	0..17	0..17	0..18	0..18	0..19	0..19	0..20	0..20	0..21	0..21
2	0 34	0 35	0 36	0 37	0 38	0 39	0 40	0 41	0 42	0 43
3..	0..51	0..52	0..54	0..55	0..57	0..58	0..60	0..61	0..63	0..64
4	0 68	0 70	0 72	0 74	0 76	0 78	0 80	0 82	0 84	0 86
5..	0..85	0..87	0..90	0..92	0..95	0..97	1..00	1..02	1..05	1..07
6	1 02	1 05	1 08	1 10	1 14	1 17	1 20	1 23	1 26	1 29
7..	1..19	1..22	1..26	1..29	1..33	1..36	1..40	1..43	1..47	1..50
8	1 36	1 40	1 44	1 48	1 52	1 56	1 60	1 64	1 68	1 72
9..	1..53	1..57	1..62	1..66	1..71	1..75	1..80	1..84	1..89	1..93
10..	1..70	1..75	1..80	1..85	1..90	1..95	2..00	2..05	2..10	2..15
20	3 40	3 50	3 60	3 70	3 80	3 90	4 00	4 10	4 20	4 30
30..	5..10	5..25	5..40	5..55	5..70	5..85	6..00	6..15	6..30	6..45
40	6 80	7 00	7 20	7 40	7 60	7 80	8 00	8 20	8 40	8 60
50..	8..50	8..75	9..00	9..25	9..50	9..75	10..00	10..25	10..50	10..75
60	10 20	10 50	10 80	11 10	11 40	11 70	12 00	12 30	12 60	12 90
70..	11..90	12..25	12..60	12..95	13..30	13..65	14..00	14..35	14..70	15..05
80	13 60	14 00	14 40	14 80	15 20	15 60	16 00	16 40	16 80	17 20
90..	15..30	15..75	16..20	16..65	17..10	17..55	18..00	18..45	18..90	19..35
100..	17..00	17..50	18..00	18..50	19..00	19..50	20..00	20..50	21..00	21..50
200	34 00	35 00	36 00	37 00	38 00	39 00	40 00	41 00	42 00	43 00
300..	51..00	52..50	54..00	55..50	57..00	58..50	60..00	61..50	63..00	64..50
400	68 00	70 00	72 00	74 00	76 00	78 00	80 00	82 00	84 00	86 00
500..	85..00	87..50	90..00	92..50	95..00	97..50	100..00	102..50	105..00	107..50
600	102 00	105 00	108 00	111 00	114 00	117 00	120 00	123 00	126 00	129 00
700..	119..00	122..50	126..00	129..50	133..00	136..50	140..00	143..50	147..00	150..50
800	136 00	140 00	144 00	148 00	152 00	156 00	160 00	164 00	168 00	172 00
900..	153..00	157..50	162..00	166..50	171..00	175..50	180..00	184..50	189..00	193..50
1,000..	170..00	175..00	180..00	185..00	190..00	195..00	200..00	205..00	210..00	215..00
2,000	340 00	350 00	360 00	370 00	380 00	390 00	400 00	410 00	420 00	430 00
3,000..	510..00	525..00	540..00	555..00	570..00	585..00	600..00	615..00	630..00	645..00
4,000	680 00	700 00	720 00	740 00	760 00	780 00	800 00	820 00	840 00	860 00
5,000..	850..00	875..00	900..00	925..00	950..00	975..00	1,000..00	1,025..00	1,050..00	1,075..00
6,000	1,020 00	1,050 00	1,080 00	1,110 00	1,140 00	1,170 00	1,200 00	1,230 00	1,260 00	1,290 00
7,000..	1,190..00	1,225..00	1,260..00	1,295..00	1,330..00	1,365..00	1,400..00	1,435..00	1,470..00	1,505..00
8,000	1,360 00	1,400 00	1,440 00	1,480 00	1,520 00	1,560 00	1,600 00	1,640 00	1,680 00	1,720 00
9,000..	1,530..00	1,575..00	1,620..00	1,665..00	1,710..00	1,755..00	1,800..00	1,845..00	1,890..00	1,935..00
10,000..	1,700..00	1,750..00	1,800..00	1,850..00	1,900..00	1,950..00	2,000..00	2,050..00	2,100..00	2,150..00
20,000	3,400 00	3,500 00	3,600 00	3,700 00	3,800 00	3,900 00	4,000 00	4,100 00	4,200 00	4,300 00
30,000..	5,100..00	5,250..00	5,400..00	5,550..00	5,700..00	5,850..00	6,000..00	6,150..00	6,300..00	6,450..00
40,000	6,800 00	7,000 00	7,200 00	7,400 00	7,600 00	7,800 00	8,000 00	8,200 00	8,400 00	8,600 00
50,000..	8,500..00	8,750..00	9,000..00	9,250..00	9,500..00	9,750..00	10,000..00	10,250..00	10,500..00	10,750..00
60,000	10,200 00	10,500 00	10,800 00	11,100 00	11,400 00	11,700 00	12,000 00	12,300 00	12,600 00	12,900 00
70,000..	11,900..00	12,250..00	12,600..00	12,950..00	13,300..00	13,650..00	14,000..00	14,350..00	14,700..00	15,050..00
80,000	13,600 00	14,000 00	14,400 00	14,800 00	15,200 00	15,600 00	16,000 00	16,400 00	16,800 00	17,200 00
90,000..	15,300..00	15,750..00	16,200..00	16,650..00	17,100..00	17,550..00	18,000..00	18,500..00	18,900..00	19,350..00

fr.	1320 JOURS, ou 44 MOIS.	1350 JOURS, ou 45 MOIS.	1380 JOURS, ou 46 MOIS.	1410 JOURS, ou 47 MOIS.	1440 JOURS, ou 48 MOIS. (4 ANS.)	1500 JOURS, ou 50 MOIS.	1560 JOURS, ou 52 MOIS.	1620 JOURS, ou 54 MOIS.	1680 JOURS, ou 56 MOIS.	1800 JOURS, ou 60 MOIS. (5 ANS.)
	fr. c.	fr. c.	fr. c.	fr. c.	fr. c.	fr. c.	fr. c.	fr. c.	fr. c.	fr. c.
1	0..22	0..22	0..23	0..23	0..24	0..25	0..26	0..27	0..28	0..30
2	0 44	0 45	0 46	0 47	0 48	0 50	0 52	0 54	0 56	0 60
3	0..66	0..67	0..69	0..70	0..72	0..75	0..78	0..81	0..84	0..90
4	0 88	0 90	0 92	0 94	0 96	1 00	1 04	1 08	1 12	1 20
5	1..10	1..12	1..15	1..17	1..20	1..25	1..30	1..35	1..40	1..50
6	1 32	1 35	1 38	1 41	1 44	1 50	1 56	1 62	1 68	1 80
7	1..54	1..57	1..61	1..64	1..68	1..75	1..82	1..89	1..96	2..10
8	1 76	1 80	1 84	1 88	1 92	2 00	2 08	2 16	2 24	2 40
9	1..98	2..02	1..07	2..11	2..16	2..25	2..34	2..43	2..52	2..70
10	2..20	2..25	2..30	2..35	2..40	2..50	2..60	2..70	2..80	3..00
20	4 40	4 50	4 60	4 70	4 80	5 00	5 20	5 40	5 60	6 00
30	6..60	6..75	6..90	7..05	7..20	7..50	7..80	8..10	8..40	9..00
40	8 80	9 00	9 20	9 40	9 60	10 00	10 40	10 80	11 20	12 00
50	11..00	11..25	11..50	11..75	12..00	12..50	13..00	13..50	14..00	15..00
60	13 20	13 50	13 80	14 10	14 40	15 00	15 60	16 20	16 80	18 00
70	15..40	15..75	16..10	16..45	16..80	17..50	18..20	18..90	19..60	21..00
80	17 60	18 00	18 40	18 80	19 20	20 00	20 80	21 60	22 40	24 00
90	19..80	20..00	20..70	21..15	21..60	22..50	23..40	24..30	25..20	27..00
100	22..00	22..50	23..00	23..50	24..00	25..00	26..00	27..00	28..00	30..00
200	44 00	45 00	46 00	47 00	48 00	50 00	52 00	54 00	56 00	60 00
300	66..00	67..50	69..00	70..50	72..00	75..00	78..00	81..00	84..00	90..00
400	88 00	90 00	92 00	94 00	96 00	100 00	104 00	108 00	112 00	120 00
500	110..00	112..50	115..00	117..50	120..00	125..00	130..00	135..00	140..00	150..00
600	132 00	135 00	138 00	141 00	144 00	150 00	156 00	162 00	168 00	180 00
700	154..00	157..50	161..00	164..50	168..00	175..00	182..00	189..00	196..00	210..00
800	176 00	180 00	184 00	188 00	192 00	200 00	208 00	216 00	224 00	240 00
900	198 00	202..50	207..00	211..50	216..00	225..00	234..00	243..00	252..00	270..00
1,000	220..00	225..00	230..00	235..00	240..00	250..00	260..00	270..00	280..00	300..00
2,000	440 00	450 00	460 00	470 00	480 00	500 00	520 00	540 00	560 00	600 00
3,000	660..00	675..00	690..00	705..00	720..00	750..00	780..00	810..00	840..00	900..00
4,000	880 00	900 00	920 00	940 00	960 00	1,000 00	1,040 00	1,080 00	1,120 00	1,200 00
5,000	1,100..00	1,125..00	1,150..00	1,175..00	1,200..00	1,250..00	1,300..00	1,350..00	1,400..00	1,500..00
6,000	1,320 00	1,350 00	1,380 00	1,410 00	1,440 00	1,500 00	1,560 00	1,620 00	1,680 00	1,800 00
7,000	1,540 00	1,575..00	1,610 00	1,645..00	1,680..00	1,750 00	1,820 00	1,890 00	1,960 00	2,100 00
8,000	1,760 00	1,800 00	1,840 00	1,880 00	1,920 00	2,000 00	2,080 00	2,160 00	2,240 00	2,400 00
9,000	1,980..00	2,025..00	2,070..00	2,115..00	2,160..00	2,250..00	2,340..00	2,430..00	2,520..00	2,700..00
10,000	2,200..00	2,250..00	2,300..00	2,350..00	2,400..00	2,500..00	2,600..00	2,700..00	2,800..00	3,000..00
20,000	4,400 00	4,500 00	4,600 00	4,700 00	4,800 00	5,000 00	5,200 00	5,400 00	5,600 00	6,000 00
30,000	6,600 00	6,750 00	6,900 00	7,050 00	7,200 00	7,500 00	7,800 00	8,100 00	8,400 00	9,000 00
40,000	8,800 00	9,000 00	9,200 00	9,400 00	9,600 00	10,000 00	10,400 00	10,800 00	11,200 00	12,000 00
50,000	11,000..00	11,250..00	11,500..00	11,750..00	12,000..00	12,500..00	13,000..00	13,500..00	14,000..00	15,000..00
60,000	13,200 00	13,500 00	13,800 00	14,100 00	14,400 00	15,000 00	15,600 00	16,200 00	16,800 00	18,000 00
70,000	15,400..00	15,750..00	16,100 00	16,450..00	16,800..00	17,500..00	18,200..00	18,900..00	19,600..00	21,000..00
80,000	17,600 00	18,000 00	18,400 00	18,800 00	19,200 00	20,000 00	20,800 00	21,600 00	22,400 00	24,000 00
90,000	19,800..00	20,250..00	20,270..00	21,150..00	21,600..00	22,500..00	23,400..00	24,300..00	25,200..00	27,000..00

REMARQUES

SUR LES TABLEAUX CI-CONTRE

ET LE CALCUL DES INTÉRÊTS,

A LA suite des tableaux d'intérêt, je ne crois pas déplacé de parler ici de quelques moyens faciles d'obtenir, presque sans calcul, l'intérêt de certaines sommes, pour quelque nombre de jours qu'on ait à les compter.

On a dû remarquer, dans les tableaux qui précèdent, que l'intérêt de 6,000 fr., à demi pour cent par mois, donne constamment pour résultat un nombre qui est le même que celui des jours, en considérant ces derniers comme francs; ainsi, 6,000 fr. pour 179 jours, produisent 179 fr. C'est de cette donnée que nous allons déduire des rapports qui dispensent, pour ainsi dire, de calculs et de recherches.

Pour 6,000, portez comme francs le nombre des jours que vous avez à calculer.

Exemple : 6,000 pour 299 jours, donnent........................... 299 fr. 00 c.

Pour 5,000, prenez d'abord la moitié des jours et ensuite le tiers.

Exemple : 5,000 pour 129 jours $\left\{ \begin{array}{l} \frac{1}{2} \text{ des jours, } 64 \quad 50 \\ \frac{1}{3} \text{ des jours, } 43 \quad 00 \end{array} \right\}$............ 107 50

Pour 4,000, prenez deux fois le tiers du nombre des jours.

Exemple : 4,000 pour 321 jours $\left\{ \begin{array}{l} \frac{1}{3} \text{ des jours........ } 107 \quad 00 \\ \frac{1}{3} \text{ une seconde fois, } 107 \quad 00 \end{array} \right\}$...... 214 00

Pour 3,000, prenez la moitié des jours.

Exemple : 3,000 pour 126 jours, $\frac{1}{2}$ des jours, 63.................... 63 00

Pour 2,000, prenez le tiers des jours.

Exemple : 2,000 pour 184 jours, $\frac{1}{3}$ des jours, 61 34................. 61 34

Pour 1,000, prenez le sixième des jours.

Exemple : 1,000 pour 84 jours, $\frac{1}{6}$ des jours, 18.................... 18 00

Ces proportions, comme on le voit, ont pour principe le rapport de 6,000 avec les autres sommes; d'où il suit que si, au lieu de 6,000 fr., j'ai à calculer 600 fr. pour un certain nombre de jours, il me suffira de retrancher du produit de 6,000 fr. le premier chiffre à droite, et de le considérer comme dixaine de centimes, ainsi des autres nombres, ce qui est en prendre le dixième.

Ainsi, puisque 6,000 pour 299 jours donnent 299 fr.,

600 fr.	pour 299 jours donneront	29 fr.	90 c.,	dixième du produit de 6,000;
500	pour 129 jours.........	10	75	dixième du produit de 5,000;
400	pour 321 jours.........	21	40	dixième du produit de 4,000;
300	pour 126 jours.........	6	30	dixième du produit de 3,000;
200	pour 184 jours.........	6	13	dixième du produit de 2,000;
100	pour 84 jours..........	1	80	dixième du produit de 1,000.

16

Il faut, par conséquent, opérer sur ces centaines comme s'il s'agissait de mille, et prendre le dixième.

On aperçoit aisément les rapports d'autres nombres avec 6,000, tels que 1,200, 1,500; qui en font le cinquième et le quart, et il serait facile de les pousser plus loin; il suffira de faire remarquer que, pour des sommes au dessus de 6,000 fr., on peut, ainsi qu'on l'a fait pour des sommes au dessous, se servir des proportions ci-dessus établies, lorsque ces sommes ne leur sont pas étrangères. Ainsi, pour avoir le produit de l'intérêt de 9,000 fr. pour 58 jours, on prendra d'abord 6,000 fr. pour 58 jours.. 58 fr.
et ensuite pour 3,000 fr., la moitié du nombre des jours.............................. 29

Total............ 87

Et ainsi de suite pour d'autres sommes.

Dans le calcul des intérêts, on ne compte pas les centimes, lorsqu'ils ne s'élèvent pas jusqu'à cinquante; mais lorsque les centimes passent cinquante, on ajoute un franc à la somme sur laquelle on opère. Ainsi, 6,781 45 ne seront considérés que comme 6,781, et 6,781 75 seront calculés pour 6,782 fr. Dans un compte courant cette différence se balance, et dans un calcul isolé, elle est presqu'insensible.

De tous les moyens employés pour obtenir le calcul des intérêts, il est assez généralement reconnu que celui des parties aliquotes est le plus simple, le plus expéditif et le moins sujet à erreurs, parce qu'il met constamment en action le raisonnement.

Le calcul des intérêts est simplement une règle de cent, ainsi que l'annonce la locution même que l'on emploie pour désigner le taux de l'intérêt : on dit l'intérêt est à cinq ou six pour cent par an. Il ne s'agit donc que de bien saisir les rapports qui existent entre six pour cent l'an et un certain nombre de jours donnés. L'année étant composée de douze mois, on comprend aisément que demi pour cent par mois est l'équivalant de six pour cent l'an; par la même raison, un pour cent par soixante jours (ou pour deux mois) représente également six pour cent l'an.

C'est à ce dernier rapport qu'il faut s'arrêter pour opérer, parce que la proportion est amenée au point le plus simple possible, qui est un pour cent.

Ainsi, soixante jours équivalant un pour cent, 860 fr. pour 60 jours, donneront 8 fr. 60 c. d'intérêt, produit qui est la somme même dont on cherche l'intérêt, séparée de manière que les nombres centenaires deviennent francs et les deux premiers chiffres à droite des centimes.

Puisque la somme dont on veut avoir un intérêt à 6 pour cent l'an, a un rapport si simple avec 60 jours, dont le produit est tout écrit, il ne reste plus qu'à connaître le rapport que peut avoir un certain nombre de jours donné avec soixante jours, et faire subir à la somme les mêmes altérations ou augmentations que subira le nombre de jours dans ses rapports avec 60.

Je veux savoir combien 1,260 fr. rapporteront pour 90 jours. Par ce qui est dit ci-dessus,
1,260 fr. pour 60 jours, produisent.. 12 fr. 60 c.
Reste 30, moitié de 60; par conséquent, 30 jours produiront............. 6 30

Ainsi, 1,260 fr. pour 90 jours donnent....................................... 18 90
Si, au lieu de 90 jours, j'avais 96 jours, j'ajouterais au produit ci-dessus le dixième de 1,260 fr., qui est.. 1 26

Et j'aurais pour produit.. 20 16

Cet exemple suffit pour faire connaître la facilité d'obtenir le calcul des intérêts par les parties aliquotes; et je terminerai en indiquant les proportions qu'il faut employer pour opérer avec des nombres de jours au dessous de 60, en prenant ce nombre pour base. Pour plus de clarté, j'applique l'exemple au précepte.

		fr.	c.	fr.	c.
1,860 pour 50 jours, prenez	pour 30 jours moitié (du produit de 60 jours)	9	30	15	50
	pour 20 jours le tiers *idem*	6	20		
1,296 pour 40 jours, prenez	pour 20 jours le tiers	4	32	8	64
	pour 20 jours le tiers	4	32		
1,970 pour 30 jours, prenez moitié				9	85
3,993 pour 20 jours, prenez le tiers				13	31
672 pour 10 jours, prenez le sixième				1	12
1,240 pour 9 jours, prenez	pour 6 jours le dixième	1	24	1	86
	pour 3 jours moitié du produit du dixième	»	62		
2,490 pour 8 jours, prenez	pour 6 jours le dixième	2	49	3	32
	pour 2 jours le tiers du dixième	»	83		
3,663 pour 7 jours, prenez	pour 6 jours le dixième	3	66	4	27
	pour 1 jour, le sixième du dixième	»	61		
841 pour 6 jours, prenez le dixième				»	84
1,800 pour 5 jours, prenez le douzième				1	50
2,792 pour 4 jours, prenez	pour 2 jours, le tiers du dixième	»	93	1	86
	pour 2 jours, le tiers du dixième	»	93		
943 pour 3 jours, prenez moitié du dixième				»	47
2,191 pour 2 jours, prenez le tiers du dixième				»	73
1,980 pour 1 jour, prenez le sixième du dixième				»	66

Voici une application de ces proportions :

3,939 pour 68 jours	pour 60 jours	39	39	44	63
	pour 6 jours, le dixième	3	93		
	pour 2 jours le tiers du dixième	1	31		
2,550 pour 186 jours	pour trois fois 60 jours	75	50	78	05
	pour 6 jours le dixième	2	55		

Dans ces proportions, on a fait souvent usage du dixième, à cause de la facilité de l'obtenir, puisqu'il est tout écrit par la somme elle-même que l'on a à calculer.

Quand le taux de l'intérêt varie, il faut changer la proportion, et trouver le nombre des jours qui donne un pour cent. A cinq pour cent, 72 jours donnent un pour cent;
A quatre pour cent, 90 jours donnent un pour cent;
A trois pour cent, 120 jours donnent un pour cent;
et ainsi de suite.

Pour s'assurer que la proportion est exacte, il faut multiplier le nombre de jours qui sert de proportion par le taux de l'intérêt, et trouver pour résultat 360 jours. Ainsi, 60 jours, multipliés par 6 (intérêt à six pour cent l'an), donnent 360; 90 jours multipliés par 4 (intérêt à quatre pour cent l'an), donnent 360.

MODÈLE
DE
COMPTE-COURANT.

N° I.

DOIT.

PIERRE LEDUC *de Rouen, son compte capi*

DATES DES ENVOIS et DES PAIEMENS.	SOMMES en capitaux.	SOMMES en détail.	Pertes à tant pour cent sur les encaissemens.	DÉSIGNATION DES PAIEMENS ET DES REMISES.	ÉCHÉANCES des EFFETS.	Nombre des Jours.	INTÉ au débit. A transporter au crédit de l'avoir.
1811 Octobre 5	2,000 00	0 00	» »	Payé son mandat ord. Lucquet.......	5 Octobre.	87 jours.	29 »
		1,000 00	1 »	Bt Larderon, à Louviers.... n° 741	31 »	61 »	10 17
		250 87	» 1/2	» Cuvillier, à Rouen.......... 743	15 Novembre.	46 »	1 92
» 11	2,750 87	550 00	» 3/4	» Torderas, à Ecouis.......... 744	18 »	43 »	3 94
		650 00	1 »	» Gavineau, à Fécamp (400 f. sols) 751	25 »	36 »	3 90
		300 00	1 »	» Toulibois, à Falaise......... 769	30 »	31 »	1 55
» 31	3,000 00	0 00	» »	Payé son billet, ord. Jn Deslandes...	31 Octobre.	61 »	30 50
Novemb. 5	1,887 65	987 65	1 1/2	Bt Scholberg, à Neufchâtel..... 917	15 Novembre.	46 »	7 57
		900 00	1 1/2	Te S. Millot, à Saint-Valery... 918	25 »	36 »	5 40
» 6	400 00	0 00	» »	Payé son mandat ord. Leroy........	6 »	55 »	3 67
» 9	1,500 00	0 00	» »	Payé son billet ord. Monteronville...	9 »	52 »	13 »
» »	509 45	0 00	» »	Retour de son Billet Migeot, protesté n° 9893..........................	7 »	54 »	4 59
		1,975 31	» 1/2	Te Bourganeuf, à Rouen....... 804	30 »	31 »	10 21
» 12	3,654 32	888 89	1 1/4	Bt Lousy, à Cany (1/2 sol)..... 805	5 Décembre.	26 »	3 85
		197 53	1 »	» Couroux, à Fécamp......... 704	10 »	21 »	» 69
		592 59	» 1/2	» Lobsnech, à Rouen.......... 903	11 »	20 »	1 98
» 21	1,021 50	0 00	» »	Cte de retour au Bt Mery, n° 9704...	20 Novembre.	41 »	6 97
		500 00	» »	Payé son mandat, ordre Pelletreau..			
» 30	3,000 00	1,000 00	» »	» son billet ordre Louvet..........	30 »	31 »	15 50
		1,500 00	» »	» son mandat ordre Fariau.........			
Décemb. 3	1,500 60	600 45	» 1/2	Bt Bonnefoy, à Rouen......... 959	31 Décembre.	époque.	» »
		900 15	1 »	Te S. Carneville, à Dieppe..... 964	15 Janvier.	15 jours.	» »
» 19	8 47	0 00	» »	Ne bénéfice au compte de retour de ce jour..........................	19 Décembre.	12 »	» 01
		789 75	1 »	Bt Henriquel, à Fécamp........ 979	15 Janvier.	15 »	» »
» 27	3,789 75	1,500 00	» 1/2	» Dupont, à Rouen........... 980	31 »	31 »	» »
		1,500 00	» 1/2	» Tourneur, à Rouen.......... 987	5 Février.	36 »	» »
				Pertes de places sur ses remises et Commissions.			
		49 50		Ma Comon à 1/2 p. o/o pour paiemens à mon domicile de........ 9,900 00			
		163 64		Ma do.... à.. 4 p. o/o pour la vente des cafés mt à.............. 3,091 90			
		7 40		Perte de places à » 1/2 p. o/o sur ses remises mt à.............. 1,481 48			
		3 70		Do....... do.. à » 3/4 » » sur..... do... mt à............... 493 83			
» 31	345 10	1 77		Do....... do.. à 1 » » » sur..... do... mt à.............. 177 04			
		43 21		Do....... do.. à 1 1/2 » » sur..... do... mt à.............. 2,881 48			
		30 18		Do....... do.. à 2 » » » sur..... do... mt à.............. 1,509 14			
		35 70		Do pour sols... à 3 » » » sur la somme de................ 1,190 00			
		10 00		Remboursement des ports de lettres.......................... 0 00			
				Intérêts que je porte au crédit (en les inversant).....			154 42
	25,267 71						

Annulé par le tran

1812 Janvier 1. 273 58 *Balance du compte précédent valeur, 31 Décembre.*

AVOIR.

…intérêt à six pour cent l'an, fixé au 31 décembre, chez LÉON JANCY
…aris.

DATES DES ENVOIS et DES PAIEMENS.	SOMMES en capitaux.	SOMMES en détail.	Pertes à tant pour cent sur les encaissemens.	DÉSIGNATION DES PAIEMENS ET DES REMISES.	ÉCHÉANCES des EFFETS.	Nombre des Jours.	INTERÊTS au DÉBIT.	INTERÊTS au CRÉDIT.
11 Octobre 1	2,577 54	0 00	» »	Solde de son compte précédent.	1 Octobre.	91 jours.	39 10	» »
		1,000 00	» »	Bt Mery, à Paris.......... n° 9704	20 Novembre.	41 »	6 83	» »
» 15	2,801 00	890 90	» »	» Rollandeau, à Paris......... 9705	23 »	38 »	5 63	» »
		910 10	» »	» Carneville, à Paris.......... 9706	30 »	31 »	4 70	» »
» 31	1,500 00	0 00	1 1/2	Te S. et Bonnet, à Rochefort.. 9881	25 Octobre.	67 »	16 75	» »
		493 83	» 1/2	Bt Louston et Ce, à Versailles. 9890	5 Novembre.	56 »	4 62	» »
		592 59	» »	Bt Dolsus jeune, à Paris....... 9891	6 »	55 »	5 43	» »
Novemb. 3	3,095 56	1,000 00	2 »	Te S. Lantonnet, à Dinan (1/2 sol)...................... 9899	7 »	54 »	9 »	» »
		500 00	» »	Bt Migeot, à Paris............ 9893	7 »	54 »	4 50	» »
		509 14	2 »	» Henry fils aîné, à Mende.... 9895	30 »	31 »	2 63	» »
» 15	991 17	0 00	» »	» Latourette, à Paris......... 9914	15 »	46 »	7 60	» »
» 20	4,091 90	0 00	» »	Net produit de la vente de neuf balles de café, à Puissoneau de Paris, déduction faite de 2 p. o/o, suivant avis de ce jour..................	20 »	41 »	27 96	» »
» 21	1,000 00	0 00	» »	Reçu de Laurent, espèces pour son compte........................	21 »	40 »	6 67	» »
» »	9 10	0 00	» »	Son bénéfice au compte de retour envoyé ce jour.................	21 »	40 »	» 06	» »
		987 65	» 1/2	Bt Carneville, à Saint-Cloud... 9944	10 »	51 »	8 40	» »
Décemb. 3	3,040 00	177 04	1 »	Te Schillat, à Rennes. 9945	10 Janvier.	10 »	» »	» 29
		1,381 48	1 1/2	Bt Lucy (moitié sols), Ham... 9946	17 »	17 »	» »	3 91
		493 83	» 3/4	» Goudmant à Rheims...... 9947	31 »	31 »	» »	2 55
» 19	920 97	0 00	» »	Cte de retour au n° 918, sur Saint-Valery.	19 Décembre.	12 »	1 84	» »
» 31	4,900 00	0 00	» »	Ne mandat sur lui à vue, ordre Gavineau...	31 »	époque.	» »	» »
							151 72	6 75
				Pertes de places sur mes remises et Commissions.				
		24 50		Sa Comon de 1/2 p. o/o pour le paiement de mon mandat de...... 4,900 00				
		32 10		Perte de places à » 1/2 p. o/o sur ses remises mt à.............. 6,419 22				
		4 12		Do....... do.. à » 3/4 » » sur..... do... mt à............... 550 00				
» 31	155 37	38 37		Do....... do.. à 1 » » » sur..... do... mt à............... 3,837 43				
		11 10		Do....... do.. à 1 1/4 » » sur..... do... mt à............... 888 89				
		28 30		Do....... do.. à 1 1/2 » » sur..... do... mt à............... 1,887 65				
		16 88		Do pour sols... à 3 » » » sur..... do... mt à............... 844 00				
				Report des intérêts des deux colonnes du débit......			20 97	154 42
	25,082 61							161 17
» 31	11 52	0 00		Balance des intérêts en faveur de M. Leduc..............................			» »	11 52
» 31	273 58	0 00		Net ce que doit M. Leduc pour balance, au 31 décembre.................			172 69	172 69
	25,367 71							

OBSERVATIONS

SUR LES COMPTES-COURANS,

ET EXPLICATION DE CEUX FIGURÉS CI-APRÈS.

~~~~~~~~~~~~~~~

La grande variété que j'ai reconnue dans le dressement des comptes courans m'a donné l'idée d'en présenter deux tableaux. Je suis loin de prétendre donner aucune règle à cet égard ; mon intention seulement est d'offrir aux personnes qui n'ont pas l'habitude d'établir ces sortes de comptes, des modèles accompagnés d'explications claires et succinctes sur la nature des comptes mêmes et leurs balances.

On a pu remarquer que, sur vingt comptes produits, souvent il n'y en a pas deux qui se ressemblent ; chacun le dispose à sa manière. Les uns ne créditent des remises qui leur sont faites qu'après leurs échéances et leur encaissement ; les autres en déduisent aussitôt réception, les frais de recouvremens ; celui-ci met les noms des payeurs et des villes avant la somme, inscrit d'abord l'échéance, le nom de la ville du paiement, et ensuite celui du payeur ; celui-là ne met les capitaux qu'en fin de ligne. Les uns portent les intérêts sur deux colonnes, les autres en une seule, et quelques-uns même sur des feuilles supplémentaires et détachées du compte. Ce défaut d'uniformité nuit beaucoup à la facilité de la vérification, parce qu'avant de reconnaître ces comptes il faut en faire, pour ainsi dire, une étude particulière : en saisir la méthode et le rapport avec la tenue des livres de la personne qui les reçoit.

Cependant il est certain que dans le nombre des différentes manières employées pour dresser un compte courant, il en existe quelques-unes qui sont préférables aux autres, en ce qu'elles présentent plus de précision et de clarté ; et je pense qu'on peut mettre au nombre de ces dernières celles employées dans les modèles ci-contre.

Le modèle n° I trace toutes les circonstances de recette et de paiement qui se rencontrent habituellement, dans l'espace de quelques mois, entre deux personnes éloignées l'une de l'autre, et dont les rapports et les conditions de compte, réciproquement consentis, sont établis par correspondance. Chaque remise est portée journellement, somme par somme, et telle qu'elle a été envoyée ou reçue. On y voit,

1°. Le rapport du solde d'un compte précédent ;
2°. Paiemens faits pour compte de chaque partie ;
3°. Versemens en espèces faits par un tiers ;
4°. Envois réciproques de billets et traites pour en faire l'encaissement ;

5°. Produit de la vente de marchandises;
6°. Envois de billets protestés avec compte de retour, et partage du bénéfice qui en résulte;
7°. Commissions et pertes réciproques sur les changes de place;
8°. Et enfin, calculs des intérêts de part et d'autre, leurs balances et celle qui résulte du mpte.

Dans le modèle, il y a un compte entre Leduc de Rouen et Jancy de Paris, arrêté au 31 cembre 1811. C'est ce dernier qui dresse et fournit le compte au premier; ainsi, Leduc *it* à Jancy toutes les sommes portées au débit (*ou doit*), qui sont celles que ce dernier a boursées pour payer les mandats que Leduc a tirés sur lui; les billets et traites sur diverses aces, que Jancy lui a adressés pour les encaisser à son profit: ainsi que ce qui lui revient commissions pour les paiemens faits et les marchandises vendues pour compte de Leduc; plus, les intérêts qui se rattachent à tous les déboursés et les effets échus.

L'avoir (*ou le crédit*) de Leduc, chez Jancy, se compose du solde du compte précédent à n profit; de ses envois de traites et billets; du produit de la vente de ses marchandises; d'un rsement en espèces, fait par un tiers, à son profit; de son paiement d'un mandat de Jancy r lui; et enfin, des commissions et pertes de places aux effets dont il a été chargé de faire recouvrement pour compte de Jancy.

Les intérêts, tant pour tout ce qui est échu antérieurement au 31 décembre, que pour ce i échoit postérieurement à cette époque, sont calculés réciproquement à demi pour cent par ois, leur résultat est porté de chaque côté du compte, dans deux colonnes réunies, sous un re commun, *intérêts*; dans la première, *débit*, figurent les intérêts dus pour les époques térieures à celle où le compte est arrêté; et dans la seconde, *crédit*, sont portés les intérêts tout ce qui n'échoit que postérieurement au 31 décembre, calculés à partir de cette époque qu'aux échéances.

Ces intérêts se balancent par un *boni* en faveur de Leduc, de 11 fr. 52 c., qui sont inscrits son crédit. Il en résulte que, pour balancer ce compte, c'est-à-dire, pour rendre égales les ux sommes dues par Leduc à Jancy avec celles que Jancy doit à Leduc, il manque à ce der- r 273 fr. 58 c., que l'on porte au crédit de Jancy pour balance. Cet article forme le pre- er du débit de Leduc pour un compte nouveau qui commence au premier janvier 1812.

La disposition de ce compte n'a pas besoin d'un plus grand développement; la balance des érêts réciproques demande seulement une explication particulière.

Pour effectuer cette balance, il faut transporter indistinctement de l'un ou l'autre côté du mpte le produit des colonnes des intérêts, en ayant soin, dans ce transport, que les totaux s colonnes à transporter soient inscrits dans un ordre inverse, c'est-à-dire, que le débit figure au édit et le crédit au débit. Cette mutation faite, on additionne les deux colonnes, et la somme i manque à la colonne la plus faible pour la rendre égale à la plus forte, est ce qui constitue balance. Ainsi, dans le compte présenté, j'ai transporté à l'*avoir* le total des deux colonnes intérêts du *doit*, et j'ai inscrit 154 fr. 42 c. dans la colonne du crédit des intérêts, et 20 fr. 97 c. ns celle du débit. Il est résulté de cette opération que les intérêts au débit de Jancy ar conséquent au crédit de Leduc) montent à 172 fr. 69 c.; que ceux au crédit de Jancy ar conséquent au débit de Leduc) ne montent qu'à 161 fr. 17 c.; et que, pour les balancer, revient à Leduc 11 fr. 52 c. qui sont portés à son crédit.

Pour bien saisir cette espèce de ricochet, il suffit de considérer les colonnes des intérêts comme s'il s'agissait de capitaux.

En sommes capitales.

Leduc *doit* à Jancy....................................	fr. 25,367.71	
Jancy *doit* à Leduc................................	25,082.61	
Leduc *doit* pour balance............................		fr. 285 10

En intérêts pour les effets échéans antérieurement au 31 décembre.

Leduc *doit* à Jancy................................	154.42	
Jancy *doit* à Leduc................................	151.72	
Leduc *doit* pour balance........................		2 70
		287 80

En intérêts pour les effets échéans au delà du 31 décembre.

Jancy *doit* à Leduc................................	20.97	
Leduc *doit* à Jancy................................	6.75	
Jancy *doit* à Leduc, pour balance...................	14.22	

Comme cette balance est en faveur de Leduc, il faut en porter le résultat à 14 fr. 22 c., en déduction des 287 fr. 80 c. qu'il doit pour les deux premières balances, ci............   14 22

Leduc *doit* donc à Jancy, au 1er janvier, pour balance...   273 58

On a dû remarquer que non seulement Leduc doit à Jancy les capitaux que celui-ci lui a envoyés ou ceux qu'il a payés pour son compte, mais encore qu'il lui doit les intérêts de ces capitaux depuis leurs échéances jusqu'à l'époque de l'arrêté du compte au 31 décembre; car, lorsque Jancy a payé, le 31 octobre, 3,000 fr. pour le billet Leduc, ordre J. Deslandes, il est clair que ce dernier doit non seulement ce capital, mais les intérêts de ce capital depuis le premier novembre jusqu'au 31 décembre. Lorsque Leduc a envoyé à Jancy des effets dont l'échéance se prolonge au delà du 31 décembre, il est encore évident que le premier doit au second l'intérêt de ces effets depuis le 31 décembre jusqu'à leurs échéances, parce que cet intérêt est la perte qu'il doit supporter pour faire reporter au 31 décembre tous les effets qui passent cette échéance, et cela, par la raison que le solde qui doit résulter du compte, porte intérêt à partir de l'époque où il a été convenu d'arrêter le compte.

Jancy doit également des intérêts à Leduc pour les mêmes motifs.

Il suit de ce raisonnement, que l'on peut obtenir le résultat d'un compte en ajoutant aux capitaux les intérêts dus de part et d'autre.

EXEMPLE.

Leduc doit à Jancy,			Jancy doit à Leduc,		
En capitaux................	fr. 25,367	71	En capitaux................	fr. 25,082	61
En intérêts à son débit.......	154	42	En intérêts à son débit.......	151	72
En intérêts au crédit de Jancy, conséquemment au débit de Leduc..................	6	75	En intérêts au crédit de Leduc, conséquemment au débit de Jancy..................	20	97
	25,528	88		25,255	30
			Il revient à Jancy, pour balance.............	273	58
				25,528	88

On peut donc balancer un compte de cette manière; mais l'usage général a adopté le mode indiqué par le tableau.

MODÈLE du Compte-courant n° II.

Le tableau n° II, beaucoup plus simple que le premier, offre un compte courant, en capital et intérêt, de sommes payées et reçues dans le cours d'une année entre Lefranc d'Orléans et Pilavoine de Paris, arrêté au 31 décembre 1811. C'est ce dernier qui fournit le compte au premier.

Les intérêts sont fixés à 6 pour 100 l'an réciproquement, mais ils sont calculés par nombre au lieu de l'être en sommes, et c'est en cela principalement qu'il diffère du premier. Ces nombres sont le produit de la multiplication des jours par les sommes. Ainsi on voit, par exemple (côté du débit), que Lefranc doit 1,975 fr. 31 c., billet Galleran, ordre Musson, au 15 novembre 1811, à lui envoyé par Pilavoine, le 7 octobre. Depuis l'échance de cet effet jusqu'à l'époque de l'arrêté du compte, il y a un intervalle de 46 jours; ces 46 jours, multipliés par 1,975 fr. 31 c., donnent un total de 9,026,426, que l'on pose dans la colonne destinée à recevoir ces nombres, en retranchant les deux premiers chiffres à droite pour simplifier l'opération. Il est à remarquer que cette suppression ne se fait que parce que, dans l'exemple cité, il y a eu multiplication de centimes, et que ces deux chiffres sont d'une valeur presque insensible, puisqu'on opère par des nombres très-forts; mais si la somme multipliée n'a point de centimes, alors il n'y a rien à retrancher, ainsi qu'on peut le voir dans le compte, par la somme qui suit immédiatement celle citée. 1,500 francs billet Goulard, pour 46 jours, donnent 69,000. On multiplie ainsi chaque somme par le nombre des jours; on forme la balance de ces nombres; et, pour obtenir un résultat, on divise cette balance par 6,000 fr. : le quotient de cette division forme la somme à porter dans la colonne des capitaux. Ainsi, dans le tableau, la balance des nombres est de 5,481,641; ce nombre, divisé par 6,000, donne 913 fr. 60 c. : savoir; d'abord, 913 et un reste de 3641, auquel on ajoute deux zéros pour obtenir des centimes au quotient et suppléer aux chiffres supprimés, comme il est dit ci-dessus. Ce reste donne 60 centimes et une petite fraction que l'on néglige.

Pour éviter de faire deux colonnes pour les intérêts, comme dans le compte n° I, on met assez ordinairement en rouge les nombres des jours qu'ont encore à courir, depuis le 31 décembre jusqu'à leurs échéances, les effets qui ne sont payables qu'après l'époque de l'arrêté du compte, lorsque ces chiffres ne sont pas en grand nombre; par conséquent ces nombres rouges ne doivent pas être confondus avec les nombres noirs : ils s'additionnent à part, comme s'ils étaient dans une colonne particulière, et forment un article de crédit pour chaque partie; ce qui s'opère en les transportant en noir d'un côté du compte à l'autre, par la raison expliquée page 65, pour le compte n° I. Ainsi, Lefranc doit en nombres rouges 466,604, qui sont transportés et inscrits en encre noire à son crédit : à son avoir, il y a en nombre rouge 3,810, qui sont aussi transportés à son débit, et également inscrits en encre noire. Ces deux transpositions annulent les nombres rouges, qui ne subsistent plus, de part et d'autre, que pour mémoire, et ne se comptent point dans l'addition des nombres noirs. La balance entre ces derniers s'opère comme de coutume, et se convertit en une somme qui figure dans la colonne des capitaux.

Lefranc doit en nombres noirs 13,059,680 : à son avoir, ou au débit de Pilavoine, ces nombres montent à 18,541,321; donc il revient, en faveur de Lefranc, une balance en nombre de 5,481,641, qui donne, ainsi que nous l'avons déjà dit, 913 fr. 60 c. portés à son crédit.

Les capitaux du compte sont balancés par un solde de 2,419 fr. 78 c. en faveur de Pilavoine; et ce solde forme le premier article d'un compte nouveau au débit de Lefranc.

Dans le modèle, on a divisé par 6,000, parce que l'intérêt est fixé à 6 pour 100 l'an de 360 jours : mais, lorsque l'intérêt est à un autre taux, la multiplication se fait de la même manière; mais le diviseur change, suivant le taux de l'intérêt.

A 1 $\frac{0}{0}$, l'an de 360 jours, il faut diviser par   36,000
  2 $\frac{0}{0}$............... *id.* 18,000
  3 $\frac{0}{0}$............... *id.* 12,000
  4 $\frac{0}{0}$............... *id.*   9,000
  5 $\frac{0}{0}$............... *id.*   7,200
  6 $\frac{0}{0}$............... *id.*   6,000
  7 $\frac{0}{0}$............... *id.*   5,143
  8 $\frac{0}{0}$............... *id.*   4,500
  9 $\frac{0}{0}$............... *id.*   4,000
 10 $\frac{0}{0}$............... *id.*   3,600
 11 $\frac{0}{0}$............... *id.*   3,273
 12 $\frac{0}{0}$............... *id.*   3,000

Si l'intérêt était fixé à un taux accompagné d'un chiffre fractionnaire, comme 5$\frac{1}{2}$, 4$\frac{1}{4}$, ou même à un taux où, sans fraction, le dividende de 36,000 ne pourrait se diviser d'une manière parfaitement exacte, comme dans le taux à 7 et 11 p. $\frac{0}{0}$; il faudrait multiplier les nombres par le taux de l'intérêt, et diviser par 36,000; ou, ce qui est la même chose, par 360, en retranchant les deux derniers chiffres à droite du dividende. S'il était convenu que l'année serait calculée jour pour jour, il faudrait diviser par 36,500 ou 365. On a dû remarquer que les diviseurs portés ci-dessus, multipliés par le taux de l'intérêt, donnent tous 36,000, nombre des jours de l'année commerciale, en retranchant les deux zéros à droite. Cette observation explique pourquoi, dans le cas d'un nombre fractionnaire d'intérêt, on multiplie par le nombre de l'intérêt pour diviser ensuite par 36,000 ou 360.

Il y a beaucoup de banquiers qui ont l'usage de négocier aussitôt réception les remises en traites et effets de commerce qui leur sont faites, et de ne créditer leurs correspondans que du net produit de la négociation. Ainsi, par exemple, on remet 8,000 tirés sur Marseille, à un correspondant d'Anvers, qui les négocie à 1 p. $\frac{0}{0}$: ces 8,000 ne lui produisent que 7,920 f. C'est cette dernière somme, qui figure au compte valeur du jour de la négociation. On sent bien que cette opération ne change point la manière de dresser le compte.

On pourrait multiplier les modèles pour donner ces exemples des changemens que peut subir un compte, mais je m'éloignerais du but que je me suis proposé, et je crois que les deux que je présente suffisent pour donner une idée claire d'un compte courant aux personnes qui n'ont pas l'habitude de les dresser.

Pour terminer cette explication, il me reste à indiquer une manière assez simple de calculer le nombre des jours d'un compte ou pour le vérifier.

Il faut préalablement poser à part, sur un bout de papier, mois par mois, le nombre des jours qui restent à courir depuis la fin de chaque mois jusqu'à la fin de l'année, ou depuis le commencement du compte jusqu'à l'époque à laquelle il a été convenu de l'arrêter.

Dans le modèle n° II, le compte est établi pour les opérations faites depuis le premier janvier jusqu'au 31 décembre. Depuis le 31 janvier jusqu'à la fin de l'année, il y a 334 jours, que je pose, ainsi que pour les autres mois, de la manière suivante :

Janvier	334	Juillet	153
Février	306	Août	122
Mars	275	Septembre	92
Avril	245	Octobre	61
Mai	214	Novembre	30
Juin	184	Décembre	0

Ceci posé, j'en extrais le nombre analogue au mois de la date sur laquelle j'opère, et j'ajoute à ce nombre celui des jours qui manque pour compléter le mois, depuis l'échéance donnée jusqu'à la fin de ce même mois. A l'avoir du compte n° II, premier article, j'ai l'échéance du 13 janvier. Ma note ci-dessus me donne pour janvier .... 334 jours.

A ce nombre j'ajoute les jours qui manquent depuis le 13 janvier pour aller jusqu'à la fin du mois 18

Ce qui forme 352; nombre de jours qu'il fallait trouver, ci 352

Au quatrième article, j'ai pour échéance 19 septembre : ma note indique pour le mois de septembre 92

Du 19 au 30 septembre il y a 11 jours, que j'ajoute au nombre ci-dessus, ci .. 11

Ce qui fait 103 jours que j'avais à trouver, ci 103

Au quinzième article, j'ai pour échéance 15 décembre : ma note me donne, pour le mois de décembre, 0 ; je n'ai donc à compter que le nombre de jours depuis le 15 décembre jusqu'à la fin de ce mois, qui est 16 jours. Il en est ainsi de toutes les échéances.

MODÈLE
DE
COMPTES-COURANS.

N° II.

DOIT.

JACQUES LEFRANC *d'Orléans, son compte cap*
31 *dé*

						JOURS.	
1811 Janvier 10	4,000	»	Envoyé billet Collonre, ordre Mouquet.......	Orléans.	31 Janvier.	334	1,
» 15	3,000	»	» Traite sur Moreau, ordre Bunel.......	»	5 Février.	329	
Février 6	6,000	»	» Mt Carré, ordre Billault.............	»	15 »	319	
» 19	5,000	»	Mon acceptation à traite ordre Gony..........	Paris.	15 Avril.	260	
Mars 1	240	»	Payé la quittance Rossevelarcs................	»	1 Mars.	305	
Avril 9	7,449	54	Remis mt sur Roquesceux.....................	Orléans.	30 Avril.	245	
» 30	745	59	Payé son montant ordre Gouvion.............	Paris.	»	245	
Mai 5	4,500	»	Mon acceptation à sa traite ordre Friand.......	»	31 Juillet.	153	
Juin 25	3,600	»	Payé son mandat sur moi....................	»	25 Juin.	189	
Juillet 20	17,000	»	Remis à lui-même en espèces................	»	20 Juillet.	164	
Août 10	4,000	»	Mon acceptation à sa traite ordre Gurbier.....	»	5 Novembre.	56	
»	6,000	»	D° » Amand......	»	10 »	51	
Novembre 7	3,600	»	Envoyé mt sur Bequerel......................	Orléans.	30 Septembre.	92	
Octobre 7	2,000	»	» Bt Leiris, ordre Gaveau..........	»	31 Octobre.	61	
» 9	1,975	31	» Bt Galleran, ordre Musson..........	»	15 Novembre.	46	
» 15	1,500	»	» Bt Goullard, ordre Beaujonc.........	»	»	46	
Novembre 4	700	»	Payé son mandat ordre Lucque...............	Paris.	4 »	57	
» 25	9,000	»	Mon acceptation à sa traite ordre Mally.......	»	5 Février.	36	
Décembre 1	1,800	»	Remis à lui-même sur son reçu...............	»	1 Décembre.	30	
» 9	2,000	»	Payé son mandat ordre Chevalier.............	»	9 »	22	
» 21	1,975	31	Envoyé Bt Gallice, ordre Dubois.............	Orléans.	10 Janvier.	10	
» 30	3,962	96	» Bt Couvreur, ordre Muller............	»	31 »	31	
			892 20 Commission et dû croire à 3 p. o/o pour la vente de 29,739 12 marchandises.				
» 30	1,081	30	142 50 Commission à 1/2 p. o/o sur mes acceptations mt à.. 28,500 »				
			36 42 Commission à 1/2 p. o/o sur billets pay. à dile mt à.. 7,285 59				
			10 18 Ports de lettres.				
			Nombres rouges du crédit...				
			Balance des nombres..				5,4
	F. 91,130	01	Nombres...........				18,5

F. 2,419 78 Solde ci-contre valeur au 31 Décembre 1812, sauf erreurs et omiss

Paris, ce 31 *Décembre* 18

érêt chez Pierre-Etienne PILAVOINE *de Paris*, *arrêté au* — AVOIR.

					JOURS.	
anvier 13	1,185	18	Reçu billet Lousy, ordre Mielle, Paris.	13 Janvier.	352	427,183
»	2,000	»	Billet Amouraco, ordre Sucy.	15 »	350	700,000
»	3,400	»	Traite Louller, ordre Moular.	»	350	1,190,000
rier 1	4,000	»	Reçu pour son compte de M. Re s.	1 Février.	333	1,332,000
»	21,794	17	Pour autant reçu du produit net de la vente de 55 tonneaux de sucre qu'il m'avait expédiés le 20 janvier dernier.	15 »	319	6,952,340
il 21	7,409	63	Reçu billet Soupé, soupé, ordre Gallice, Paris.	30 Avril.	245	1,815,359
17	2,950	64	» » Tourillon, ordre Mallet.	31 Mai.	214	631,436
5	6,000	»	» de Millet en espèce.	5 Juin.	209	1,254,000
» 30	1,975	31	» billet Gallicart, ordre Théodore.	31 Juillet.	153	302,222
»	987	65	Traite Armet, ordre Geoffroy.	30 Juin.	184	181,727
et 5	9,000	»	Envoi d'espèces qu'il m'a fait par le courier.	5 Juillet.	179	1,611,000
t 15	3,000	»	Reçu billet Henriette, ordre Coulot.	30 Septembre.	92	276,000
embre 1	5,800	»	Traite sur Vasson, ordre Ermier.	»	92	533,600
» 15	7,944	95	Produit de la vente de 19 tonneaux de potasse par lui expédiés le 30 août.	19 Septembre.	103	818,329
embre 12	3,095	10	Reçu billet Elias, ordre Lucquet.	15 Décembre.	16	49,521
embre 19	7,000	»	» » Thomas, ordre Sion, Paris.	31 »	époque.	»
» 3	254	»	» traite S. Silly, ordre Gonr.	15 Janvier.	15	3,810
»			Nombres rouges du débit.			466,604
»	913	60	Intérêts en sa faveur résultant du nombre 5,481,641, divisé par 6,000 pour produire un intérêt à 6 p. o/o l'an.			
»						
	2,419	78	Pour solde débiteur à nouveau valeur.	Décembre.	31	
	F. 91,130	01			Nombres,	18,541,321

TABLE au moyen de laquelle on connaît facilement le nombre de jours qui sépare deux époques quelconques de l'année.

	JANVIER.	FÉVRIER.	MARS.	AVRIL.	MAI.	JUIN.	JUILLET.	AOUT.	SEPTEMBRE.	OCTOBRE.	NOVEMBRE.	DÉCEMBRE.
1		32	60	91	121	152	182	213	244	274	305	335
2		33	61	92	122	153	183	214	245	275	306	336
3		34	62	93	123	154	184	215	246	276	307	337
4		35	63	94	124	155	185	216	247	277	308	338
5		36	64	95	125	156	186	217	248	278	309	339
6		37	65	96	126	157	187	218	249	279	310	340
7		38	66	97	127	158	188	219	250	280	311	341
8		39	67	98	128	159	189	220	251	281	312	342
9		40	68	99	129	160	190	221	252	282	313	343
10		41	69	100	130	161	191	222	253	283	314	344
11		42	70	101	131	162	192	223	254	284	315	345
12		43	71	102	132	163	193	224	255	285	316	346
13		44	72	103	133	164	194	225	256	286	317	347
14		45	73	104	134	165	195	226	257	287	318	348
15		46	74	105	135	166	196	227	258	288	319	349
16		47	75	106	136	167	197	228	259	289	320	350
17		48	76	107	137	168	198	229	260	290	321	351
18		49	77	108	138	169	199	230	261	291	322	352
19		50	78	109	139	170	200	231	262	292	323	353
20		51	79	110	140	171	201	232	263	293	324	354
21		52	80	111	141	172	202	233	264	294	325	355
22		53	81	112	142	173	203	234	265	295	326	356
23		54	82	113	143	174	204	235	266	296	327	357
24		55	83	114	144	175	205	236	267	297	328	358
25		56	84	115	145	176	206	237	268	298	329	359
26		57	85	116	146	177	207	238	269	299	330	360
27		58	86	117	147	178	208	239	270	300	331	361
28		59	87	118	148	179	209	240	271	301	332	362
29		»	88	119	149	180	210	241	272	302	333	363
30		»	89	120	150	181	211	242	273	303	334	364
31		»	90	»	151	»	212	243	»	304	»	365

Pour savoir quel est le nombre de jours depuis le 15 mars jusqu'au 19 octobre, il faut chercher dans la première colonne à gauche, le nombre 15, suivre cette ligne de chiffres horisontalement et s'arrêter à la colonne qui a pour titre *Mars*, on trouve 74. Faites-en autant pour le nombre 19 ; suivez horisontalement jusqu'à la colonne intitulée *Octobre*. Arrivé à ce point, vous trouvez 292. Retranchez de ces 292 le nombre 74, il reste 218, qui est le nombre de jours compris entre le 15 mars et le 19 octobre. Lorsque le mois de février est de 29 jours, il faut en ajouter un au nombre obtenu, si toutefois il se trouvait compris dans les époques données.

MODÈLE *d'un compte de retour sur un billet protesté, suivi de la retraite à vue sur le cédant.*

Compte de retour et frais à un billet souscrit par M. Razier, de la somme de deux mille cinq cents francs, daté de Périgueux, le 11 septembre 1811, payable à Paris, le 31 décembre 1811, au domicile de M. Peronnet, rue Saint-Denis, ordre Boulard, de Toulouse, ordre Millonet, de Dijon, ordre Transif, de Lille, ordre Gueroux, de Calais, mon cédant.

Capital du billet protesté faute de paiement	2,500	»
Protêt	19	50
Timbre de la retraite et du présent	1	90
Courtage et certificat, $\frac{1}{4}$	6	30
Commission à demi pour cent	12	50
Ports de lettres	2	»
	2,542	20
Perte à la négociation de la retraite, à 1 $\frac{1}{2}$ p. $\frac{0}{0}$	38	13
Total	2,580	33

de laquelle somme de deux mille cinq cent quatre-vingts francs trente-trois centimes, je me rembourse sur M. Queroux, de Calais, en ma traite de ce jour, payable à l'ordre de M. Gallet. Paris, le 3 janvier 1812.

PÉRÉCOURT.

Je soussigné, agent de change, certifie avoir négocié à un et demi pour cent la retraite désignée au compte de retour ci-dessus. Paris, *ut suprà.*

B. L. GAIMARD.

Modèle de la retraite qui doit accompagner le compte de retour.

Paris, 3 janvier 1812. *B. P.* 2,580 33

A vue (1), il vous plaira payer à l'ordre de M. Gallet, la somme de deux mille cinq cent quatre-vingts francs trente-trois centimes, dont je me prévaux sur vous, en vertu du compte de retour ci-annexé, sans autre avis de

PÉRÉCOURT.

A Monsieur Queroux, négociant,
à Calais,
(*département du Pas-de-Calais.*)

(1) Voyez les observations ci-après sur les retraites à vue.

MODÈLE d'un compte de retour à une traite non acquittée, suivi de la retraite à époque fixe sur le tireur.

Compte de retour et frais à une traite tirée par Jean Barnay, de Quimper, sur Horry et Compagnie, datée de Quimper, le 10 octobre 1811, de la somme de mille francs, payables dans Paris, par lesdits Horry et Compagnie, accepteurs, le 5 janvier 1812, ordre Leccard, d'Orléans, ordre Maisoncelle, d'Amiens, ordre Mussier, de Dunkerque, ordre Ferraud et Compagnie, de Paris, mes cédans.

Capital du billet protesté faute de paiement....................	1,000	»
Protêt..	5	45
Timbre de la retraite et du présent........................	1	38
Courtage et certificat, ¼.................................	2	50
Commission à demi pour cent.............................	5	»
Ports de lettres..	2	20
Intérêts du retard du 6 janvier au 12.....................	1	»
	1,017	53
Perte à la négociation de la retraite à un pour cent...........	10	17
Total........	1,027	70

de laquelle somme de mille vingt-sept francs soixante-dix centimes, je me rembourse sur M. Antoine Barnay, à Quimper, en ma traite de ce jour sur lui, payable le 12 janvier courant, à l'ordre de M. Rennequin. Paris, le 7 janvier 1812.

BELLECOUR.

Je soussigné, agent de change, certifie avoir négocié à un pour cent de perte la retraite du compte de retour ci-dessus (1). Paris, le 7 janvier 1812.

ANDRÉ GALLIAUD.

(1) Si l'on se remboursait de la traite ci-dessus sur l'un des endosseurs, sur Mussier de Dunkerque, par exemple, le compte de retour pourrait être fait à un et demi de rechange, si tel était le cours du change de Paris sur Dunkerque, et le certificat de l'agent de change attesterait que le cours de rechange de Paris, sur Quimper, est à un pour cent de perte, en ces mots, *certifie en outre que le cours du change de Paris sur Quimper est à un pour cent*, indépendamment du certificat qui constaterait le cours du change de Paris sur Dunkerque.

Modèle de la retraite du présent compte de retour.

Paris, le 7 janvier 1812.   B. P. 1,027 70

Au douze janvier courant, il vous plaira de payer à l'ordre de M. Rennequin, la somme de mille vingt-sept francs soixante-dix centimes, dont je me prévaux sur vous, en vertu du compte de retour ci-annexé, et ce sans avis de

Votre serviteur BELLECOUR.

A M. Antoine Barnay, négociant,
    à Quimper (Finistère.)

OBSERVATIONS

SUR LES COMPTES DE RETOUR.

~~~~~~~~~~~~~~~~~

Le porteur d'une traite protestée faute de paiement, a le droit de prendre son remboursement sur le tireur de la traite, ou indistinctement sur celui des endosseurs qu'il lui plaît de choisir.

Ce remboursement, lorsqu'il a lieu sur le tireur ou sur endosseurs domiciliés hors du lieu où la traite était payable, s'effectue par une retraite accompagnée d'un compte de retour, ou état de frais, dans lequel on comprend le prix du change auquel la retraite a été négociée.

La retraite se fait ordinairement à vue, et le commerce a généralement adopté cet usage, parce que ce moyen opère un remboursement plus prompt ; cependant il offre un inconvénient qu'il suffit d'indiquer pour qu'on en reconnaisse la gravité et qu'on en évite les conséquences.

Je suppose que la retraite au compte de retour de 1,027 fr. 70 cent., sur Quimper, soit payable à vue ; elle se négocie sur la place ; celui qui l'achète l'envoie en paiement à un négociant de Nantes, qui, n'ayant pas lui-même l'occasion de la faire toucher à Quimper, l'a passée à l'ordre d'un tiers ; celui-ci en dispose suivant sa convenance. En définitif, la retraite circule de mains en mains, et n'est présentée au paiement à Quimper, que vers la fin de janvier. Le tiré Bernay ne paie point, et la retraite protestée, retournant dans les mains des endosseurs, revient du 10 au 15 février chez le tireur qui rembourse.

Dans cet état de choses, le tireur n'a point droit de se plaindre du retard que l'on a mis à se présenter au paiement, quel que soit le préjudice qu'il en éprouve. Sa retraite était payable à vue, c'est-à-dire, à la volonté du porteur, qui en a usé suivant sa convenance. Les délais de dénonciation sont écoulés, et par conséquent, les recours contre les endosseurs sont perdus ; il y a plus, le tiré Bernay a refusé légalement le paiement de la retraite, attendu qu'on aurait dû lui dénoncer en tems utile le non paiement de sa traite sur Horry et Compagnie. La retraite qu'on fait sur lui n'équivaut pas à une dénonciation, et, s'il prouve avoir fourni provision à l'échéance de sa traite, on n'a aucune action contre lui.

Généralement, les négocians sont assez exacts à faire recevoir les effets payables à vue, parce que, comme il s'agit de faire rentrer leurs fonds le plus tôt possible, leurs propres intérêts les porte à cette exactitude ; mais ce même esprit d'intérêt quelquefois leur conseille de se débarrasser, par la voie de la négociation, de certains effets sur pays détournés, dont l'encaissement est difficile et la rentrée lente et onéreuse.

20

C'est principalement dans ces occasions que l'on est exposé aux dangers qui accompagnent les retraites à vue.

Une circonstance particulière augmente encore, à leur égard, le péril des déchéances.

Plusieurs tribunaux de commerce ne reconnaissent le droit de recours d'endosseur à endosseur, qu'autant que ce droit est établi par un acte de dénonciation et citation en justice de l'un à l'autre, fait dans les délais voulus par la loi, en sorte qu'un troisième endosseur qui rembourserait, passé le délai de quinze jours, un billet sur simple vu de protêt, sans exiger une dénonciation en tems utile, avec citation en jugement, n'aurait aucun droit de recours contre son cédant. Si, par exemple, ce cédant était de Rouen, on n'aurait point d'action contre lui, attendu que, dans cette ville, on n'admet pas les remboursemens sur simples protêts, quand la demande n'est point faite dans la quinzaine qui suit le protêt, y compris les jours de grâce pour les distances, et qu'on n'a point égard aux endossemens postérieurs d'un effet, quel qu'en soit le nombre, lorsqu'il n'y a point de dénonciation de protêt. A Paris, au contraire, on a jugé que la dénonciation de protêt n'étant exigible que par celui sur lequel on exerce un remboursement, celui-ci pouvait s'en éviter les frais et le désagrément en remboursant l'effet, et que la possession du titre le met dans les mêmes droits que ceux qu'il aurait eu en remboursant sur dénonciation et citation.

Je pense donc qu'il est prudent, par les raisons ci-dessus, de ne former de comptes de retour que sur des cédans dont la solvabilité assure le paiement de la retraite; de limiter la garantie à une échéance très-rapprochée, et de la calculer de telle sorte, qu'en cas d'événement, on soit tenu de la renvoyer assez à tems pour que l'on puisse agir utilement contre les endosseurs du titre originaire. Une échéance fixe à la retraite est donc plus sûre en même tems qu'elle est plus profitable, puisque l'on acquiert par là le droit de porter dans le compte des frais les intérêts depuis le jour du protêt jusqu'à l'époque du remboursement. (Art. 184 Code de Comm.)

Dans le cas où, comme dans le compte de retour de 1,027 fr. 70 cent., la retraite aurait été faite sur un des endosseurs résidant dans un autre lieu que le tireur, le certificat de l'agent de change doit constater, outre le taux de la négociation, le cours du change du lieu où la lettre-de-change était payable sur le lieu d'où elle a été tirée : l'omission de cette formalité annule le compte de retour. En effet, ce double certificat est indispensable pour l'exécution de l'art. 179 du Code de Commerce, qui, en réglant les droits de rechange dus par chaque endosseur, dit qu'à l'égard du tireur, *ce rechange se règle par le cours du change du lieu où la traite était payable, sur le lieu d'où elle a été tirée.* Le certificat particulier donné dans ce cas par l'agent de change, fait connaître la perte que supportera le tireur, qui, aux termes de l'art. 183, ne doit être passible que du rechange qui lui est personnel, et non du rechange supporté par les endosseurs.

MODÈLES

DE BILLET A ORDRE, LETTRES-DE-CHANGE.

Modèle de Billet à Ordre.

Au trente avril prochain, je paierai à l'ordre de M. Roussy, la somme de six cent soixante-douze francs cinquante centimes, valeur reçue en marchandises (en espèces ou de toute autre manière).

Paris, le 5 janvier 1812.

STAINVILLIERS.
Marchand de draps, rue Saint-Honoré, n° 249.

Bon pour 672 fr. 50 cent.

Modèle de Lettre-de-change.

Bayonne, le 15 février 1812. *Bon pour F. 2,000*

A trois mois de date, il vous plaira payer à l'ordre de M. Thelusson, la somme de deux mille francs, valeur en compte, que vous passerez suivant avis de

DUBOURIET.

A Monsieur Lougarnay, négociant,
à Paris.

Acceptée pour deux mille francs.
LOUGARNAY.

Les endossemens des traites et billets doivent être remplis d'une manière régulière, et relater l'ordre, la valeur et la date. L'omission de ces formalités, ou de l'une d'elles, n'opère pas le transport, et l'endossement n'est plus considéré que comme une simple procuration. (Art. 138 du Code de Commerce.)

L'art. 112 met au rang des simples promesses tous billets ou lettres-de-change dans lesquels il y a supposition soit de nom, soit de qualités, soit de domicile, soit même, pour les traites, de lieux d'où elles sont tirées ou dans lesquels elles sont payables. Il est donc très-essentiel, lorsqu'on forme des traites ou que l'on fait souscrire des billets, de remplir ou faire remplir toutes les formalités exigées par la loi, et de n'omettre aucune des conditions qui garantissent la stricte exécution de ces contrats.

On trouvera ci-après différens textes de lettres-de-change en langues anglaise, allemande, espagnole, hollandaise, italienne et portugaise, avec la traduction française en interligne. A la suite de chaque traite est une série des mots qui entrent ordinairement dans la contexture d'une lettre-de-change, avec les noms de nombre, en sorte qu'on pourra non seulement traduire soi-même toutes sortes de lettres-de-change tirées dans ces différens idiômes, mais encore tirer en langue étrangère des traites à toutes sommes et échéances.

Lettre-de-change anglaise, avec sa traduction en interligne.

London, the 30 January 1812.
Londres, le 30 Janvier 1812.

For 6,000 fr.
Pour 6,000 fr.

At usance please to pay on this bill of exchange to M. Biourey or order the sum of
A usance plaire à payer sur cette lettre- de- change à M. Biourey ou ordre la somme de
six thousand francs, value received, and pass the same to account as per advise from
six mille francs, valeur reçue, et passer la même au compte comme par avis de
To M. Laurent, merchant,   Therrougen.
A M. Laurent, marchand,
in Paris.
à Paris.

Traduction des mots qui entrent dans la contexture d'une traite.

At, to,	*A, au.*	Bill.	*Billet.*
Of, of.	*De, du.*	Sole.	*Seule.*
This, the.	*Ce, le.*	Only.	*Unique.*
Sight, at sight.	*Vue, à vue.*	First.	*Première.*
Presentation.	*Présentation.*	Second.	*Seconde.*
On this draugt.	*Sur ce mandat.*	Third.	*Troisième.*
Day, days.	*Jour, jours.*	Of exchange.	*De change.*
Fix.	*Fixe.*	On the present.	*Sur le présent.*
Of sight.	*De vue.*	The present.	*La présente.*
Of date.	*De date.*	Bill.	*Traite.*
Next.	*Prochain.*	The payement of	
Usance.	*Usance.*	which.	*Dont le paiement.*
Double.	*Double.*	Will annul the	
Months.	*Mois.*	others.	*Annulera les autres.*
Year, Year.	*An, année.*	Are not.	*Ne l'étant.*
I will pay.	*Je paierai.*	The sum of.	*La somme de.*
I promise.	*Je promets.*	Francs, cents.	*Francs, centimes.*
Pay, please to pay.	*Payer, veuillez payer.*	Pounds-sterling.	*Livres sterlings.*
I beg of you to.	*Je vous prie de,*	Payable.	*Payable.*
Pay.	*Payer.*	At the house of.	*Au domicile de.*
By order.	*Par ordre.*	By, in.	*Chez, dans.*
And for account of.	*Et pour compte de.*	Value.	*Valeur.*
To the order of.	*A l'ordre de.*	In account.	*En compte.*
To my order.	*A mon ordre.*	Received.	*Reçue.*
Or order.	*Ou ordre.*	Cash (ready money).	*Comptant.*
To our order	*A notre ordre.*	In goods.	*En marchandises.*
My self.	*Moi-même.*	In exchange.	*En échange.*
Our selves.	*Nous-mêmes.*	In species.	*En espèces.*
By this.	*Par cette.*	Gold, silver.	*D'or, d'argent.*
Letter.	*Lettre.*	Equivalant.	*Equivalant.*
Draught.	*Mandat.*	French money.	*Argent de France.*

The said sum.	*Ladite somme.*
At the course of.	*Au cours de.*
Same value.	*Même valeur.*
Received.	*Reçue.*
Understood.	*Entendue.*
Between us.	*Entre nous.*
That yon will pass.	*Que vous passerez.*
That yon will place (put).	*Que vous porterez.*
In account.	*En compte.*
For payment.	*Pour solde.*
Of account.	*De compte.*
Of my sending.	*De mon envoi.*
Yon will debit me for.	*Dont vous débiterez.*
Which yon will credit.	*Dont vous créditerez.*
My account.	*Mon compte.*
Our account.	*Notre compte.*
The reconing of.	*Le compte de.*
According the advise of.	*Suivant l'avis de.*
Without advise.	*Sans l'avis de.*
Advised or not.	*Avisée ou non.*
Of this disposition.	*De cette disposition.*
I am, we are.	*Je suis, nous sommes.*
Your servants.	*Vos serviteurs.*
Your servant.	*Votre serviteur.*
To Mr.	*A monsieur.*
To Messrs.	*A messieurs.*
For.	*Bon pour.*

MONTHS.	MOIS.
January.	*Janvier.*
February.	*Février.*
March.	*Mars.*
April.	*Avril.*
May.	*Mai.*
June.	*Juin.*
July.	*Juillet.*
August.	*Août.*
September.	*Septembre.*
October.	*Octobre.*
November.	*Novembre.*
December.	*Décembre.*

NOMS DE NOMBRE.

One.	1	Twenty one.	21	Five hundred.	500
Two.	2	Twenty two.	22	Six hundred.	600
Three.	3	Twenty three.	23	Seven hundred.	700
Four.	4	Twenty four.	24	Eight hundred.	800
Five.	5	Twenty five.	25	Nine hundred.	900
Six.	6	Twenty six.	26	Thousand.	1,000
Seven.	7	Twenty seven.	27	Two thousand.	2,000
Eight.	8	Twenty eight.	28	Three thousand.	3,000
Nine.	9	Twenty nine.	29	Four thousand.	4,000
Ten.	10	Thirty.	30	Five thousand.	5,000
Eleven.	11	Forty.	40	Six thousand.	6,000
Twelve.	12	Fifty.	50	Seven thousand.	7,000
Thirteen.	13	Sixty.	60	Eight thousand.	8,000
Fourteen.	14	Seventy.	70	Nine thousand.	9,000
Fifteen.	15	Eighty.	80	Ten thousand.	10,000
Sixtteen.	16	Ninety.	90	Twenty thousand.	20,000
Seventeen.	17	Hundred.	100	Thirty thousand.	30,000
Eigtheen.	18	Two hundred.	200	Forty thousand.	40,000
Nineteen.	19	Three hundred.	300	Fifty thousand.	50,000
Twenty.	20	Four hundred.	400	Hundred thousand.	100,000

Lettre-de-change en langue allemande, traduite en français.

Wien, den 15 Jenner 1812.　　　　　　　　　　Gut für F. 1,200.
Vienne, le 15 Janvier 1812.　　　　　　　　　　*Bon pour F. 1,200.*

Ein monat nach dato zahlen sie gegen diesen einzigen wechsel brief an die order des
Un mois après date payez-vous contre cette seule lettre-de-change . à l'ordre de
herrn Luby, die somma von zwölf hundert franken den werth erhalten und stellen es auf
M. Luby, la somme de douze cents francs la valeur reçue et placez-le sur
rechnung laut bericht des
compte suivant avis de　　　　　　　　　　　　　BOURGOIS.

An Herrn Abbey, zu Paris.
A M. Abbey, à Paris.

Traduction des mots qui entrent dans la contexture d'une traite.

An, an, zu.	*A, au, aux.*	Brief.	*Lettre.*
Von, von, der.	*De, du, des.*	Mandat.	*Mandat.*
Der, den, diese, der,		Wechsel zettel.	*Billet.*
die, das.	*Ce, cette, ces, le, la, les.*	Einsig.	*Seul.*
Sicht, auf sicht.	*Vue, à vue.*	Einzig.	*Unique.*
Vorweisung.	*Présentation.*	Erste.	*Première.*
Auf diesen mandat.	*Sur ce mandat.*	Zweyte.	*Deuxième.*
Tag, tagen.	*Jour, Jours.*	Dritte.	*Troisième.*
Fix, bestimte.	*Fixe.*	Wechsel.	*De change.*
Auf sicht.	*De vue.*	Auf die gegen wærtige.	*Sur le présent.*
Das datum.	*De date.*	Gegen wærtig.	*La présente.*
Kunftig.	*Prochain.*	Tratta.	*Traite.*
Monat frist.	*Usance.*	Welche die zahlung.	*Dont le paiement.*
Woche.	*Semaine.*	Vernechlen die andere.	*Annulera les autres.*
Monat.	*Mois.*	Sie sind nicht.	*Ne l'étant.*
Jahr.	*An, année.*	Die summa von.	*La somme de.*
Ich werde bezahlen.	*Je paierai.*	Franken, centimes.	*Francs, centimes.*
Ich verspreche.	*Je promets.*	Livres, sols.	*Livres, sols.*
Bezahlen.	*Payer.*	Florins (gulden).	*Florins.*
Beliebet zu bezahlen.	*Veuillez payer.*	Zahlbar.	*Payable.*
Ich bitte um.	*Je vous prie de.*	In der wohnung von.	*Au domicile de.*
Bezahlen.	*Payez.*	Bei, in.	*Chez, dans.*
Auf befehl (auf ordre).	*Par ordre.*	Werth.	*Valeur.*
Und auf rechnung.	*Et pour compte de.*	In rechnung.	*En compte.*
Auf befehl (à l'ordre).	*A l'ordre de.*	Empfangen.	*Reçue.*
Befehl (ordre).	*Ou ordre.*	Bar geld.	*Comptant.*
Auf mein befehl (ordre).	*A mon ordre.*	In waaren.	*En marchandises.*
Zu unser befehl (ordre).	*A notre ordre.*	In verwechslang.	*En échange.*
Mich selbst.	*Moi-même.*	Klingender munz.	*En espèces.*
Wir, uns, selbst.	*Nous-mêmes.*	Gold, silber.	*D'or, d'argent.*
Durch dies.	*Par cette.*	Der gleiche werth.	*L'équivalant.*

Fransœsisch geld.	*Argent de France.*
Die nemliche summa.	*Ladite somme.*
Nach dem course von.	*Au cours de.*
Nemlich werth.	*Même valeur.*
Empfangen.	*Reçue.*
Verstehen.	*Entendue.*
Zwischen uns.	*Entre nous.*
Das sie ubermachen.	*Que vous passerez.*
Das sie setzen werden.	*Que vous porterez.*
Auf rechnung.	*En compte.*
Auf salde (solde).	*Pour solde.*
Der rechnung.	*De compte.*
Von mein ubersendung.	*De mon envoi.*
Davon sie werden debitiren.	*Dont vous débiterez.*
Davon sie werden creditiren.	*Dont vous créditerez.*
Mein rechnung.	*Mon compte.*
Unsere rechnung.	*Notre compte.*
Die rechnung von.	*Le compte de.*
Laut bericht.	*Suivant l'avis.*
Unter die aviso.	*Sous l'avis.*
Ohne aviso.	*Sans l'avis de.*
Avisirt oder nicht.	*Avisée ou non.*
Wir avisiren.	*Vous avisant.*
Dieser meinung (disposition).	*De cette disposition.*
Gut für.	*Bon pour.*
Ihr diener.	*Votre serviteur.*
Ihre diener.	*Vos serviteurs.*
An herrn.	*A monsieur.*
An die herrn.	*A messieurs.*

MONAT.	MOIS.
Jenner.	*Janvier.*
February.	*Février.*
Mertz.	*Mars.*
April.	*Avril.*
May.	*Mai.*
Juny.	*Juin.*
July.	*Juillet.*
August.	*Août.*
September.	*Septembre.*
October.	*Octobre.*
November.	*Novembre.*
December.	*Décembre.*

NOMS DE NOMBRE.

Ein, eins.	1	Ein und zwanzig.	21	Fünf hundert.	500
Zwey.	2	Zwey und zwanzig.	22	Sechs hundert.	600
Drey.	3	Drey und zwanzig.	23	Sieben hundert.	700
Vier.	4	Vier und zwanzig.	24	Acht hundert.	800
Fünf.	5	Fünf und zwanzig.	25	Neun hundert.	900
Sechs.	6	Sechs und zwanzig.	26	Tausend.	1,000
Sieben.	7	Sieben und zwenzig.	27	Zwey tausend.	2,000
Acht.	8	Acht und zwanzig.	28	Drey tausend.	3,000
Neun.	9	Neun und zwanzig.	29	Vier tausend.	4,000
Zehn.	10	Dreyssig.	30	Fünf tausend.	5,000
Eilf.	11	Vierzig.	40	Sechs tausend.	6,000
Zwölf.	12	Fünfzig.	50	Sieben tausend.	7,000
Dreyzehn.	13	Sechzig.	60	Acht tausend.	8,000
Vierzehn.	14	Siebenzig.	70	Neun tausend.	9,000
Fünfzehn.	15	Achtzig.	80	Zehn tausend.	10,000
Sechszehn.	16	Neunzig.	90	Zwanzig tausend.	20,000
Siebenzehn.	17	Hundert.	100	Dressig tausend.	30,000
Achtzehn.	18	Zwey hundert.	200	Vierzig tausend.	40,000
Neunzehn.	19	Drey hundert.	300	Fünfzig tausend.	50,000
Zwanzig.	20	Vier hundert.	400	Hundert tausend.	100,000

Lettre-de-change espagnole, avec sa traduction en interligne.

Madrid, 29 febrero 1812. Por 1,000 francos.
Madrid, 29 février 1812. Pour 1,000 francs.

A trenta dias de fecha se servira, Usted, de pagar por esta primera de cambio;
A trente jours de date il vous plaira, Monsieur, de payer par cette première de change,
à la orden de signor Gouleux, la cantidad de mil francos, en dinero metalico, valor recibido
à l'ordre de M. Gouleux, la somme de mille francs, en argent métal, valeur reçue
que santaran, V M, segun aviso de su seguro y affecto servidor,
que vous placerez, Monsieur, suivant avis de votre vrai et affectionné serviteur,
A don Garranso, comerciante, en Paris.
A M. Garranso, négociant, à Paris. CANOR.

Traduction des mots qui entrent dans la contexture d'une traite.

A, ao, aos, de, do, dos.	*A, au, aux, de, du, des.*
Esta, esto, estas,	*Ce, cette, ces, le, la, les*
Vista, a vista.	*Vue, à vue.*
Presentacion.	*Présentation.*
Sobre esto mandado,	*Sur ce mandat,*
Dia, dias,	*Jour, Jours.*
Fixo.	*Fixe,*
De vista,	*De vue.*
De fecha.	*De date,*
Proxima.	*Prochain,*
Uso, usos,	*Usance, usances,*
Doble.	*Double.*
Mes, meses,	*Mois.*
Anno, annos.	*An, année.*
Pagere.	*Je paierai.*
Ruego a V M de pagar.	*Je vous prie de payer,*
Se servira V M mandar pagar.	*Veuillez payer.*
Paga usted.	*Payez,*
Per ordine,	*Par ordre.*
E por cuento de,	*Et pour compte de,*
A l'ordine de,	*A l'ordre de,*
O ordine.	*Ou ordre.*
A mi ordine.	*A mon ordre.*
A nuestros ordine,	*A notre ordre.*
Io mismo.	*Moi-même,*
Nos mismos.	*Nous-mêmes.*
Por esta lettra,	*Par cette lettre.*
Billet.	*Billet, mandat.*
Solo,	*Seule,*
Uniquo,	*Unique.*
Primera,	*Première.*
Secunda.	*Deuxième.*
Tierza.	*Troisième.*
De cambio.	*De change.*
Par il presente.	*Sur le présent.*
La presente.	*La présente.*
Trata.	*Traite.*
De quein el pago.	*Dont le paiement.*
Annulera las demas.	*Annulera les autres.*
No habiendo, lo hecho por las demas.	*Les autres ne l'étant.*
La cantidad de.	*La somme de.*
Francos, centinares.	*Francs, centimes.*
Pesos, fuertas.	*Piastres, fortes.*
Reales de plata.	*Réaux de platte.*
Pagadero.	*Payables.*
Al domecilio de.	*Au domicile de.*
Casa de, fulano.	*Chez, dans.*
Valor.	*Valeur.*
En cuenta.	*En compte.*
Recibido,	*Reçue.*
De contado.	*Comptant,*
En mercaderia.	*En marchandises.*
En cambiado,	*En échange.*
Especies.	*En espèces.*
Oro, plata.	*D'or, d'argent.*
Equivalente.	*Equivalant.*
Dinero de Francia.	*Argent de France.*
La dicha cantidad.	*Ladite somme.*
En el courso de.	*Au cours de.*
Al cambio de.	*Au change de.*
Mismo valor.	*Même valeur.*
Entendido,	*Entendue.*

Entre nos otros.	*Entre nous.*
Que anotara.	*Que vous passerez.*
Que asentaran.	*Que vous placerez.*
En cuenta.	*En compte.*
Por saldo.	*Pour solde.*
De cuenta.	*De compte.*
De mi envio.	*De mon envoi.*
De quien encargara.	*Dont vous débiterez.*
De quien abonera.	*Dont vous créditerez.*
Mi cuenta.	*Mon compte.*
Nuestra cuenta.	*Notre compte.*
La cuenta de.	*Le compte de.*
Segun el aviso.	*Suivant l'avis de.*
Con el aviso de.	*Sous l'avis de.*
Sin mas aviso.	*Sans l'avis.*
Avise o no.	*Avisée ou non.*
De esta disposicion.	*De cette disposition.*
De esta lettra de cambio.	*De cette lettre-de-change.*
Avisando le.	*Vous avisant.*
Soi, estoi.	*Je suis.*
Estamos, somos.	*Nous sommes.*
Servidor de usted.	*Votre serviteur.*
Servidor de ustedes.	*Vos serviteurs.*
A don, signor.	*A monsieur.*
A los signores.	*A messieurs.*
Por.	*Bon pour.*

MES.	MOIS.
Enero.	*Janvier.*
Febrero.	*Février.*
Marzo.	*Mars.*
Abril.	*Avril.*
Mayo.	*Mai.*
Junio.	*Juin.*
Julio.	*Juillet.*
Agosto.	*Août.*
Setiembre.	*Septembre.*
Octubre.	*Octobre.*
Noviembre.	*Novembre.*
Deciembre.	*Décembre.*

NOMS DE NOMBRE.

Une, una.	1	Veinte y uno.	21	Quinientos.	500
Dos.	2	Veinte y dos.	22	Seiscientos.	600
Tres.	3	Veinte y tres.	23	Setecientos.	700
Quatro.	4	Veinte y quatros.	24	Ochocientos.	800
Cinco.	5	Veinte y cinco.	25	Novecientos.	900
Seis.	6	Veinte y seiz.	26	Mil.	1,000
Siete.	7	Veinte y siete	27	Dos mil.	2,000
Ocho.	8	Veinte y ocho.	28	Tres mil.	3,000
Nueve.	9	Veinte y nueve.	29	Quatro mil.	4,000
Diez.	10	Trenta.	30	Cinco mil.	5,000
Once.	11	Quaranta.	40	Seis mil.	6,000
Doce.	12	Cinquenta.	50	Siete mil.	7,000
Trece.	13	Sessanta.	60	Ocho mil.	8,000
Quatorce.	14	Setanta.	70	Nueve mil.	9,000
Quince.	15	Ochenta.	80	Diez mil.	10,000
Diez y seiz.	16	Noventa.	90	Veinte mil.	20,000
Diez y siete.	17	Ciento.	100	Trenta mil	30,000
Diez y ocho.	18	Dos cientos.	200	Quaranta mil.	40,000
Diez y neuve.	19	Tres cientos.	300	Cinquenta mil.	50,000
Veinte.	20	Quatro cientos.	400	Cien mil.	100,000

En mettant à la fin de chaque nom de nombre *a* à la place de l'*o*, on obtient le féminin.

Lettre-de-change en langue hollandaise, traduite en français.

Amsterdam, 13 Maart 1812.   Fr. 5oo.
Amsterdam, 13 Mars 1812.   *Fr.* 5oo.

Drie weeken na date, gelieve ued te betaalen deese myne eerste wissel brief
Trois semaines après date, plaise vous à payer cette mienne première lettre-de-change
an de order van de heer Meusemans, de somma van vyf honderd franks, de waarde ontfagen
à l'ordre de M. Meusemans, la somme de cinq cents francs, la valeur reçue
comptant, steld tot reekening als per adwys van
comptant, placer à- compte comme par avis de   GUNTZBERG.
Myn-Heer Locquet, op Paris.
A M. Locquet, à Paris.

Traduction des mots qui entrent dans la contexture d'une traite.

Op, den.	*A, au, aux, le, la, les.*	Eerste.	*Première.*
Deese, die.	*Ce, cette, ces, de, du, des.*	Tweede.	*Deuxième.*
Zigt, op zigt.	*Vue, à vue.*	Derde.	*Troisième.*
Op vertooning.	*A présentation.*	Wissel.	*De change.*
Toonder brief.	*Sur ce mandat.*	Op de teegewordge.	*Sur le présent.*
Dag, dagen.	*Jour, Jours.*	De teegewordge.	*La présente.*
Faste, op den dag.	*Fixe.*	Trata.	*Traite.*
Na zigt, na date.	*De vue, de date.*	Vawelke de betaaling.	*Dont le paiement.*
Weeken.	*Semaines.*	De ander vernietigen.	*Annulera les autres.*
Aanstaande.	*Prochain.*	De ander als niet zynde.	*Les autres ne l'étant.*
Uso.	*Usance.*	De somma van.	*La somme de.*
Dubbeld (double)	*Double*	Franks, centimes.	*Francs, centimes.*
Maand.	*Mois.*	Guldens banco.	*Florins de banque.*
Jaar.	*An, année.*	Betaalbaar.	*Payable.*
Betaal ik.	*Je paierai.*	Ten wooning van.	*Au domicile de.*
Ik beloof te betaalen.	*Je promets payer.*	By, in.	*Chez, dans.*
Ik versoeke te betaalen.	*Je vous prie de payer.*	Waarden in reekening.	*Valeur en compte.*
Gelieve te betaalen.	*Veuillez payer.*	Ontfangen.	*Reçue.*
Betaal.	*Payez.*	Gereedgeld.	*Comptant.*
Per order.	*Par ordre.*	In koopmanschap.	*En marchandises.*
En voor reekening van.	*Et pour compte de.*	In wissiling, ruiling.	*En échange.*
Aan de order van.	*A l'ordre de.*	In specie.	*En espèces.*
Of order.	*Ou ordre.*	Goud, zilver.	*D'or, d'argent.*
Aan myn order.	*A mon ordre.*	Gelyker warde.	*Equivalant.*
Aan onze order.	*A notre ordre.*	Fransch geld.	*Argent de France.*
Myn eygen.	*Moi-même.*	Gemelde somma.	*Ladite somme.*
Ons eygen.	*Nous-mêmes.*	Op de cours van.	*Au cours de.*
Voor deeze brief.	*Par cette lettre.*	Op de wissel.	*Au change de.*
Brief, mandat.	*Billet, mandat.*	Selvde waarde.	*Même valeur.*
Eenige.	*Seule, unique.*	Verstaan.	*Entendue.*

Tuschen uns.	*Entre nous.*
Welke passeeren.	*Que vous passerez.*
Welke zy zal brengen.	*Que vous porterez.*
Op reekening.	*En compte.*
Voor slot.	*Pour solde.*
Van reekening.	*De compte.*
Van myn zending.	*De mon envoi.*
Welke gelieve te debitieren.	*Dont vous débiterez.*
Welke gelieve te crediteeren.	*Dont vous créditerez.*
Myn reekening.	*Mon compte.*
Onze reekening.	*Notre compte.*
De reekening van.	*Le compte de.*
Volgens adwys van.	*Suivant l'avis de.*
Onder adwys van.	*Sous l'avis de.*
Zonder adwys.	*Sans l'avis de.*
Met of zonder adwys.	*Avisée ou non.*
Van deese dispositie.	*De cette disposition.*
Van deese brief wessel.	*De cette lettre-de-change.*
Ik ben.	*Je suis.*

Wy zyn.	*Nous sommes.*
Uw dienaar.	*Votre serviteur.*
Uw dienaars.	*Vos serviteurs.*
Aan myn heer.	*A monsieur.*
Aan myn heeren.	*A messieurs.*
Goed voor.	*Bon pour.*

MAAND. MOIS.

January.	*Janvier.*
February.	*Février.*
Maart.	*Mars.*
April.	*Avril.*
Mey.	*Mai.*
Juny.	*Juin.*
July.	*Juillet.*
Augustus.	*Août.*
September.	*Septembre.*
October.	*Octobre.*
November.	*Novembre.*
December.	*Décembre.*

NOMS DE NOMBRE.

Een.	1	Een en twentig.	21	Vyf honderd.	500
Twee.	2	Twee en twentig.	22	Zes honderd.	600
Drie.	3	Drie en twentig.	23	Zeeven honderd.	700
Vier.	4	Vier en twentig.	24	Agt honderd.	800
Vyf.	5	Vyf en twentig.	25	Negen honderd.	900
Zes.	6	Ses en twentig.	26	Duyzend.	1,000
Zeeven.	7	Seeven en twentig.	27	Twee duyzend.	2,000
Agt.	8	Agt en twentig.	28	Drie duyzend.	3,000
Negen.	9	Negen en twentig.	29	Vier duyzend.	4,000
Tien.	10	Dertig.	30	Vyf duyzend.	5,000
Elf	11	Veertig.	40	Zes duyzend.	6,000
Twaalf.	12	Vyftig.	50	Zeeven duyzend.	7,000
Dertien.	13	Zestig.	60	Agt duyzend.	8,000
Vertien.	14	Zeventig.	70	Negen duyzend.	9,000
Vyftien.	15	Agentig.	80	Tien duyzend.	10,000
Zestien.	16	Negentig.	90	Twentig duyzend.	20,000
Zeventien.	17	Honderd.	100	Dertig duyzend.	30,000
Agtien.	18	Twee honderd.	200	Veertig duyzend.	40,000
Negentien.	19	Drie honderd.	300	Vyftig duyzend.	50,000
Twentig.	20	Vier honderd.	400	Honderd duyzend.	100,000

Lettre-de-change italienne, avec sa traduction en interligne.

Roma, li 15 Febbrajo 1812. Buono per Fr. 1,400.
Rome, le 15 Février 1812. Bon pour Fr. 1,400.

Ad uso pagate por questa prima di cambio; all' ordine del signor Rosolazo, franchi
A usance payez par cette première de change, à l'ordre de M. Rosolazo, francs
mille quattro cento, valuta che porterete al debito del mio conto, secondo l'avviso di
mille quatre cents, valeur dont vous débiterez mon compte, suivant l'avis de
Al signor Bourdon, Parigi.
A M. Bourdon, Paris. GALLICIO.

Traduction des mots qui entrent dans la contexture d'une traite.

A, al, ai, di, del, dei.	*A, au, aux, de, du, des.*
Questo, questa, questi, il, la, li.	*Ce, cette, ces, le, la, les.*
Vista, a vista.	*Vue, à vue.*
Presentazione.	*Présentation.*
Sopra quest' ordine.	*Sur ce mandat.*
Giorno, giorni.	*Jour, Jours.*
Fisso.	*Fixe.*
Vista.	*De vue.*
Data.	*De date.*
Prossimo.	*Prochain.*
Uso, doppio uso.	*Usance, double usance.*
Mese, mesi.	*Mois.*
All' anno.	*A année.*
Pagherò.	*Je paierai.*
Prometto pagare.	*Je promets payer.*
Vi piaccia pagare.	*Veuillez payer.*
Vi prego di pagare.	*Je vous prie de payer.*
Pagate.	*Payez.*
Per ordine.	*Par ordre.*
E per conto di.	*Et pour compte de.*
All' ordine di.	*A l'ordre de.*
O ordine.	*Ou ordre.*
A mio ordine.	*A mon ordre.*
A nostro ordine.	*A notre ordre.*
A noi medesimi.	*Nous-mêmes.*
A me medesimo.	*A moi-même.*
Per questa, per questo.	*Par cette, par ce.*
Cambiale, biglietto.	*Lettre, billet.*
Sola.	*Seule.*
Unica.	*Unique.*
Prima.	*Première.*
Secunda.	*Deuxième.*
Terza.	*Troisième.*
Di cambio.	*De change.*
Sul presente.	*Sur le présent.*
Sulla presente.	*Sur la présente.*
Il di cui pagamento.	*Dont le paiement.*
Annullerà le altre.	*Annulera les autres.*
Le altre non essendulo.	*Les autres ne l'étant.*
La somma di.	*La somme de.*
Franchi, centesimi.	*Francs, centimes.*
Lire, soldi.	*Livres, sols.*
Fiorini.	*Florins.*
Pagabili.	*Payables.*
Al domicilio di.	*Au domicile de.*
Presso, in.	*Chez, dans.*
Valuta.	*Valeur.*
In conto.	*En compte.*
Ricevuta.	*Reçue.*
In contanti.	*Comptant.*
In mercanzie.	*En marchandises.*
In iscambio.	*En échange.*
In monete.	*En espèces.*
Oro, argento.	*D'or, d'argent.*
Equivalenti.	*Equivalant.*
Moneta di Francia.	*Argent de France.*
Al corso di.	*Au cours de.*
Valuta medesima.	*Même valeur.*
Ricevuta.	*Reçue.*
Intesa.	*Entendue.*
Fra noi.	*Entre nous.*
Che passerete.	*Que vous passerez.*
Porterete.	*Porterez.*

In conto.	*En compte.*
Per saldo.	*Pour solde.*
Di conto.	*De compte.*
Della mia spedizione.	*De mon envoi.*
Che porterete al debito.	*Dont vous débiterez.*
Crediterete.	*Créditerez.*
Il mio conto.	*Mon compte.*
Il nostro conto.	*Notre compte.*
Il conto di.	*Le compte de.*
Secondo l'avviso di.	*Suivant l'avis de.*
Sull avviso di.	*Sous l'avis de.*
Senza avviso.	*Sans l'avis.*
Avvisandovi.	*Vous avisant.*
Di questa disposizione.	*De cette disposition.*
Addio.	*Adieu.*
Sono.	*Je suis.*
Siamo.	*Nous sommes.*
Vostri servitori.	*Votre serviteur.*
Vostro servitore.	*Vos serviteurs.*
Buono per.	*Bon pour.*

MESI.	MOIS.
Gennajo.	*Janvier.*
Febbrajo.	*Février.*
Marzo.	*Mars.*
Aprile.	*Avril.*
Maggio.	*Mai.*
Giugno.	*Juin.*
Luglio.	*Juillet.*
Agosto.	*Août.*
Settembre.	*Septembre.*
Ottobre.	*Octobre.*
Novembre.	*Novembre.*
Decembre.	*Décembre.*

NOMS DE NOMBRE.

Uno, una.	1	Ventuno.	21	Cinquecento.	500
Due.	2	Ventidue.	22	Seicento.	600
Tre.	3	Ventitre.	23	Settecento.	700
Quattro.	4	Ventiquattro.	24	Ottocento.	800
Cinque.	5	Venticinque.	25	Novecento.	900
Sei.	6	Ventisei.	26	Mille.	1,000
Sette.	7	Ventisette.	27	Due mila.	2,000
Otto.	8	Vent' otto.	28	Tre mila.	3,000
Nove.	9	Ventinove.	29	Quattro mila.	4,000
Dieci.	10	Trenta.	30	Cinque mila.	5,000
Undici.	11	Quaranta.	40	Sei mila.	6,000
Dodici.	12	Cinquanta.	50	Sette mila.	7,000
Tredici.	13	Sessanta.	60	Otto mila.	8,000
Quattordici.	14	Settanta.	70	Nove mila.	9,000
Quindici.	15	Ottanta.	80	Dieci mila.	10,000
Sedici.	16	Noranta.	90	Venti mila.	20,000
Diciasette.	17	Cento.	100	Trenta mila.	30,000
Diciotto.	18	Ducento.	200	Quaranta mila.	40,000
Dicianove.	19	Trecento.	300	Cinquanta mila.	50,000
Venti.	20	Quattrocento.	400	Cento mila.	100,000

Lettre-de-change portugaise, avec sa traduction en interligne.

Lisboa, 15 Ottubro 1812. Bom por Fr. 2,000.
Lisbonne, 15 Octobre 1812. Bon pour Fr. 2,000.

Aos trinta dias desta unica lettra di cambio, pesso-the que queira pagar a ordem de
A trente jours de cette seule lettre de change, je vous prie de payer à l'ordre de
senhor Piant, la somma de dois mil francos, que pora em conta, conforme o avizo do
M. Piant, la somme de deux mille francs, que vous porterez en compte, suivant l'avis de

Ao senhor Guyard, negociante, em Parigi. Vosso obedient creado,
A M. Guyard, négociant, à Paris. Votre obéissant serviteur,

HUMBERTO.

Traduction des mots qui entrent dans la contexture d'une traite.

A, ao, aos, de, do, dos.	*A, au, aux, de, du, des.*
Este, esta, estes, o, a, os, as.	*Ce, cette, ces, le, la, les.*
Vista, a vista.	*Vue, à vue.*
A prezentaçaô.	*Présentation.*
Sobre este mandado.	*Sur ce mandat.*
Dia, dias.	*Jour, Jours.*
Fixo, fixa.	*Fixe.*
De vista, da vista.	*De vue.*
De data.	*De date.*
Proximo, proxima.	*Prochain.*
Custume, custumes.	*Usance, usances.*
Duplo, dobro, dobrabo.	*Double.*
Mez, mezes.	*Mois.*
Anno, annos.	*An, année.*
Eu pagarei.	*Je paierai.*
Eu prometo de pagar.	*Je promets payer.*
Queira pagar.	*Veuillez payer.*
Pesso-the que queira pagar.	*Je vous prie de payer.*
Pague.	*Payez.*
A ordem, *ou* por ordem.	*Par ordre.*
E por conta de.	*Et pour compte de.*
A ordem de.	*A l'ordre de.*
Ou à ordem.	*Ou ordre.*
A minha ordem.	*A mon ordre.*
A nossa ordem.	*A notre ordre.*
Eu mesmo.	*A moi-même.*
Nos mismos.	*Nous-mêmes.*
Por esta.	*Par cette, par ce.*
Letra de cambio.	*Lettre-de-change.*
Mandato, bilhete.	*Mandat, billet.*
So.	*Seule.*
Unico, unica.	*Unique.*
Primeira.	*Première.*
Segundo, segunda.	*Deuxième.*
Terceiro, terceira.	*Troisième.*
De cambio.	*De change.*
Sobre o prezente.	*Sur le présent.*
A prezente.	*Sur la présente.*
Contracta, convençaô.	*Traite.*
Cujo pagamento.	*Dont le paiement.*
Annulara os otros.	*Annulera les autres.*
Os otros naô sendo.	*Les autres ne l'étant.*
A somma de.	*La somme de.*
Francos, centimos.	*Francs, centimes.*
Reis, cruzados.	*Rès, creusades.*
Pagaveis.	*Payables.*
Em caza, domicilio.	*Au domicile de.*
Caza, em.	*Chez, dans.*
Valor.	*Valeur.*
Em conta.	*En compte.*
Recebida, recebido.	*Reçue, reçu.*
De contado.	*Comptant.*
Em fazendas.	*En marchandises.*
Em Troco.	*En échange.*
Em species.	*En espèces.*
De oiro, de prata.	*D'or, d'argent.*
Equivalente.	*Equivalant.*
Dinheiro de França.	*Argent de France.*
A dita somma.	*Ladite somme.*
Pelo valor, pelo curso de.	*Au cours de.*

Omesmo valor recebido.	*Même valeur reçue.*	Eu sou, nos somos.	*Nous sommes.*
Ouvida.	*Entendue.*	Vossos servos, creados.	*Vos serviteurs.*
Entre nos.	*Entre nous.*	Vosso servo , creado.	*Votre serviteur.*
Que passara.	*Que vous passerez.*	Ao senhor.	*A monsieur.*
Que trara , que levara.	*Que vous porterez.*	Aos senhores.	*A messieurs.*
Em conta.	*En compte.*	Bom por.	*Bon pour.*
Por soldo.	*Pour solde.*		
Por conta.	*Le compte.*		
Da minha remessa.	*De mon envoi.*		
Que pora em divida.	*Dont vous débiterez.*	MEZES.	MOIS.
Que porà em credito.	*Dont vous crediterez.*		
A minha conta.	*Mon compte.*	Janeiro.	*Janvier.*
A nossa conta.	*Notre compte.*	Fevereiro.	*Fevrier.*
A conta de.	*Le compte de.*	Marcs.	*Mars.*
Segundo , con formao		Abril.	*Avril.*
avizo.	*Suivant l'avis de.*	Mayo.	*Mai.*
De ordem de.	*De l'ordre de.*	Junho.	*Juin.*
Debaixo de avizo de.	*Sous l'avis de.*	Julho.	*Juillet.*
Avizada ou naõ.	*Avisée ou non.*	Agosto.	*Aout.*
Avizando vos.	*Vous avisant.*	Setembro.	*Septembre.*
Desta disposiçaõ.	*De cette disposition.*	Oitubro , Outubro.	*Octobre.*
Estou , estamos.	*Je suis.*	Novembro.	*Novembre.*
		Decembro.	*Decembre.*

NOMS DE NOMBRE.

Um.	1	Vinte-um.	21	Quinhentos.	500
Dois.	2	Vinte-dois.	22	Seiscentos.	600
Trez.	3	Vinte-trez.	23	Settecentos.	700
Quatro.	4	Vinte-quatro.	24	Oitocentos.	800
Sinco.	5	Vinte-sinco.	25	Novecentos.	900
Seis.	6	Vinte seis.	26	Mil.	1,000
Sette.	7	Vinte sette.	27	Dois-mil.	2,000
Oito.	8	Vinte-oito.	28	Tres-mil.	3,000
Nove.	9	Vinte-nove.	29	Quatro-mil.	4,000
Dez.	10	Trinta.	30	Sinco-mil.	5,000
Onze.	11	Quarenta.	40	Seis-mil.	6,000
Doze.	12	Sincoenta.	50	Sette-mil.	7,000
Treze.	13	Secenta.	60	Oito-mil.	8,000
Quatorze.	14	Settenta.	70	Nove-mil.	9,000
Quinze.	15	Oitenta.	80	Dez-mil.	10,000
Dezaseis.	16	Noventa.	90	Vinte-mil.	20,000
Dezasette.	17	Cem.	100	Trinta-mil.	30,000
Dezoito.	18	Duzentos.	200	Quarenta-mil.	40,000
Dezanove.	19	Trezentos.	300	Sincoenta-mil.	50,000
Vinte.	20	Quatrocentos.	400	Cem-mil.	100,000

CONCORDANCE *des Calendriers Républicain et Grégorien, depuis* 1793 (*an* 2) *jusques compris l'an* 1822 (*an* 30).

Années républicaines.	1er Vendém.	1er Brumaire.	1er Frimaire.	1er Nivose.	1er Pluviose.	1er Ventose.	1er Germin.	1er Floréal.	1er Prairial.	1er Messidor.	1er Thermid.	1er Fructid.
*	Septemb.	Octobre.	Novembr.	Décembr.	Janvier.	Février.	Mars.	Avril.	Mai.	Juin.	Juillet.	Août.
2	22 » 1793	22 » 1793	21 » 1793	21 » 1793	20 » 1794	19 » 1794	21 » 1794	20 » 1794	20 » 1794	19 » 1794	19 » 1794	18 » 179
3	22 » 1794	22 » 1794	21 » 1794	21 » 1794	20 » 1795	19 » 1795	21 » 1795	20 » 1795	20 » 1795	19 » 1795	19 » 1795	18 » 179
4	23 » 1795	23 » 1795	22 » 1795	22 » 1795	21 » 1796	20 » 1796	21 » 1796	20 » 1796	20 » 1796	19 » 1796	19 » 1796	18 » 179
5	22 » 1796	22 » 1796	21 » 1796	21 » 1796	21 » 1797	19 » 1797	21 » 1797	20 » 1797	20 » 1797	19 » 1797	19 » 1797	18 » 179
6	22 » 1797	22 » 1797	21 » 1797	21 » 1797	20 » 1798	19 » 1798	21 » 1798	20 » 1798	20 » 1798	19 » 1798	19 » 1798	18 » 179
7	22 » 1798	22 » 1798	21 » 1798	21 » 1798	20 » 1799	19 » 1799	21 » 1799	20 » 1799	20 » 1799	19 » 1799	19 » 1799	18 » 179
8	23 » 1799	23 » 1799	22 » 1799	22 » 1799	21 » 1800	20 » 1800	22 » 1800	21 » 1800	21 » 1800	20 » 1800	20 » 1800	18 » 180
9	23 » 1800	23 » 1800	22 » 1800	22 » 1800	21 » 1801	20 » 1801	22 » 1801	21 » 1801	20 » 1801	20 » 1801	20 » 1801	19 » 180
10	23 » 1801	23 » 1801	22 » 1801	22 » 1801	21 » 1802	20 » 1802	22 » 1802	21 » 1802	20 » 1802	20 » 1802	20 » 1802	19 » 180
11	23 » 1802	23 » 1802	22 » 1802	22 » 1802	21 » 1803	20 » 1803	22 » 1803	21 » 1803	21 » 1803	20 » 1803	20 » 1803	19 » 180
12	24 » 1803	24 » 1803	23 » 1803	23 » 1803	22 » 1804	21 » 1804	22 » 1804	21 » 1804	21 » 1804	20 » 1804	20 » 1804	19 » 180
13	23 » 1804	23 » 1804	22 » 1804	22 » 1804	21 » 1805	20 » 1805	22 » 1805	21 » 1805	21 » 1805	20 » 1805	20 » 1805	19 » 180
14	23 » 1805	23 » 1805	22 » 1805	22 » 1805	21 » 1806	20 » 1806	22 » 1806	21 » 1806	21 » 1806	20 » 1806	20 » 1806	19 » 180
15	23 » 1806	23 » 1806	22 » 1806	22 » 1806	21 » 1807	20 » 1807	22 » 1807	21 » 1807	21 » 1807	20 » 1807	20 » 1807	19 » 180
16	24 » 1807	24 » 1807	23 » 1807	22 » 1807	22 » 1808	21 » 1808	22 » 1808	21 » 1808	21 » 1808	20 » 1808	20 » 1808	19 » 180
17	23 » 1808	23 » 1808	22 » 1808	22 » 1808	21 » 1809	20 » 1809	22 » 1809	21 » 1809	21 » 1809	20 » 1809	20 » 1809	19 » 180
18	23 » 1809	23 » 1809	22 » 1809	22 » 1809	21 » 1810	20 » 1810	22 » 1810	21 » 1810	21 » 1810	20 » 1810	20 » 1810	19 » 181
19	23 » 1810	23 » 1810	22 » 1810	22 » 1810	21 » 1811	20 » 1811	22 » 1811	21 » 1811	21 » 1811	20 » 1811	20 » 1811	19 » 181
20	24 » 1811	24 » 1811	23 » 1811	23 » 1811	22 » 1812	21 » 1812	22 » 1812	21 » 1812	21 » 1812	20 » 1812	20 » 1812	19 » 1812
21	23 » 1812	23 » 1812	22 » 1812	22 » 1812	21 » 1813	20 » 1813	22 » 1813	21 » 1813	21 » 1813	20 » 1813	20 » 1813	19 » 1813
22	23 » 1813	23 » 1813	22 » 1813	22 » 1813	21 » 1814	20 » 1814	22 » 1814	22 » 1814	21 » 1814	20 » 1814	20 » 1814	19 » 1814
23	23 » 1814	23 » 1814	22 » 1814	22 » 1814	21 » 1815	20 » 1815	22 » 1815	21 » 1815	21 » 1815	20 » 1815	20 » 1815	19 » 1815
24	24 » 1815	24 » 1815	23 » 1815	23 » 1815	22 » 1816	21 » 1816	22 » 1816	21 » 1816	21 » 1816	20 » 1816	20 » 1816	19 » 1816
25	23 » 1816	23 » 1816	22 » 1816	22 » 1816	21 » 1817	20 » 1817	22 » 1817	21 » 1817	21 » 1817	20 » 1817	20 » 1817	19 » 1817
26	23 » 1817	23 » 1817	22 » 1817	22 » 1817	21 » 1818	20 » 1818	22 » 1818	21 » 1818	21 » 1818	20 » 1818	20 » 1818	19 » 1818
27	23 » 1818	23 » 1818	22 » 1818	22 » 1818	21 » 1819	20 » 1819	22 » 1819	21 » 1819	21 » 1819	20 » 1819	20 » 1819	19 » 1819
28	24 » 1819	24 » 1819	23 » 1819	23 » 1819	22 » 1820	21 » 1820	22 » 1820	21 » 1820	21 » 1820	20 » 1820	20 » 1820	19 » 1820
29	23 » 1820	23 » 1820	22 » 1820	22 » 1820	21 » 1821	20 » 1821	22 » 1821	21 » 1821	21 » 1821	20 » 1821	20 » 1821	19 » 1821
30	23 » 1821	23 » 1821	22 » 1821	22 » 1821	21 » 1822	20 » 1822	22 » 1822	21 » 1822	21 » 1822	20 » 1822	20 » 1822	19 » 1822

MANIÈRE DE SE SERVIR DE CE TABLEAU.

La première colonne indique les années républicaines, et le titre de chaque colonne indique le premier de chaque mois. Tout ce qui se trouve dans le reste du tableau indique l'ère vulgaire.

Pour reconnaître à quel jour de l'ère vulgaire correspond le premier nivose an 13, il faut se servir de la première colonne à gauche, intitulée *Années républicaines*, descendre jusqu'au nombre qui désigne l'an 13, et de là suivre, de gauche à droite, jusqu'à la quatrième colonne, qui a pour titre *Premier Nivose;* arrivé à ce point, on lit 22 » 1804, c'est-à-dire, 22 *Décembre* 1804, qui est l'époque de l'ère vulgaire qui correspond au premier nivose an 13.

Cette première donnée acquise, il est aisé de voir que, si l'on veut trouver une autre date du même ou de tout autre mois, il faut ajouter à l'époque indiquée pour le premier de chaque mois, le nombre des jours qui séparent l'époque connue de celle que l'on cherche.

Ainsi, pour connaître à quelle date correspond le 5 Nivose an 13, il suffit d'ajouter à la date ci-dessus trouvée (22 *Décembre* 1804) quatre jours de plus, ce qui donne 26 *Décembre* 1804; et ainsi de suite pour toute autre date.

Il est utile de rappeler ici que les mois *Janvier*, *Mars*, *Mai*, *Juillet*, *Août*, *Octobre*, *Décembre*, ont 31 jours; que ceux *Avril*, *Juin*, *Septembre* et *Novembre*, ont 30 jours, et que le mois de *Février* varie, suivant que l'année est ou n'est pas bissextile. Depuis 1793 jusques et compris l'an 1814, le mois de Février des années 1796, 1800, 1804, 1808, 1812, 1816 et 1820, a 29 jours; celui des autres années n'en a que 28.

* Le Calendrier français n'a point été suivi dans l'an premier; ce n'est qu'au 22 septembre 1793, correspondant au premier vendémiaire an 2, qu'il a été mis en usage. On a fini de l'employer le 31 décembre 1805, correspondant au 10 nivose an 14.

TARIF de la valeur en francs des écus de 3 et 6 liv., et des louis et doubles louis.

PIÈCES DE 3 LIV.				PIÈCES DE 6 LIV.				PIÈCES DE 24 LIV.				PIÈCES DE 48 LIV.	
écus de 3 liv.	fr. c.	écus de 3 liv.	fr. c.	écus de 6 liv.	fr. c.	écus de 6 liv.	fr. c.	louis.	fr. c.	louis.	fr. c.	doubles louis.	fr. c.
1	2 75	51	140 25	1	5 80	51	295 80	1	23 55	51	1,201 05	1	47 20
2	5 50	52	143 00	2	11 60	52	301 60	2	47 10	52	1,224 60	2	94 40
3	8 25	53	145 75	3	17 40	53	307 40	3	70 65	53	1,248 15	3	141 60
4	11 00	54	148 50	4	23 20	54	313 20	4	94 20	54	1,271 70	4	188 80
5	13 75	55	151 25	5	29 00	55	319 00	5	117 75	55	1,295 25	5	236 00
6	16 50	56	154 00	6	34 80	56	324 80	6	141 30	56	1,318 80	6	283 20
7	19 25	57	156 75	7	40 60	57	330 60	7	164 85	57	1,342 35	7	330 40
8	22 00	58	159 50	8	46 40	58	336 40	8	188 40	58	1,365 90	8	377 60
9	24 75	59	162 25	9	52 20	59	342 20	9	211 95	59	1,389 45	9	424 80
10	27 50	60	165 00	10	58 00	60	348 00	10	235 50	60	1,413 00	10	472 00
11	30 25	61	167 75	11	63 80	61	353 80	11	259 05	61	1,436 55	11	519 20
12	33 00	62	170 50	12	69 60	62	359 60	12	282 60	62	1,460 10	12	566 40
13	35 75	63	173 25	13	75 40	63	365 40	13	306 15	63	1,483 65	13	613 60
14	38 50	64	176 00	14	81 20	64	371 20	14	329 70	64	1,507 20	14	660 80
15	41 25	65	178 75	15	87 00	65	377 00	15	353 25	65	1,530 75	15	708 00
16	44 00	66	181 50	16	92 80	66	382 80	16	376 80	66	1,554 30	16	755 20
17	46 75	67	184 25	17	98 60	67	388 60	17	400 35	67	1,577 85	17	802 40
18	49 50	68	187 00	18	104 40	68	394 40	18	423 90	68	1,601 40	18	849 60
19	52 25	69	189 75	19	110 20	69	400 20	19	447 45	69	1,624 95	19	896 80
20	55 00	70	192 50	20	116 00	70	406 00	20	471 00	70	1,648 50	20	944 00
21	57 75	71	195 25	21	121 80	71	411 80	21	494 55	71	1,872 05	21	991 20
22	60 50	72	198 00	22	127 60	72	417 60	22	518 10	72	1,695 60	22	1,038 40
23	63 25	73	200 75	23	133 40	73	423 40	23	541 65	73	1,719 15	23	1,085 60
24	66 00	74	203 50	24	139 20	74	429 20	24	565 20	74	1,742 70	24	1,132 80
25	68 75	75	206 25	25	145 00	75	435 00	25	588 75	75	1,766 25	25	1,180 00
26	71 50	76	209 00	26	150 80	76	440 80	26	612 30	76	1,789 80	26	1,227 20
27	74 25	77	211 75	27	156 60	77	446 60	27	635 85	77	1,813 35	27	1,274 40
28	77 00	78	214 50	28	162 40	78	452 40	28	659 40	78	1,836 90	28	1,321 60
29	79 75	79	217 25	29	168 20	79	458 20	29	682 95	79	1,860 45	29	1,368 80
30	82 50	80	220 00	30	174 00	80	464 00	30	706 50	80	1,884 00	30	1,416 00
31	85 25	81	222 75	31	179 80	81	469 80	31	730 05	81	1,907 55	31	1,463 20
32	88 00	82	225 50	32	185 60	82	475 60	32	753 60	82	1,931 10	32	1,510 40
33	90 75	83	228 25	33	191 40	83	481 40	33	777 15	83	1,954 65	33	1,557 60
34	93 50	84	231 00	34	197 20	84	487 20	34	800 70	84	1,978 20	34	1,604 80
35	96 25	85	233 75	35	203 00	85	493 00	35	824 25	85	2,001 75	35	1,652 00
36	99 00	86	236 50	36	208 80	86	498 80	36	847 80	86	2,025 30	36	1,699 20
37	101 75	87	239 25	37	214 60	87	504 60	37	871 35	87	2,048 85	37	1,746 40
38	104 50	88	242 00	38	220 40	88	510 40	38	894 90	88	2,072 40	38	1,793 60
39	107 25	89	244 75	39	226 20	89	516 20	39	918 45	89	2,095 95	39	1,840 80
40	110 00	90	247 50	40	232 00	90	522 00	40	942 00	90	2,119 50	40	1,888 00
41	112 75	91	250 25	41	237 80	91	527 80	41	965 55	91	2,143 05	41	1,935 20
42	115 50	92	253 00	42	243 60	92	533 60	42	989 10	92	2,166 60	42	1,982 40
43	118 25	93	255 75	43	249 40	93	539 40	43	1,012 65	93	2,190 15	43	2,029 60
44	121 00	94	258 50	44	255 20	94	545 20	44	1,036 20	94	2,213 70	44	2,076 80
45	123 75	95	261 25	45	261 00	95	551 00	45	1,059 75	95	2,237 25	45	2,124 00
46	126 50	96	264 00	46	266 80	96	556 80	46	1,083 30	96	2,260 80	46	2,171 20
47	129 25	97	266 75	47	272 60	97	562 60	47	1,106 85	97	2,284 35	47	2,218 40
48	132 00	98	269 50	48	278 40	98	568 40	48	1,130 40	98	2,307 90	48	2,265 60
49	134 75	99	272 25	49	284 20	99	574 20	49	1,153 95	99	2,331 45	49	2,312 80
50	137 50	100	275 00	50	290 00	100	580 00	50	1,177 50	100	2,355 00	50	2,360 00
200	550 00	600	1,650 00	200	1,160 00	600	3,480 00	200	4,710 00	600	14,130 00	100	4,720 00
300	825 00	700	1,925 00	300	1,740 00	700	4,060 00	300	7,065 00	700	16,485 00	250	9,940 00
400	1,100 00	800	2,200 00	400	2,320 00	800	4,640 00	400	9,420 00	800	18,840 00	300	14,160 00
500	1,375 00	900	2,475 00	500	2,900 00	900	5,220 00	500	11,775 00	900	21,195 00	500	23,600 00

EXPOSÉ SOMMAIRE

DU SYSTÈME DÉCIMAL.

Le rapport décimal est de dix à un; il est le même que celui qui, dans l'arithmétique ordinaire, a lieu entre les unités des chiffres placés à la suite les uns des autres, dont le prémier, en allant de gauche à droite, vaut dix fois le chiffre qui suit.

L'unité ou l'entier se divise en dixièmes, centièmes, millièmes, dix millièmes, etc...., et ces fractions de l'unité s'appellent décimales : dix dixièmes égalent un entier, aussi bien que cent centièmes et mille millièmes. Ainsi, par exemple, un mètre se divise en dixièmes ou dix parties, en centièmes ou cent parties, en millièmes ou mille parties; il faut dix, cent ou mille de ces parties pour faire un mètre.

La virgule ou le point indistinctement est le signe qui sépare et fait distinguer les chiffres qui indiquent les unités ou entiers de ceux qui désignent les fractions.

5,50 expriment cinq entiers cinquante centièmes. S'il s'agit de francs, ces chiffres exprimeront 5 francs 50 centièmes ou centimes, comme ils exprimeront 5 mètres 50 centimètres si l'on veut parler de mètres.

Lorsqu'on n'a que des décimales à désigner, il faut mettre un zéro au rang des unités, et écrire

0,5 pour exprimer les cinq dixièmes d'une chose;
0,05 pour exprimer cinq centièmes;
0,005 pour exprimer cinq millièmes.

Pour indiquer neuf mètres cinq dixièmes, on écrit $\overset{\text{mèt.}}{9,5}$. Le chiffre 9 désigne le nombre des unités ou des entiers, la virgule sépare l'unité de ses fractions, et le chiffre 5 est le nombre fractionnaire de l'unité divisée par dixième.

Le dénominateur de la fraction est toujours sous-entendu, et ne se marque point, parce qu'il est convenu que l'unité se divise en dix parties lorsque cette unité n'est suivie que d'un chiffre fractionnaire; que cette même unité se divise en cent parties lorsqu'elle est suivie de deux chiffres fractionnaires; que l'unité se divise en mille parties lorsqu'elle est suivie de trois chiffres fractionnaires, et ainsi de suite; d'où il résulte que le dénominateur de la fraction est toujours composé du chiffre 1, auquel on ajoute autant de zéros que le numérateur a de chiffres, et que par conséquent ce dénominateur, quoique sous-entendu et non écrit, est toujours connu.

En effet, d'après cette explication, on voit clairement que $\overset{\text{mèt.}}{9,5}$ signifie neuf mètres cinq dixièmes de mètre, aussi bien que l'indiquerait 9 mètres $\frac{5}{10}$;

Que $\overset{\text{mèt.}}{9,50}$ signifie neuf mètres cinquante centièmes de mètre, aussi bien que l'indiquerait 9 mètres $\frac{50}{100}$;

Que $\overset{\text{mèt.}}{9,500}$ signifie neuf mètres cinq cent millièmes de mètre, aussi bien que l'indiquerait 9 mètres $\frac{500}{1000}$.

On remarquera que les zéros, quelque soit leur nombre, ne changent point la valeur de la fraction lorsqu'ils sont placés à la suite du chiffre décimal, parce que, comme il vient d'être dit, le dénominateur est censé recevoir autant de zéros qu'il y en a au numérateur; par la même raison, on peut également retrancher ces zéros sans diminuer la valeur de la fraction.

Cette faculté d'étendre à volonté les fractions offre l'avantage de pousser l'exactitude du calcul aussi loin que peut l'exiger le prix de la matière sur laquelle on opère, sans que cette précision nuise à la facilité du calcul.

On a substitué aux mesures anciennes, qui variaient suivant chaque province et même chaque ville, un système de mesure lié par des principes uniformes et féconds en résultats.

Pour les monnaies, le franc a été substitué à la livre, et les divisions du franc par centièmes l'a été aux sols et deniers.

Pour l'aunage des étoffes et les mesures linéaires, le *mètre*, unité fondementale des poids et mesures, a remplacé la toise et l'aune; les divisions du mètre ont été substituées aux pieds, pouces et lignes; les multiples servent pour désigner les mesures itinéraires sous les noms de *kilomètre* et *myriamètre;* et pour les mesures agraires sous le nom de *are;* le mètre cube, sous le nom de *stère*, sert à mesurer le bois.

Pour les mesures de capacité ou de contenance, pour les matières sèches et celles liquides, le *litre* a été substitué au litron et à la pinte; ses multiples, sous le nom d'*hectolitre*, remplacent les muids, veltes, tonneaux, barriques, qui servaient de mesures : la capacité du litre est d'un décimètre cube.

Pour les pesées, le *gramme* et ses multiples remplacent les anciens poids.

Le *kilogramme* (poids de 1000 grammes) remplace la livre poids de marc; il se rattache au mètre, ainsi que le litre, parce que ce poids est celui d'un décimètre d'eau cube.

Aux noms de ces nouvelles mesures, *mètre*, *litre*, *gramme*, etc., on peut annexer les mots, savoir :

Pour les multiples,		*Pour les diminutifs*,	
Deca, qui veut dire	10 fois plus grand.	*Déci*, qui veut dire	10 fois plus petit.
Hecto............	100	*Centi*............	100
Kilo.............	1,000	*Milli*............	1,000
Myria...........	10,000		

Avec les mots primitifs et ceux numériques ci-contre, on compose les mots, savoir :

Ceux augmentatifs.

Décamètre,	décalitre,	décagramme,
pour signifier d'un seul mot 10 mètres,	10 litres,	10 grammes.
Hectomètre,	Hectolitre,	Hectogramme,
pour signifier d'un seul mot 100 mètres,	100 litres,	100 grammes.
Kilomètre,	Kilolitre,	Kilogrammes,
pour signifier d'un seul mot 1,000 mètres,	1,000 litres,	1,000 grammes.
Myriamètre,		Myriagramme,
pour signifier d'un seul mot 10,000 mètres,		10,000 grammes.

(Kilolitre et Myrialitre sont inusités.)

Les mots diminutifs sont, savoir :

Décimètre,	Décilitre,	Décigramme,
pour exprimer } d'un seul mot } la 10ᵉ partie du mètre,	la 10ᵉ partie du litre,	la 10ᵉ partie du gramme.
Centimètre,	Centilitre,	Centigramme,
pour exprimer } d'un seul mot } la 100ᵉ partie du mètre,	la 100ᵉ partie du litre,	la 100ᵉ partie du gramme.
Millimètre,		Milligramme,
pour exprimer } d'un seul mot } la 1,000ᵉ partie du mètre,		la 1,000ᵉ partie du gramme.

Chacun de ces mots exprime parfaitement ce qu'il représente, et je pense que ce court exposé peut suffire à beaucoup de personnes pour avoir une idée générale du système décimal et des nouvelles mesures.

Le décret de Sa Majesté, daté du 12 février 1812, en statuant qu'il ne sera fait aucun changement aux unités des poids et mesures, telles qu'elles ont été fixées par la loi du 19 frimaire an 8, a ordonné que le Ministre de l'Intérieur ferait confectionner, pour l'usage du commerce, des instrumens de pesage et de mesurage qui présenteraient soit les fractions, soit les multiples desdites unités le plus en usage dans le commerce, et accommodés aux besoins du peuple.

En exécution de ce décret, Son Excellence le Ministre de l'Intérieur a pris, le 28 mars 1812, un arrêté qui détermine les mesures qu'il sera permis d'employer pour les usages du commerce.

« Une mesure de longueur égale à deux mètres prendra le nom de *toise*, et se divisera en
» six pieds. Une mesure égale au tiers du mètre ou au sixième de la toise, aura le nom de
» *pied*; le pied se divisera en douze pouces et le pouce en douze lignes. Chacune de ces me-
» sures portera sur l'une de ses faces les divisions correspondantes du mètre; savoir, la *toise*

» deux mètres divisés en décimètres, et le premier décimètre en millimètres; et le pied trois
» décimètres un tiers, divisés en centimètres et millimètres; en tout millimètres 333 ⅓.

» Pour le mesurage des toiles et étoffes, une mesure égale à douze décimètres (un mètre et
» la cinquième partie du mètre) prendra le nom d'*aune*. Cette mesure se divisera en demis,
» quarts, huitièmes, seizièmes, ainsi qu'en tiers, sixièmes et douzièmes. Elle portera sur l'une
» de ses faces les divisions correspondantes du mètre en centimètres seulement; savoir, cent vingt
» centimètres divisés de dix en dix.

» Les grains et autres matières sèches pourront être mesurés, dans la vente en détail, avec
» une mesure égale au huitième de l'hectolitre, laquelle prendra le nom de *boisseau*. Le bois-
» seau aura son double, son demi et son quart; le litre sera divisé en demis, quarts et hui-
» tièmes, et chacune de ces mesures indiquera son rapport avec le litre : ces dernières mesures
» serviront également pour le vin, l'eau-de-vie, et les autres boissons ou liqueurs; il sera même
» fait une mesure d'un seizième de litre.

» Pour la vente en détail de toutes les substances dont le prix et la quantité se règlent au
» poids, les marchands pourront employer les poids usuels suivans, savoir :
» La *livre* égale au demi-kilogramme, ou 500 grammes, laquelle se divisera en seize onces.
» L'*once*, seizième de la livre qui se divisera en 8 gros.
» Le *gros*, huitième de l'once, qui se divisera en 72 grains.

» Chacun de ces poids se divisera en outre en demis, quarts et huitièmes; ils porteront, avec
» le nom qui leur sera propre, l'indication de leur valeur en gramme, savoir :

La livre...............................	grammes 500	»
La demi-livre...............................	250	»
Le quart de livre ou quarteron...................	125	»
Le huitième ou demi-quarteron..................	62. 5	
L'once...............................	31. 3	
La demi-once...............................	15. 6	
Le quart d'once ou deux gros..................	7. 8	
Le gros...............................	3. 9	

» A compter du 1er août 1812, toute demande de marchandises qui sera faite en mesures ou
» en poids anciennement en usage, sous quelque dénomination que ce soit, sera censée faite en
» poids ou mesures analogues dont l'usage est permis par l'arrêté de S. Exc. le Ministre de
» l'intérieur; et en conséquence, tout marchand qui, sous le prétexte de satisfaire au désir de
» l'acheteur, emploierait des combinaisons de mesures ou de poids décimaux, ou autres, pour
» former le poids ou la mesure ancienne dont l'emploi est prohibé, sera poursuivi comme ayant
» fait usage de poids et mesures autres que ceux voulus par la loi.

» Les dispositions du décret du 12 février et du présent arrêté, n'étant relatives qu'à l'emploi
» des mesures et des poids dans le commerce de détail et dans les usages journaliers, les mesures
» légales continueront à être seules employées exclusivement dans tous les travaux publics, dans
» le commerce en gros, et dans toutes les transactions commerciales et autres.

» En conséquence, les plans, devis, mémoires d'ouvrages d'arts, les descriptions de lieux » ou de choses dans les procès-verbaux ou autres écrits, les marchés, factures, annonces de » prix-courans, états de situation d'approvisionnement, inventaires de magasins, les mercuriales, » les lettres-de-voiture et chargement, les livres de commerce, les annonces de journaux, et » généralement toutes les écritures, soit publiques, soit privées, contiendront l'énonciation des » quantités en mesures légales, et non en mesures simplement tolérées, etc. »

(Extrait de l'arrêté de S. Exc. le Ministre de l'intérieur, en date du 28 mars 1812.)

Il sera de nouveau parlé de ces mesures nouvelles à chaque article des mesures avec lesquelles elles sont en rapport.

MÈTRE.

Le *mètre*, unité fondamentale de tout le système des mesures, est le nom radical de toutes les mesures de longueur, et la dix millionnième partie du quart du méridien terrestre. Il sert pour les mesures itinéraires, agraires, les toisés et l'aunage des étoffes. Sa dimension est de 3 pieds 11 lignes $\frac{296}{1000}$ (ancienne mesure); il remplace, pour mesurer les étoffes, l'aune ancienne, qui avait 3 pieds 7 pouces 10 lignes $\frac{5}{6}$ ancienne mesure.

Le mètre correspond à $\frac{84}{100}$ d'aune ancienne, et l'aune ancienne à 1 mètre $\frac{188}{1000}$.

La nouvelle aune, dont l'usage est restreint au commerce de détail, et aux seules opérations dont le peuple s'occupe journellement pour ses besoins, est une mesure égale à 1 mètre 2 décimètres, ou 12 décimètres; elle correspond à 3 pieds 8 pouces 3 lignes $\frac{955}{1000}$ (ancienne mesure), et est plus longue que l'ancienne aune de 5 lignes $\frac{222}{1000}$ (ancienne mesure), ce qui fait à peu près un pour cent de plus.

Multiples du mètre.				MÈTRE.	*Diminutifs du mètre.*		
Myriamètre.	Kilomètre.	Hectomètre.	Décamètre.		Décimètre.	Centimètre.	Millimètre.
10,000.	1,000.	100.	10.	1.	10	100	1,000.

DÉNOMINATION des MESURES DE LONGUEUR.	VALEURS RELATIVES.	*Rapports des nouvelles mesures avec la toise ancienne et les sous-divisions de la toise.* Valeur en		Valeur en			
		toises ancien.	cent.	pieds.	pouces.	lignes.	cent.
Myriamètre	10 kilomètres	5,130	74	30,784	5	3	»
Kilomètre	10 hectomètres	513	07	3,078	5	4	»
Hectomètre	10 décamètres	51	31	307	10	2	»
Décamètre	10 mètres	5	13	30	9	5	»
Mètre	10 décimètres	»	51	3	»	11	30
Décimètre	10 centimètres	»	»	»	3	8	»
Centimètre	10 millimètres	»	»	»	»	4	»
Millimètre	10 dix-millimètres	»	»	»	»	»	44

Rapport de l'aune ancienne et de ses divisions avec le mètre.

		mètr. mill.
L'aune ancienne équivaut	à	1,188
La demi-aune	à	0,594
Le tiers d'aune	à	0,396
Le quart	à	0,297
Le sixième	à	0,198
Le huitième	à	0,148
Le douzième	à	0,099
Le seizième	à	0,074
Le vingt-quatrième	à	0,050
Le trente-deuxième	à	0,037

Rapport de l'aune nouvelle et de ses divisions avec le mètre.

		mètr. décim.
L'aune nouvelle équivaut	à	1,2
La demi-aune	à	0,6
Le tiers d'aune	à	0,4
Le quart	à	0,3
Le sixième	à	0,2
Le huitième	à	0,15 centim.
Le douzième	à	0,10
Le seizième	à	0,075 millim.
Le vingt-quatrième	à	0,050
Le trente-deuxième	à	0,037

Le rapport du mètre à l'aune ancienne est approximativement de 6 à 5, c'est-à-dire que six mètres font six aunes anciennes, et que cinq aunes anciennes font à peu près six mètres : en mesurant exactement, 5 aunes anciennes font 5 mètres $\frac{94}{100}$, et 6 mètres font 5,05 aunes anciennes, différence peu sensible.

La nouvelle aune employée par suite du décret du 12 février 1812, ne sert que pour le simple usage du commerce de détail; les factures des fabriques, les livres des marchands en gros, et toutes les transactions commerciales, continueront de contenir l'énonciation des quantités en mesures légales, c'est-à-dire en mètres, et non en mesures simplement tolérées.

Pour convertir en aunes nouvelles les étoffes reçues au mètre, il suffira de diviser le nombre de mètres donné par $\frac{12}{10}$, et le produit formera des aunes. Ainsi, 300 mètres divisés par 12, produiront 250 aunes, ou, ce qui revient au même, on déduira le sixième du nombre des mètres, et ce qui restera donnera des aunes.

Pour convertir en mètres un nombre donné d'aunes nouvelles, on ajoutera le cinquième au nombre des aunes, et le produit donnera les mètres. Ainsi, à 250 aunes ajoutez le cinquième, qui est 50, on aura 300, c'est-à-dire 300 mètres, ou, si l'on veut, on multipliera les aunes par 12, et le produit donnera des mètres.

A la toise ancienne, qui avait six pieds de roi, et qui correspondait à 1,949 mètr., on a substitué une toise nouvelle dont la dimension est de deux mètres (6 pieds 1 pouce 10 lignes $\frac{894}{1000}$ ancienne mesure); elle se divise en six parties égales, qui remplacent l'ancien pied.

Le pied nouveau, sixième partie de la toise et le tiers du mètre, correspond à 0,333 $\frac{1}{3}$ mètr. (1 pied 3 lignes $\frac{765}{1000}$ ancienne mesure); il remplace l'ancien pied dont le rapport avec le mètre est de 0,325 mètr.

Le pied nouveau se divise en douze pouces.

Le pouce nouveau, douzième partie du pied, correspond à 0,27 mètr. $\frac{9}{12}$; il remplace le pouce ancien, qui était de 0,027 mètr., et se divise en 12 lignes.

La ligne nouvelle, douzième partie du pouce, correspond à 0,002 mètre. $\frac{45}{144}$; la ligne ancienne n'avait que 0,002 mètr.

Les toises, pieds, pouces et lignes nouveaux sont d'une dimension de 2 $\frac{1}{2}$ pour cent plus longue que les toises, pieds, pouces et lignes anciens.

Il n'y a rien de changé aux mesures itinéraires et agraires.

Les distances itinéraires se mesurent en myriamètres et kilomètres. Le myriamètre répond à 5131 toises et une fraction (2 lieues $\frac{1}{4}$), et le kilomètre à 513 toises et une fraction ($\frac{1}{4}$ de lieue à peu près). La lieue de poste avait 2000 toises anciennes; la lieue de 25 au degré, 2280 toises $\frac{1}{3}$; la lieue moyenne, 2565 $\frac{1}{3}$ à peu près, et la lieue marine de 20 au degré, 2850 toises $\frac{41}{100}$.

L'unité des mesures agraires se nomme *are*, et répond à un carré de 10 mètres; l'are se divise en cent parties nommées *centiares;* le centiare contient un mètre carré. Une surface de 100 ares se nomme *hectare.*

Le rapport de l'arpent à la perche est le même que celui de l'hectare à l'are, c'est-à-dire qu'il faut 100 perches pour faire un arpent, comme il faut 100 ares pour faire un hectare. Quand on voudra convertir les ares en perches ou les perches en ares, on se servira des tables pour les arpens et les hectares, en considérant les titres comme ares et perches au lieu d'arpens et hectares. Exemple : 47 (1) hectares donnent 137 arpens 47 perches $\frac{2}{10}$; si l'on veut obtenir la conversion d'ares en perches, lisez 137 perches 4 dixièmes de perches; on néglige les autres fractions, en augmentant d'un le nombre des dixièmes lorsque le nombre des petites fractions passe 5 : c'est ainsi que 28 ares (1) donnent 81 perches $\frac{9}{10}$.

On peut encore convertir les centiares en dixièmes de perches, à l'aide des mêmes tables; dans ce cas, on néglige le premier chiffre des unités qui est le plus près du point décimal, en augmentant d'un le nombre des dixièmes lorsque les quatre chiffres supprimés passent 5000. Ainsi, 10 centiares (1) donnent $\frac{3}{10}$ de perche; 25 centiares égalent $\frac{7}{10}$ de perche.

Les trois mesures agraires le plus généralement en usage étaient l'arpent d'ordonnance ou des eaux et forêts, l'arpent de Paris et l'arpent commun de l'Orléanais, c'est pourquoi on s'est borné à ne donner que des tables de comparaison de ces trois mesures.

(1) Voyez la première colonne des Tables, page 102.

MÈTRES	AUNES		MÈTRES	AUNES		MÈTRES	AUNES		MÈTRES	AUNES		MÈTRES	AUNES		MÈTRES	AUNES	
1	0	84	51	42	91	101	84	98	151	127	06	201	169	13	251	211	20
2	1	68	52	43	75	102	85	83	152	127	90	202	169	97	252	212	04
3	2	52	53	44	60	103	86	67	153	128	74	203	170	81	253	212	88
4	3	37	54	45	44	104	87	51	154	129	58	204	171	65	254	213	72
5	4	21	55	46	28	105	88	35	155	130	42	205	172	49	255	214	57
6	5	05	56	47	12	106	89	19	156	131	26	206	173	34	256	215	41
7	5	89	57	47	96	107	90	03	157	132	11	207	174	18	257	216	25
8	6	73	58	48	80	108	90	87	158	132	95	208	175	02	258	217	09
9	7	57	59	49	64	109	91	72	159	133	79	209	175	86	259	217	93
10	8	41	60	50	49	110	92	56	160	134	63	210	176	70	260	218	77
11	9	26	61	51	33	111	93	40	161	135	47	211	177	54	261	219	61
12	10	10	62	52	17	112	94	24	162	136	31	212	178	38	262	220	46
13	10	94	63	53	01	113	95	08	163	137	15	213	179	23	263	221	30
14	11	78	64	53	85	114	95	92	164	138	00	214	180	07	264	222	14
15	12	62	65	54	69	115	96	76	165	138	84	215	180	91	265	222	98
16	13	46	66	55	53	116	97	61	166	139	68	216	181	75	266	223	82
17	14	30	67	56	38	117	98	45	167	140	51	217	182	59	267	224	66
18	15	15	68	57	22	118	99	29	168	141	36	218	183	43	268	225	50
19	15	99	69	58	06	119	100	13	169	142	20	219	184	27	269	226	35
20	16	83	70	58	90	120	100	97	170	143	04	220	185	12	270	227	19
21	17	67	71	59	74	121	101	81	171	143	89	221	185	96	300	252	43
22	18	51	72	60	58	122	102	65	172	144	73	222	186	80	400	336	57
23	19	35	73	61	42	123	103	50	173	145	57	223	187	64	500	420	72
24	20	19	74	62	27	124	104	34	174	146	41	224	188	48	600	504	86
25	21	04	75	63	11	125	105	18	175	147	25	225	189	32	700	589	00
26	21	88	76	63	95	126	106	02	176	148	09	226	190	16	800	673	15
27	22	72	77	64	89	127	106	86	177	148	93	227	191	00	900	757	29
28	23	56	78	65	63	128	107	70	178	149	78	228	191	85	1,000	841	44
29	24	40	79	66	47	129	108	55	179	150	62	229	192	69	2,000	1,682	89
30	25	24	80	67	31	130	109	39	180	151	46	230	193	53	5,000	4,207	18
31	26	08	81	68	16	131	110	23	181	152	30	231	194	37		mill. d'aune	
32	26	93	82	69	00	132	111	07	182	153	14	232	195	21	1 centim.	0,008	
33	27	77	83	69	84	133	111	91	183	153	98	233	196	05	2	0,017	
34	28	61	84	70	68	134	112	75	184	154	82	234	196	90	3	0,025	
35	29	45	85	71	52	135	113	59	185	155	67	235	197	74	4	0,034	
36	30	29	86	72	36	136	114	43	186	156	51	236	198	58	5	0,042	
37	31	13	87	73	20	137	115	28	187	157	35	237	199	42	6	0,050	
38	31	97	88	74	05	138	116	12	188	158	19	238	200	26	7	0,059	
39	32	82	89	74	89	139	116	96	189	159	03	239	201	10	8	0,067	
40	33	66	90	75	73	140	117	80	190	159	87	240	201	94	9	0,076	
															10 font un décim.		
41	34	50	91	76	57	141	118	64	191	160	71	241	202	79			
42	35	34	92	77	41	142	119	48	192	161	56	242	203	63	1 décim.	0,084	
43	36	18	93	78	25	143	120	33	193	162	40	243	204	47	2	0,168	
44	37	02	94	79	09	144	121	17	194	163	24	244	205	31	3	0,252	
45	37	86	95	79	94	145	122	00	195	164	08	245	206	15	4	0,337	
46	38	71	96	80	78	146	122	85	196	164	92	246	206	99	5	0,421	
47	39	55	97	81	62	147	123	69	197	165	76	247	207	83	6	0,505	
48	40	39	98	82	46	148	124	53	198	166	60	248	208	68	7	0,589	
49	41	23	99	83	30	149	125	37	199	167	45	249	209	52	8	0,673	
50	42	07	100	84	14	150	126	21	200	168	29	250	210	36	9	0,757	
															10 font un mètre.		

Les décimales désignent des centièmes d'aunes.

Conversion du mètre en toise ancienne.

mètres.	toises.		mètres.	toises.	
1	0	513	51	26	167
2	1	026	52	26	680
3	1	539	53	27	193
4	2	052	54	27	706
5	2	565	55	28	219
6	3	078	56	28	732
7	3	592	57	29	245
8	4	105	58	29	758
9	4	618	59	30	271
10	5	131	60	30	784
11	5	644	61	31	298
12	6	157	62	31	811
13	6	670	63	32	324
14	7	183	64	32	837
15	7	696	65	33	350
16	8	209	66	33	863
17	8	722	67	34	376
18	9	235	68	34	889
19	9	748	69	35	402
20	10	261	70	35	915
21	10	775	71	36	428
22	11	288	72	36	941
23	11	801	73	37	454
24	12	314	74	37	967
25	12	827	75	38	481
26	13	340	76	38	994
27	13	853	77	39	507
28	14	366	78	40	020
29	14	879	79	40	533
30	15	392	80	41	046
31	15	905	81	41	559
32	16	418	82	42	072
33	16	931	83	42	585
34	17	444	84	43	098
35	17	958	85	43	611
36	18	471	86	44	124
37	18	984	87	44	637
38	19	497	88	45	150
39	20	010	89	45	664
40	20	523	90	46	177
41	21	036	91	46	690
42	21	549	92	47	203
43	22	062	93	47	714
44	22	575	94	48	229
45	23	088	95	48	742
46	23	601	96	49	255
47	24	115	97	49	768
48	24	628	100	51	307
49	25	141	200	102	615
50	25	654	500	256	537

Conversion de la toise ancienne en mètre.

toises.	mètres.		toises.	mètres.	
1	1	949	51	99	401
2	3	898	52	101	350
3	5	847	53	103	299
4	7	796	54	105	248
5	9	745	55	107	197
6	11	694	56	109	146
7	13	643	57	111	095
8	15	592	58	113	044
9	17	541	59	114	993
10	19	490	60	116	942
11	21	439	61	118	891
12	23	388	62	120	840
13	25	337	63	122	789
14	27	286	64	124	738
15	29	235	65	126	687
16	31	184	66	128	636
17	33	133	67	130	585
18	35	082	68	132	534
19	37	031	69	134	483
20	38	981	70	136	433
21	40	930	71	138	382
22	42	879	72	140	331
23	44	828	73	142	280
24	46	777	74	144	229
25	48	725	75	146	178
26	50	675	76	148	127
27	52	624	77	150	076
28	54	573	78	152	025
29	56	522	79	153	974
30	58	471	80	155	923
31	60	420	81	157	872
32	62	369	82	159	821
33	64	318	83	161	770
34	66	267	84	163	719
35	68	216	85	165	668
36	70	165	86	167	617
37	72	114	87	169	566
38	74	063	88	171	515
39	76	012	89	173	464
40	77	961	90	175	413
41	79	910	91	177	363
42	81	859	92	179	312
43	83	808	93	181	261
44	85	775	94	183	210
45	87	707	95	185	159
46	89	656	96	187	108
47	91	605	97	189	057
48	93	554	100	194	904
49	95	503	200	389	807
50	97	452	500	974	518

Mètre en pied ancien.

mètres.	pieds.	p.	lig.
1	3	»	11
2	6	1	11
3	9	2	10
4	12	3	9
5	15	4	8
6	18	5	8
7	21	6	7
8	24	7	6
9	27	8	6
10	30	9	5
11	33	10	4
12	36	11	4
13	40	»	3
14	43	1	2
15	46	2	1
20	61	6	10
30	92	4	3
40	123	1	8
50	153	11	1
100	307	10	2

Décim.	en pieds anc.
1	0,308
2	0,616
3	0,924
4	1,231
5	1,539
6	1,847
7	2,155
8	2,463
9	2,771
10 ou 1 m.	3,078

Cent.	en pouc. anc.
1	0,369
2	0,739
3	1,108
4	1,478
5	1,847
6	2,216
7	2,586
8	2,955
9	3,325
10 ou 1 d.	3,694

Millim.	en lign. anc.
1	0,443
2	0,887
3	1,330
4	1,773
5	2,216
6	2,660
7	3,103
8	3,546
9	3,990
10	4,433

Pied ancien en mètre.

pieds.	mètres.	
1	0	325
2	0	650
3	0	975
4	1	299
5	1	624
6	1	949
7	2	274
8	2	599
9	2	924
10	3	248
11	3	573
12	3	898
13	4	223
14	4	548
15	4	873
16	5	197
17	5	522
18	5	847
19	6	172
20	6	497
30	9	745
40	12	994
50	16	242
60	19	490
70	22	739
80	25	987
90	29	235
100	32	484
200	64	968
500	162	420

Pouc. anc. en part. du mèt.		
1	0	027
2	0	054
3	0	081
4	0	108
5	0	135
6	0	162
7	0	189
8	0	217
9	0	244
10	0	271

Lign. anc. en part. du mèt.		
1	0	002
2	0	005
3	0	007
4	0	009
5	0	011
6	0	014
7	0	016
8	0	018
9	0	020
10	0	023

Les trois décimales représentent des millièmes, que l'on peut réduire en centièmes en supprimant le dernier chiffre, ayant soin d'augmenter d'une unité le chiffre qui précède, lorsque celui supprimé passe 5.

AUNES.	MÈTRES.	AUNES	MÈTRES.	AUNES.	MÈTRES.	AUNES.	MÈTRES.	AUNES.	MÈTRES.
1	1 188	51	60 611	101	120 033	151	179 445	201	238 878
2	2 377	52	61 799	102	121 221	152	180 614	202	240 066
3	3 565	53	62 988	103	122 410	153	181 832	203	241 255
4	4 754	54	64 176	104	123 598	154	183 021	204	242 443
5	5 942	55	65 364	105	124 787	155	184 209	205	243 631
6	7 131	56	66 553	106	125 975	156	185 398	206	244 820
7	8 319	57	67 741	107	127 164	157	186 586	207	246 008
8	9 508	58	68 930	108	128 352	158	187 774	208	247 197
9	10 696	59	70 118	109	129 541	159	188 963	209	248 385
10	11 884	60	71 307	110	130 729	160	190 151	210	249 574
11	13 073	61	72 495	111	131 917	161	191 340	211	250 762
12	14 261	62	73 684	112	133 106	162	192 528	212	251 951
13	15 450	63	74 872	113	134 294	163	193 717	213	253 139
14	16 638	64	76 060	114	135 483	164	194 905	214	254 327
15	17 827	65	77 249	115	136 671	165	196 094	215	255 516
16	19 015	66	78 437	116	137 860	166	197 282	216	256 704
17	20 204	67	79 626	117	139 048	167	198 470	217	257 893
18	21 392	68	80 814	118	140 237	168	199 659	218	259 081
19	22 580	69	82 003	119	141 425	169	200 847	219	260 270
20	23 769	70	83 191	120	142 613	170	202 036	220	261 458
21	24 957	71	84 380	121	143 802	171	203 224	221	262 647
22	26 146	72	85 568	122	144 990	172	204 413	222	263 835
23	27 334	73	86 756	123	146 179	173	205 601	223	265 023
24	28 523	74	87 945	124	147 367	174	206 790	224	266 212
25	29 711	75	89 133	125	148 556	175	207 978	225	267 400
26	30 900	76	90 322	126	149 744	176	209 166	226	268 589
27	32 088	77	91 510	127	150 933	177	210 355	227	269 777
28	33 276	78	92 699	128	152 121	178	211 543	228	270 966
29	34 465	79	93 887	129	153 310	179	212 732	229	272 154
30	35 653	80	95 076	130	154 498	180	213 920	230	273 343
31	36 842	81	96 264	131	155 686	181	215 109	231	274 531
32	38 030	82	97 452	132	156 875	182	216 297	232	275 719
33	39 219	83	98 641	133	158 063	183	217 486	233	276 908
34	40 407	84	99 829	134	159 252	184	218 674	234	278 096
35	41 596	85	101 018	135	160 440	185	219 862	235	279 285
36	42 784	86	102 205	136	161 629	186	221 051	236	280 473
37	43 972	87	103 395	137	162 817	187	222 229	237	281 662
38	45 161	88	104 583	138	164 006	188	223 428	238	282 850
39	46 349	89	105 772	139	165 194	189	224 616	239	284 039
40	47 538	90	106 960	140	166 382	190	225 805	240	285 227
41	48 726	91	108 149	141	167 571	191	226 993	241	286 415
42	49 915	92	109 337	142	168 759	192	228 182	242	287 604
43	51 103	93	110 525	143	169 948	193	229 370	243	288 792
44	52 292	94	111 714	144	171 136	194	230 558	244	289 981
45	53 480	95	112 902	145	172 325	195	231 747	245	291 169
46	54 668	96	114 091	146	173 513	196	232 935	246	292 358
47	55 857	97	115 279	147	174 602	197	234 124	247	293 546
48	57 045	98	116 468	148	175 890	198	235 312	248	294 735
49	58 234	99	117 656	149	177 078	199	236 501	249	295 923
50	59 422	100	118 845	150	178 267	200	237 689	250	297 111

AUNES.	MÈTRES.
260	308 997
270	320 881
280	332 766
290	343 650
300	356 534
400	475 378
500	594 223
600	713 067
700	831 912
800	950 756
900	1,069 601
1,000	1,188 445
5,000	5,942 227

Parties de l'aune.

aunes.	mètres.
1 demie.	0,594
1 tiers.	0,396
2 »	0,792
1 quart.	0,297
3 »	0,891
1 sixième.	0,198
3 »	0,990
1 huitièm.	0,148
3 »	0,445
5 »	0,743
7 »	1,040
1 douzièm.	0,099
5 »	0,495
7 »	0,693
11 »	1,089
1 seizième.	0,074
3 »	0,223
5 »	0,372
7 »	0,520
9 »	0,668
11 »	0,816
13 »	0,965
15 »	1,114
1/24e	0,050
5 »	0,248
7 »	0,347
11 »	0,545
13 »	0,644
17 »	0,842
19 »	0,941
23 »	1,139
1/32e	0,037
3 »	0,111
5 »	0,186
7 »	0,260
9 »	0,334
15 »	0,557
25 »	0,928
30 »	1,114

Les trois décimales donnent des millièmes. Si l'on veut n'opérer que par centième, on supprimera le dernier chiffre, en observant d'augmenter d'une unité celui qui précède lorsque le dernier passe 5; ainsi, 33 aunes donnent 39 219/1000 ou 39 22/100.

HECTARES convertis en Arpens de Paris, mesure de 18 pieds pour Perche.

hect.	arp.	perch.	10e.	hect.	arp.	perch.	10e.
1	2	92	5	51	149	17	2
2	5	85	0	52	152	09	7
3	8	77	5	53	155	02	2
4	11	70	0	54	157	94	7
5	14	62	5	55	160	87	2
6	17	55	0	56	163	79	7
7	20	47	5	57	166	72	2
8	23	40	0	58	169	64	7
9	26	32	4	59	172	57	2
10	29	24	9	60	175	49	7
11	32	17	4	61	178	42	1
12	35	09	9	62	181	34	6
13	38	02	4	63	184	27	1
14	40	94	9	64	187	19	6
15	43	87	4	65	190	12	1
16	46	79	9	66	193	04	6
17	49	72	4	67	195	97	1
18	52	64	9	68	198	89	6
19	55	57	4	69	201	82	1
20	58	49	9	70	204	74	6
21	61	42	4	71	207	67	1
22	64	34	9	72	210	59	6
23	67	27	4	73	213	52	1
24	70	19	9	74	216	44	6
25	73	12	4	75	219	36	1
26	76	04	9	76	222	29	6
27	78	97	3	77	225	22	1
28	81	89	8	78	228	14	5
29	84	82	3	79	231	07	0
30	87	74	8	80	233	99	5
31	90	67	3	81	236	92	0
32	93	59	8	82	239	84	5
33	96	52	3	83	242	77	0
34	99	44	8	84	245	69	5
35	102	37	3	85	248	62	0
36	105	29	8	86	251	54	5
37	108	22	3	87	254	47	0
38	111	14	8	88	257	39	5
39	114	07	3	89	260	32	0
40	116	99	8	90	263	24	5
41	119	92	3	91	266	17	0
42	122	84	8	92	269	09	5
43	125	77	3	93	272	02	0
44	128	69	7	94	274	94	5
45	131	62	2	95	277	86	9
46	134	54	7	100	292	49	4
47	137	47	2	200	584	98	9
48	140	39	7	300	877	48	3
49	143	32	2	400	1,169	97	7
50	146	24	7	500	1,462	47	2

ARPENS de Paris, mesure de 18 pieds pour Perche, convertis en Hectares.

arpens.	hect.	ares.	cent.	arpens.	hect.	ares.	cent.
1	0	34	19	51	17	43	62
2	0	68	38	52	17	77	81
3	1	02	57	53	18	12	00
4	1	36	75	54	18	46	19
5	1	70	94	55	18	80	38
6	2	05	13	56	19	14	56
7	2	39	32	57	19	48	75
8	2	73	51	58	19	82	94
9	3	07	70	59	20	17	13
10	3	41	89	60	20	51	32
11	3	76	07	61	20	85	51
12	4	10	26	62	21	19	70
13	4	44	45	63	21	53	88
14	4	78	64	64	21	88	07
15	5	12	83	65	22	22	26
16	5	47	02	66	22	56	45
17	5	81	21	67	22	90	64
18	6	15	39	68	23	24	83
19	6	49	58	69	23	59	02
20	6	83	77	70	23	93	21
21	7	17	96	71	24	27	39
22	7	52	15	72	24	61	58
23	7	86	34	73	24	95	77
24	8	20	53	74	25	29	96
25	8	54	72	75	25	64	15
26	8	88	90	76	25	98	34
27	9	23	09	77	26	32	53
28	9	57	28	78	26	66	72
29	9	91	47	79	27	00	90
30	10	25	66	80	27	35	09
31	10	59	85	81	27	69	28
32	10	94	04	82	28	03	47
33	11	28	22	83	28	37	66
34	11	62	41	84	28	71	85
35	11	96	60	85	29	06	04
36	12	30	79	86	29	40	22
37	12	64	98	87	29	74	41
38	12	99	17	88	30	08	60
39	13	33	36	89	30	42	79
40	13	67	55	90	30	76	98
41	14	01	73	91	31	11	17
42	14	35	92	92	31	45	36
43	14	70	11	93	31	79	54
44	15	04	30	94	32	13	73
45	15	38	49	95	32	47	92
46	15	72	68	100	34	18	87
47	16	06	87	200	68	37	74
48	16	41	06	300	102	55	61
49	16	75	24	400	136	75	48
50	17	09	43	500	170	94	35

HECTARES convertis en Arpens communs, mesure de 20 pieds pour Perche.

hect.	arp.	perch.	10e.	hect.	arp.	perch.	10e.
1	2	36	9	51	120	82	9
2	4	73	8	52	123	19	9
3	7	10	8	53	125	56	8
4	9	47	7	54	127	93	7
5	11	84	6	55	130	30	6
6	14	21	5	56	132	67	5
7	16	58	4	57	135	04	5
8	18	95	4	58	137	41	4
9	21	32	3	59	139	78	3
10	23	69	2	60	142	15	2
11	26	06	1	61	144	52	1
12	28	43	0	62	146	89	1
13	30	80	0	63	149	25	0
14	33	16	9	64	151	62	9
15	35	53	8	65	153	99	8
16	37	90	7	66	156	36	7
17	40	27	6	67	158	73	7
18	42	64	6	68	161	10	6
19	45	01	5	69	163	47	5
20	47	38	4	70	165	84	4
21	49	75	3	71	168	21	3
22	52	12	2	72	170	58	3
23	54	49	2	73	172	95	2
24	56	86	1	74	175	32	1
25	59	23	0	75	177	69	0
26	61	59	9	76	180	05	9
27	63	96	8	77	182	42	9
28	66	33	8	78	184	79	8
29	68	70	7	79	187	16	7
30	71	07	6	80	189	53	6
31	73	44	5	81	191	90	5
32	75	81	4	82	194	27	5
33	78	18	4	83	196	64	4
34	80	55	3	84	199	01	3
35	82	92	2	85	201	38	2
36	85	29	1	86	203	75	1
37	87	66	0	87	206	12	1
38	90	03	0	88	208	49	0
39	92	39	9	89	210	85	9
40	94	76	8	90	213	22	8
41	97	13	7	91	215	59	8
42	99	50	6	92	217	96	7
43	101	87	6	93	220	33	6
44	104	24	5	94	222	70	5
45	106	61	4	95	225	07	4
46	108	98	3	100	236	92	0
47	111	35	3	200	473	84	1
48	113	72	2	300	710	76	1
49	116	09	1	400	947	68	2
50	118	46	0	500	1,184	60	2

***ARPENS** communs, mesure de 20 pieds pour Perche, convertis en Hectares.*

arpens.	hect.	ares.	cent.	arpens.	hect.	ares.	cent.
1	0	42	21	51	21	52	62
2	0	84	42	52	21	94	83
3	1	26	62	53	22	37	04
4	1	68	83	54	22	79	25
5	2	11	04	55	23	21	46
6	2	53	25	56	23	63	66
7	2	95	46	57	24	05	87
8	3	37	67	58	24	48	08
9	3	79	87	59	24	90	29
10	4	22	08	60	25	32	50
11	4	64	29	61	25	74	70
12	5	06	50	62	26	16	91
13	5	48	71	63	26	59	12
14	5	90	92	64	27	01	33
15	6	33	12	65	27	43	54
16	6	75	33	66	27	85	75
17	7	17	54	67	28	27	95
18	7	59	75	68	28	70	16
19	8	01	96	69	29	12	37
20	8	44	17	70	29	54	58
21	8	86	37	71	29	96	79
22	9	28	58	72	30	39	00
23	9	70	79	73	30	81	20
24	10	13	00	74	31	23	41
25	10	55	21	75	31	65	62
26	10	97	42	76	32	07	83
27	11	39	62	77	32	50	04
28	11	81	83	78	32	92	25
29	12	24	04	79	33	34	45
30	12	66	25	80	33	76	66
31	13	08	46	81	34	18	87
32	13	50	66	82	34	61	08
33	13	92	87	83	35	03	29
34	14	35	08	84	35	45	50
35	14	77	29	85	35	87	70
36	15	19	50	86	36	29	91
37	15	61	71	87	36	72	12
38	16	03	91	88	37	14	33
39	16	46	12	89	37	56	54
40	16	88	33	90	37	98	74
41	17	30	54	91	38	40	95
42	17	72	75	92	38	83	16
43	18	14	96	93	39	25	37
44	18	57	16	94	39	67	58
45	18	99	37	95	40	09	79
46	19	41	58	100	42	20	83
47	19	83	79	200	84	41	65
48	20	26	00	300	126	62	48
49	20	68	21	400	168	83	30
50	21	10	41	500	211	04	13

***HECTARES** convertis en Arpens d'ordonnance, mesure de 22 pieds pour Perche.*

hect.	arp.	perch.	100	hect.	arp.	perch.	100
1	1	95	8	51	99	85	9
2	3	91	6	52	101	81	7
3	5	87	4	53	103	77	5
4	7	83	2	54	105	73	5
5	9	79	0	55	107	69	1
6	11	74	8	56	109	64	9
7	13	70	6	57	111	60	7
8	15	66	4	58	113	56	5
9	17	62	2	59	115	52	3
10	19	58	0	60	117	48	1
11	21	53	8	61	119	43	9
12	23	49	6	62	121	39	7
13	25	45	4	63	123	35	5
14	27	41	2	64	125	31	3
15	29	37	0	65	127	27	1
16	31	32	8	66	129	22	9
17	33	28	6	67	131	18	7
18	35	24	4	68	133	14	5
19	37	20	2	69	135	11	3
20	39	16	0	70	137	06	1
21	41	11	8	71	139	01	9
22	43	07	6	72	140	97	7
23	45	03	4	73	142	93	5
24	46	99	2	74	144	89	3
25	48	95	1	75	146	85	2
26	50	90	9	76	148	81	0
27	52	86	7	77	150	76	8
28	54	82	5	78	152	72	6
29	56	78	3	79	154	68	4
30	58	74	1	80	156	64	2
31	60	69	9	81	158	60	0
32	62	65	7	82	160	55	8
33	64	61	5	83	162	51	6
34	66	57	3	84	164	47	4
35	68	53	1	85	166	43	2
36	70	48	9	86	168	39	0
37	72	44	7	87	170	34	8
38	74	40	5	88	172	30	6
39	76	36	3	89	174	26	4
40	78	32	1	90	176	22	2
41	80	27	9	91	178	18	0
42	82	23	7	92	180	13	8
43	84	19	5	93	182	09	6
44	86	15	3	94	184	05	4
45	88	11	1	95	186	01	2
46	90	06	9	100	195	80	2
47	92	02	7	200	391	60	4
48	93	98	5	300	587	40	6
49	95	94	3	400	783	20	8
50	97	90	1	500	979	01	0

***ARPENS** d'ordonnance, mesure de 22 pieds pour Perche, convertis en Hectares.*

arpens.	hect.	ares.	cent.	arpens.	hect.	ares.	cent.
1	0	51	07	51	26	04	67
2	1	02	14	52	26	55	74
3	1	53	22	53	27	06	82
4	2	04	29	54	27	57	89
5	2	55	36	55	28	08	96
6	3	06	43	56	28	60	03
7	3	57	50	57	29	11	10
8	4	08	58	58	29	62	18
9	4	59	65	59	30	13	25
10	5	10	72	60	30	64	32
11	5	61	79	61	31	15	39
12	6	12	86	62	31	66	46
13	6	63	94	63	32	17	54
14	7	15	01	64	32	68	61
15	7	66	08	65	33	19	68
16	8	17	15	66	33	70	75
17	8	68	22	67	34	21	82
18	9	19	30	68	34	72	90
19	9	70	37	69	35	23	97
20	10	21	44	70	35	75	04
21	10	72	51	71	36	26	11
22	11	23	58	72	36	77	18
23	11	74	66	73	37	28	26
24	12	25	73	74	37	79	33
25	12	76	80	75	38	30	40
26	13	27	87	76	38	81	47
27	13	78	94	77	39	32	45
28	14	30	02	78	39	83	62
29	14	81	09	79	40	34	69
30	15	32	16	80	40	85	76
31	15	83	23	81	41	36	83
32	16	34	30	82	41	87	90
33	16	85	38	83	42	38	98
34	17	36	45	84	42	90	05
35	17	87	52	85	43	41	12
36	18	38	59	86	43	92	19
37	18	89	66	87	44	43	26
38	19	40	74	88	44	94	34
39	19	91	81	89	45	45	41
40	20	42	88	90	45	96	48
41	20	93	95	91	46	47	55
42	21	45	02	92	46	98	62
43	21	96	10	93	47	49	70
44	22	47	17	94	48	00	77
45	22	98	24	95	48	51	84
46	23	49	31	100	51	07	21
47	24	00	38	200	102	14	04
48	24	51	46	300	153	21	60
49	25	02	53	400	204	28	80
50	25	53	60	500	255	36	00

Mesures itinéraires.

Les petites distances s'évaluent en kilomètres et les grandes en myriamètres. Pour convertir les kilomètres en myriamètres, il faut avancer le point d'un chiffre sur la gauche; 31 kilom. 184, font 3 myriamètres 1184 mètres : les décimales des kilomètres et des myriamètres expriment des mètres.

Kilomètres en lieues de poste de 2000 toises anciennes.			*Lieues de poste de 2000 toises anciennes en kilomètres.*			*Myriamètres en lieues de 25 au deg., ou 2280 ⅓ toises anc.*			*Lieues de 25 au deg., ou de 2280 toises ⅓, en myriam.*			*Myriamètres en lieues marines de 20 au degr. ou 2850 t. 41.*			*Lieues marines de 20 au deg., ou 2851 toises 41, en myriam.*		
kilom.	lieues.		lieues.	kilom.		myriam.	lieues.		lieues.	myriam.		myriam.	lieues.		lieues.	myriam.	
1	0	257	1	3	898	1	2	25	1	0	4444	1	1	8/10e	1	0	5556
2	0	513	2	7	796	2	4	50	2	0	8889	2	3	6	2	1	1111
3	0	770	3	11	694	3	6	75	3	1	3333	3	5	4	3	1	6667
4	1	026	4	15	592	4	9	00	4	1	7778	4	7	2	4	2	2222
5	1	283	5	19	490	5	11	25	5	2	2222	5	9	»	5	2	7778
6	1	539	6	23	388	6	13	50	6	2	6667	6	10	8	6	3	3333
7	1	796	7	27	286	7	15	75	7	3	1111	7	12	6	7	3	8889
8	2	052	8	31	184	8	18	00	8	3	5556	8	14	4	8	4	4444
9	2	309	9	35	082	9	20	25	9	4	0000	9	16	2	9	5	0000
10	2	565	10	38	980	10	22	50	10	4	4443	10	18	»	10	5	5556
11	2	822	11	42	879	11	24	75	11	4	8889	11	19	8	11	6	1111
12	3	078	12	46	777	12	27	00	12	5	3333	12	21	6	12	6	6667
13	3	335	13	50	675	13	29	25	13	5	7777	13	23	4	13	7	2222
14	3	592	14	54	573	14	31	50	14	6	2222	14	25	2	14	7	7778
15	3	848	15	58	471	15	33	75	15	6	6667	15	27	»	15	8	3333
20	5	131	20	77	961	20	45	00	20	8	8889	20	36	»	20	11	1111
30	7	696	30	116	942	30	67	50	30	13	3333	30	54	»	30	16	6667
40	10	261	40	155	923	40	90	00	40	17	7778	40	72	»	40	22	2222
50	12	826	50	194	904	50	112	50	50	22	2222	50	90	»	50	27	7778
60	15	392	60	233	884	60	135	00	60	26	6667	60	108	»	60	33	3333
70	17	957	70	272	865	70	157	50	70	31	1111	70	126	»	70	38	8889
80	20	523	80	311	846	80	180	00	80	35	5556	80	144	»	80	44	4444
90	23	088	90	350	826	90	202	50	90	40	0000	90	162	»	90	50	0000
100	25	654	100	389	807	100	225	00	100	44	4444	100	180	»	100	55	5556
200	51	307	200	779	615	200	450	00	200	88	8889	200	360	»	200	111	1111
500	128	269	500	1949	036	500	1125	00	500	222	2222	500	900	»	500	277	7778

Il y a encore la lieue moyenne de 2565 toises anciennes trente-sept centièmes, dont le Gouvernement s'est servi comme lieue ancienne, pour déterminer les distances de Paris aux chefs-lieux des départemens. Deux de ces lieues font un myriamètre; c'est pourquoi l'on se dispense d'en donner une table de comparaison.

Stères en voies de Paris.			*Voies de Paris en stères.*		
stères	voies.		voies.	stères.	
1	0	521	1	1	920
2	1	042	2	3	839
3	1	563	3	5	759
4	2	084	4	7	678
5	2	605	5	9	598
6	3	126	6	11	517
7	3	647	7	13	437
8	4	168	8	15	356
9	4	689	9	17	276
10	5	210	10	19	195
20	10	419	20	38	391
30	15	629	30	57	586
40	20	838	40	76	781
50	26	048	50	95	976
100	52	096	100	191	953

La voie de Paris contenait 4 pieds de couche et 4 pieds de hauteur; la bûche avait 3 pieds 6 pouces de long.

Stères en cordes de port.			*Cordes de port en stères.*		
stères.	cordes.		cordes.	stères.	
1	0	208	1	4	799
2	0	417	2	9	598
3	0	625	3	14	396
4	0	834	4	19	195
5	1	042	5	23	994
6	1	250	6	28	793
7	1	459	7	33	592
8	1	667	8	38	391
9	1	875	9	43	189
10	2	[illegible]	10	47	988
20	4	168	20	95	976
30	6	252	30	143	965
40	8	335	40	191	953
50	10	419	50	239	941
100	20	838	100	479	882

La corde de port contenait 8 pieds de couche et 5 de hauteur, la bûche ayant 3 pieds 6 pouces de long.

Stères en cordes de grand bois.			*Cordes de grand bois en stères.*		
stères.	cordes.		cordes.	stères.	
1	0	228	1	4	387
2	0	456	2	8	775
3	0	684	3	13	162
4	0	912	4	17	550
5	1	140	5	21	937
6	1	367	6	26	325
7	1	595	7	30	712
8	1	823	8	35	100
9	2	051	9	39	487
10	2	279	10	43	875
20	4	558	20	87	750
30	6	838	30	131	625
40	9	117	40	175	500
50	11	396	50	219	375
100	22	792	100	438	749

La corde de grand bois contenait 8 pieds de couche et 4 de hauteur, la bûche ayant 4 pieds de longueur.

POIDS.

Pour déterminer l'unité de poids, on a pesé l'eau contenue dans un volume d'un décimètre cube, et il a été reconnu que cette quantité d'eau pesait 18,827 grains $\frac{15}{100}$, ou 2 livres 5 gros 35 grains $\frac{15}{100}$ anciens poids. Cette pesée a été divisée en mille parties égales, que l'on a appelées grammes, et le kilogramme, ou poids de mille grammes, a été substitué à l'ancienne livre poids de marc. C'est ainsi que le kilogramme se trouve rattaché au système des mesures linéaires.

Dénomination de ces poids, et leur rapport entr'eux.

Kilogr.	*Hectogr.*	*Décagr.*	*Grammes.*	*Décigr.*	*Centigr.*	*Milligr.*
1	10	100	1,000	10,000	100,000	1,000,000
»	1	10	100	1,000	10,000	100,000
»	»	1	10	100	1,000	10,000
»	»	»	1	10	100	1,000
»	»	»	»	1	10	100
»	»	»	»	»	1	10
»	»	»	»	»	»	1

Des poids.

Rapport du kilogramme avec l'ancienne livre.

	liv.	onces.	gros.	grains.	fractions de grains.
Le kilogramme (ou 1,000 grammes) équivaut à..........	2	"	5	35	15
L'hectogramme (ou 100 grammes)........à...........	"	3	2	10	715
Le décagramme (ou 10 grammes)..........à...........	"	"	2	44	2,715
Le gramme..........................à...........	"	"	"	18	82,715
Le décigramme (ou 10ᵉ de gramme).......à...........	"	"	"	1	882,715
Le centigramme (ou 100ᵉ de gramme).....à...........	"	"	"	"	188,271,5
Le milligramme (ou 1,000ᵉ de gramme)....à...........	"	"	"	"	018,827,15

Division des anciens poids.

Livre anc.	Marcs.	Onces.	Gros.	Deniers.	Grains.
1	2	16	128	384	9,216
"	1	8	64	192	4,608
"	"	1	8	24	576
"	"	"	1	3	72
"	"	"	"	1	24

Par l'arrêté de Son Exc. le Ministre de l'intérieur, du 28 mars 1812, en exécution du décret de S. M., du 12 février 1812, il est dit, art. 8 :

» Pour la vente au détail de toutes les substances dont le prix et la quantité se règlent au » poids, les marchands pourront employer les poids usuels suivans, savoir :

» La *livre* égale au demi-kilogramme, ou 500 grammes, laquelle se divisera en seize onces.
» L'*once*, seizième de la livre, qui se divisera en 8 gros.
» Le *gros*, huitième de l'once, qui se divisera en 72 grains.

» Chacun de ces poids se divisera en outre en demis, quarts et huitièmes; ils porteront, avec » le nom qui leur sera propre, l'indication de leur valeur en gramme, etc. »

Chaque marchand sera obligé d'être pourvu des nouveaux instrumens de pesage, concurremment avec les poids décimaux.

Le kilogramme ne cessera pas d'être non seulement l'unité de compte, mais même le poids usuel pour le commerce en gros; c'est en kilogrammes, multiples et fractions décimales du kilogramme que continueront à être faites toutes les pesées de quantités plus grandes que la livre et qu'elles devront être exprimées : l'emploi de la livre et de ses fractions binaires sera rigoureusement borné au détail.

Rapport de la livre ancienne avec le kilogramme.

	gram.
La livre ancienne équivaut à....	489 506
Le marc....................	244 753
L'once....................	30 594
Le gros....................	3 824
Le denier....................	1 275
Le grain....................	» 053

Rapport de la livre nouvelle avec le kilogramme.

	gram.
La livre nouvelle est de........	500 »
La demi-livre................	250 »
Le quart de livre ou quarteron...	125 »
Le huitième ou demi-quarteron..	62. 5
L'once....................	31. 3
La demi-once................	15. 6
Le quart d'once ou deux gros...	7. 8
Le gros....................	3. 9

La différence des poids nouveaux aux poids de marc anciens est de deux pour cent en plus pour les premiers. Chaque poids nouveau portera, avec le nom qui lui sera propre, l'indication de sa valeur en grammes telle qu'elle est indiquée dans le tableau ci-dessus.

On peut trouver le rapport approximatif du kilogramme avec la livre ancienne, en doublant le nombre des kilogrammes pour en faire des livres, et en ajoutant deux fois le centième du nombre qui a été doublé et trois fois le millième des kilogrammes.

Exemple : 640 kilogrammes doublés font..........	1,280 livres anciennes.
Deux fois le centième de 1,280 liv........	25 60
Trois fois le millième des 640 kilog.....	1 92
	1,307 52
La valeur réelle est de........	1,307 44; cette différence est peu sensible.

La livre nouvelle étant du poids d'un demi-kilogramme, et ne devant d'ailleurs être employée que pour le commerce de la consommation journalière, il devient inutile d'en donner aucune table de comparaison avec l'ancienne livre. Au besoin, on se servirait des tables de comparaison pour le kilogramme, en prenant moitié du produit.

TITRE DES MÉTAUX.

On appelle titre des métaux le degré auquel le métal pur se trouve allié avec un métal inférieur. Le titre de l'or se réglait précédemment au karat, dont il fallait vingt-quatre pour l'or pur : le karat se divisait en trente-deux parties. Le titre de l'argent se réglait par denier, dont il fallait douze pour l'argent pur, et le denier se divisait en 24 grains. Aujourd'hui, le titre de l'or et de l'argent se règle par millième, dont il faut mille pour faire le fin. L'or est réputé fin, lorsqu'il ne contient pas plus de *cinq* millièmes d'alliage; l'argent est réputé fin, lorsqu'il ne contient pas plus de *vingt* millièmes d'alliage (Loi du 19 brumaire an 6).

Les monnaies étaient antérieurement, savoir: celles d'or au titre de 22 karats (917 millièmes), et celles d'argent à 11 deniers (917 millièmes); aujourd'hui, elles sont au titre de 900 millièmes: l'or fin vaut 3,444 44 les mille millièmes, et l'argent 222 fr. 22 centimes. Les hôtels de monnaie retiennent un droit de fabrication de 10 fr. sur l'or et de 3 fr. 33 cent. sur l'argent, ce qui fait qu'ils paient l'or 3,434 44 et l'argent 218 89. L'or monnayé vaut, au titre actuel, 3,100 fr. le kilogramme et l'argent monnayé 200 fr. La tolérance du titre est de quatre millièmes pour l'or monnayé et 6 millièmes pour l'argent.

Pour les ouvrages d'or et d'argent, il y a plusieurs titres légaux, savoir, trois pour les ouvrages d'or, 920, 840 et 750 millièmes, avec tolérance de 3 millièmes; et deux pour les ouvrages d'argent, 950 et 800 millièmes, avec tolérance de 5 millièmes.

D'après l'évaluation du kilogramme d'or fin, le gramme serait payé aux hôtels des

	fr.	cent.	
monnaies	3	43	$\frac{44}{100}$.
Et le gramme d'argent fin	»	21	$\frac{89}{100}$.
Le grain d'or fin vaudrait	»	18	$\frac{30}{100}$.
Et le grain d'argent fin	»	1	$\frac{16}{100}$.

Un kilogramme..	de monnaie de cuivre vaut	5 fr.
	de monnaie de billon	50
	de monnaie d'argent	200
	de monnaie d'or	3,100

Ainsi, le cuivre est avec l'argent monnayé dans la proportion de 5 à 200 ou 1 à 40, et l'argent avec l'or dans le rapport de 2 à 31 ou 1 à 15 $\frac{1}{2}$.

100 francs pèsent..	en monnaie de cuivre	20 kilog.
	en monnaie de billon	2 kilog.
	en monnaie d'argent	5 hectog.
	en monnaie d'or	32 gram. 258 millig.

kilog.	livres.	onces.	gros.	grains.	kilog.	livres.	onces.	gros.	grains.	kilog.	livres.	onces.	gros.	grains.	kilog.	livres.	onces.	gros.	grains.	kilog.	livres.	onces.	gros.	grains.	kilog.	livres.	onces.	gros.	grains.
1	2	00	5	35	51	104	02	7	64	101	206	05	2	17	151	308	07	4	50	201	410	09	7	09	251	512	12	1	37
2	4	01	2	70	52	106	03	5	27	102	208	05	7	52	152	310	08	2	13	202	412	10	4	44	252	514	12	7	00
3	6	02	0	34	53	108	04	2	62	103	210	06	5	15	153	312	08	7	48	203	414	11	2	07	253	516	13	4	35
4	8	02	5	69	54	110	05	0	25	104	212	07	2	50	154	314	09	5	11	204	416	11	7	42	254	518	14	1	70
5	10	03	3	32	55	112	05	5	60	105	214	08	0	13	155	316	10	2	46	205	418	12	5	05	255	520	14	7	33
6	12	04	0	67	56	114	06	3	23	106	216	08	5	48	156	318	11	0	09	206	420	13	2	40	256	522	15	4	68
7	14	04	6	30	57	116	07	0	58	107	218	09	3	11	157	320	11	5	44	207	422	14	0	03	257	525	00	2	31
8	16	05	3	63	58	118	07	6	21	108	220	10	0	46	158	322	12	3	07	208	424	14	5	38	258	527	00	7	66
9	18	06	1	28	59	120	08	3	56	109	222	10	6	09	159	324	13	0	42	209	426	15	3	01	259	529	01	5	29
10	20	06	6	63	60	122	09	1	21	110	224	11	3	50	160	326	13	6	06	210	429	00	0	37	260	531	02	2	66
11	22	07	4	26	61	124	09	6	56	111	226	12	1	07	161	328	14	3	41	211	431	00	6	00	261	533	03	0	27
12	24	08	1	61	62	126	10	4	19	112	228	12	6	42	162	330	15	1	04	212	433	01	3	35	262	535	03	5	62
13	26	08	6	25	63	128	11	1	54	113	230	13	4	05	163	332	15	6	39	213	435	02	0	70	263	537	04	3	25
14	28	09	4	60	64	130	11	7	17	114	232	14	1	40	164	335	00	4	02	214	437	02	6	33	264	539	05	0	60
15	30	10	2	23	65	132	12	4	52	115	234	14	7	03	165	337	01	1	37	215	439	03	3	68	265	541	05	6	13
16	32	10	7	58	66	134	13	2	15	116	236	15	4	38	166	339	01	7	00	216	441	04	1	31	266	543	06	1	58
17	34	11	4	21	67	136	13	7	50	117	239	00	2	01	167	341	02	4	35	217	443	04	6	66	267	545	07	1	21
18	36	12	1	56	68	138	14	5	13	118	241	00	7	36	168	343	03	1	70	218	445	08	7	61	268	547	07	6	56
19	38	13	0	19	69	140	15	2	48	119	243	01	4	71	169	345	03	7	33	219	447	06	1	64	269	549	08	4	19
20	40	13	5	55	70	143	00	0	12	120	245	02	2	42	170	347	04	4	69	220	449	06	7	28	270	551	09	1	57
21	42	14	3	18	71	145	00	5	47	121	247	03	0	05	171	349	05	2	31	221	451	07	4	63	271	553	09	7	20
22	44	15	0	53	72	147	01	3	10	122	249	03	5	40	172	351	05	7	66	222	453	08	2	26	272	555	10	4	55
23	46	15	6	17	73	149	02	0	45	123	251	04	3	03	173	353	06	5	29	223	455	08	7	61	273	557	11	2	18
24	49	00	3	52	74	151	02	6	08	124	253	05	0	38	174	355	07	2	64	224	457	09	5	24	274	559	11	7	53
25	51	01	1	15	75	153	03	3	43	125	255	05	6	01	175	357	08	0	27	225	459	10	2	59	275	561	12	5	16
26	53	01	6	50	76	155	04	1	06	126	257	06	3	35	176	359	08	5	62	226	461	11	0	22	276	563	13	2	51
27	55	02	4	13	77	157	04	6	41	127	259	07	0	72	177	361	09	3	25	227	463	11	5	57	277	565	14	0	14
28	57	03	1	48	78	159	05	4	04	128	261	07	6	34	178	363	10	0	60	228	465	12	3	20	278	567	14	5	49
29	59	03	7	11	79	161	06	1	39	129	263	08	3	[illegible]	179	365	10	6	23	229	467	13	0	57	279	569	15	3	12
30	61	04	4	46	80	163	06	7	04	130	265	09	1	34	180	367	11	3	60	230	469	13	6	19	280	572	00	0	48
31	63	05	2	09	81	165	07	4	37	131	267	09	6	65	181	369	12	1	23	231	471	14	3	54	281	574	00	6	11
32	65	05	7	44	82	167	08	2	00	132	269	10	4	31	182	371	12	6	58	232	473	15	1	17	282	576	01	3	46
33	67	06	5	07	83	169	08	7	35	133	271	11	1	55	183	373	13	4	21	233	475	15	6	52	283	578	02	1	09
34	69	07	2	42	84	171	09	4	70	134	273	11	7	29	184	375	14	1	56	234	478	00	4	15	284	580	02	6	44
35	71	08	0	05	85	173	10	2	33	135	275	12	4	64	185	377	14	7	19	235	480	01	1	50	285	582	03	4	07
36	73	08	5	40	86	175	10	7	68	136	277	13	2	27	186	379	15	4	54	236	482	01	7	13	286	584	04	1	42
37	75	09	3	03	87	177	11	5	31	137	279	13	7	62	187	382	00	2	17	237	484	02	4	48	287	586	04	7	05
38	77	10	0	38	88	179	12	2	66	138	281	14	5	[illegible]	188	384	00	7	52	238	486	03	2	11	288	588	05	4	40
39	79	10	6	01	89	181	13	0	29	139	283	15	2	60	189	386	01	5	15	239	488	03	7	46	289	590	06	2	03
40	81	11	3	38	90	183	13	5	67	140	286	00	0	24	190	388	02	2	51	240	490	04	5	12	290	592	06	7	39
41	83	12	1	01	91	185	14	3	27	141	288	00	5	59	191	390	03	0	14	241	492	05	2	47	291	594	07	5	02
42	85	12	6	36	92	187	15	0	62	142	290	01	5	22	192	392	03	5	49	242	494	06	0	10	292	596	08	2	37
43	87	13	3	71	93	189	15	6	25	143	292	02	[illegible]	57	193	394	04	3	12	243	496	06	5	45	293	598	09	0	00
44	89	14	1	34	94	192	00	3	60	144	294	02	6	20	194	396	05	0	47	244	498	07	3	08	294	600	09	5	35
45	91	14	6	69	95	194	01	1	23	145	296	03	3	55	195	398	05	6	10	345	500	08	0	43	295	602	10	2	70
46	93	15	4	32	96	196	01	6	58	146	298	04	1	18	196	400	06	3	45	246	502	08	6	06	296	604	11	0	33
47	96	00	1	67	97	198	02	4	21	147	300	04	6	53	197	402	07	1	08	247	504	09	3	41	297	606	11	5	68
48	98	00	7	30	98	200	03	1	56	148	302	05	4	16	198	404	07	6	43	248	506	10	1	04	298	608	12	3	31
49	100	01	4	65	99	202	03	7	19	149	304	06	1	46	199	406	08	4	06	249	508	10	6	39	299	610	13	0	66
50	102	02	2	29	100	204	04	4	59	150	306	06	[illegible]	09	200	408	09	1	46	250	510	11	4	33	300	612	13	6	33

kilog.	livres.	onces.	gros.	grains.
301	614	14	3	68
302	616	15	1	31
303	618	15	6	66
304	621	00	4	29
305	623	01	1	64
306	625	01	7	27
307	627	02	4	62
308	629	03	2	25
309	631	03	7	60
310	633	04	5	24
311	635	05	2	59
312	637	06	0	22
313	639	06	5	57
314	641	07	3	20
315	643	08	0	55
316	645	08	6	18
317	647	09	3	53
318	649	10	1	16
319	651	10	6	51
320	653	11	4	15
321	655	12	1	50
322	657	12	7	13
323	659	13	4	48
324	661	14	2	11
325	663	14	7	46
326	665	15	5	09
327	668	00	2	44
328	670	01	0	07
329	672	01	5	42
330	674	02	3	06
331	676	03	0	41
332	678	03	6	04
333	680	04	3	39
334	682	05	1	02
335	684	05	6	37
336	686	06	4	00
337	688	07	1	35
338	690	07	6	70
339	692	08	4	33
340	694	09	1	69
341	696	09	7	32
342	698	10	4	67
343	700	11	2	30
344	702	11	7	65
345	704	12	5	28
346	706	13	2	63
347	708	14	0	26
348	710	14	5	61
349	712	15	3	24
350	715	00	0	60

kilog.	livres.	onces.	gros.	grains.
351	717	00	6	23
352	719	01	3	58
353	721	02	1	21
354	723	02	6	56
355	725	03	4	19
356	727	04	1	54
357	729	04	7	17
358	731	05	4	52
359	733	06	2	15
360	735	06	7	51
361	737	07	5	14
362	739	08	2	49
363	741	09	0	12
364	743	09	5	47
365	745	10	3	10
366	747	11	0	45
367	749	11	6	08
368	751	12	3	43
369	753	13	1	06
370	755	13	6	42
371	757	14	4	05
372	759	15	1	40
373	761	15	7	03
374	764	00	4	38
375	766	01	2	01
376	768	01	7	36
377	770	02	4	71
378	772	03	2	34
379	774	03	7	69
380	776	04	5	33
381	778	05	2	68
382	780	06	0	31
383	782	06	5	66
384	784	07	3	29
385	786	08	0	64
386	788	08	6	27
387	790	09	3	62
388	792	10	1	25
389	794	10	6	60
390	796	11	4	24
391	798	12	1	59
392	800	12	7	22
393	802	13	4	57
394	804	14	2	20
395	806	14	7	55
396	808	15	5	18
397	811	00	2	53
398	813	01	0	06
399	815	01	5	51
400	817	02	3	20

kilog.	livres.	onces.	gros.	grains.
401	819	03	0	50
402	821	03	6	13
403	823	04	3	48
404	825	05	1	11
405	827	05	6	46
406	829	06	4	09
407	831	07	1	44
408	833	07	7	07
409	835	08	4	42
410	837	09	2	06
411	839	09	7	41
412	841	10	5	04
413	843	11	2	39
414	845	12	0	02
415	847	12	5	37
416	849	13	3	00
417	851	14	0	35
418	853	14	5	70
419	855	15	3	33
420	858	00	0	69
421	860	00	6	32
422	862	01	3	67
423	864	02	1	30
424	866	02	6	65
425	868	03	4	28
426	870	04	1	63
427	872	04	7	26
428	874	05	4	61
429	876	06	2	24
430	878	06	7	60
431	880	07	5	23
432	882	08	2	58
433	884	09	0	21
434	886	09	5	56
435	888	10	3	19
436	890	11	0	54
437	892	11	6	17
438	894	12	3	52
439	896	13	1	15
440	898	13	6	51
441	900	14	4	14
442	902	15	1	49
443	904	15	7	12
444	907	00	4	47
445	909	01	2	10
446	911	01	7	45
447	913	02	5	08
448	915	03	2	43
449	917	04	0	06
450	919	04	5	42

kilog.	livres.	onces.	gros.	grains.
451	921	05	3	05
452	923	06	0	40
453	925	06	6	03
454	927	07	3	38
455	929	08	1	01
456	931	08	6	36
457	933	09	3	71
458	935	10	1	34
459	937	10	6	69
460	939	11	4	32
461	941	12	1	67
462	943	12	7	30
463	945	13	4	65
464	947	14	2	28
465	949	14	7	63
466	951	15	5	26
467	954	00	2	61
468	956	01	0	24
469	958	01	5	59
470	960	02	3	24
471	962	03	0	59
472	964	03	6	22
473	966	04	3	57
474	968	05	1	20
475	970	05	6	55
476	972	06	4	18
477	974	07	1	53
478	976	07	7	16
479	978	08	4	51
480	980	09	2	15
481	982	09	7	50
482	984	10	5	13
483	986	11	2	48
484	988	12	0	11
485	990	12	5	46
486	992	13	3	09
487	994	14	0	44
488	996	14	6	07
489	998	15	3	42
490	1001	00	1	06
491	1003	00	6	41
492	1005	01	4	04
493	1007	02	1	39
494	1009	02	7	02
495	1011	03	4	37
496	1013	04	2	00
497	1015	04	7	35
498	1017	05	4	70
499	1019	06	2	33
500	1021	07	0	07

kilog.	livres.	onces.	gros.	grains.
501	1023	07	5	42
502	1025	08	3	05
503	1027	09	0	40
504	1029	09	6	03
505	1031	10	3	38
506	1033	11	1	01
507	1035	11	6	36
508	1037	12	3	71
509	1039	13	1	34
510	1041	13	6	70
511	1043	14	4	33
512	1045	15	1	68
513	1047	15	7	31
514	1050	00	4	66
515	1052	01	2	29
516	1054	01	7	64
517	1056	02	5	27
518	1058	03	2	62
519	1060	04	0	25
520	1062	04	5	61
521	1064	05	3	24
522	1066	06	0	59
523	1068	06	6	22
524	1070	07	3	57
525	1072	08	1	20
526	1074	08	6	55
527	1076	09	4	18
528	1078	10	1	53
529	1080	10	7	16
530	1082	11	4	52
531	1084	12	2	15
532	1086	12	7	50
533	1088	13	5	13
534	1090	14	2	48
535	1092	15	0	11
536	1094	15	5	46
537	1097	00	3	09
538	1099	01	0	44
539	1101	01	6	07
540	1103	02	3	43
541	1105	03	1	06
542	1107	03	6	41
543	1109	04	4	04
544	1111	05	1	39
545	1113	05	7	02
546	1115	06	4	37
547	1117	07	2	00
548	1119	07	7	35
549	1121	08	4	70
550	1123	09	2	34

kilog.	livres.	onces.	gros.	grains.
551	1125	09	7	69
552	1127	10	5	32
553	1129	11	2	67
554	1131	12	0	30
555	1133	12	5	65
556	1135	13	3	28
557	1137	14	0	63
558	1139	14	6	25
559	1141	15	3	61
560	1144	00	1	25
561	1146	00	6	60
562	1148	01	6	23
563	1150	02	4	58
564	1152	02	1	21
565	1154	03	7	56
566	1156	04	4	19
567	1158	04	7	54
568	1160	05	5	17
569	1162	06	2	52
570	1164	07	0	16
571	1166	07	5	51
572	1168	08	3	14
573	1170	09	0	49
574	1172	09	6	12
575	1274	10	3	47
576	1176	11	1	10
577	1178	11	6	45
578	1180	12	4	08
579	1182	13	1	43
580	1184	03	7	07
581	1186	14	4	42
582	1188	15	2	05
583	1190	15	7	40
584	1193	00	5	03
585	1195	01	2	38
586	1197	02	0	01
587	1199	02	5	36
588	1201	03	2	71
589	1203	04	0	34
590	1205	04	5	70
591	1207	05	3	33
592	1209	06	0	68
593	1211	06	6	31
594	1213	07	3	66
595	1215	08	1	29
596	1217	08	6	64
597	1219	09	4	27
598	1221	10	1	62
599	1223	10	7	25
600	1225	11	4	66

kilog.	livres	onces	gros	grains
601	1227	1	2	29
602	1229	12	7	64
603	1231	13	5	27
604	1233	14	2	62
605	1235	15	0	25
606	1237	15	5	60
607	1240	00	3	23
608	1242	01	0	68
609	1244	01	6	21
610	1246	02	3	57
611	1248	03	1	20
612	1250	03	6	55
613	1252	04	4	18
614	1254	05	1	53
615	1256	05	7	16
616	1258	06	4	51
617	1260	07	2	14
618	1262	07	7	49
619	1264	08	5	12
620	1266	09	2	48
621	1268	10	0	11
622	1270	10	5	46
623	1272	11	3	09
624	1274	12	0	44
625	1276	12	6	07
626	1278	13	3	42
627	1280	14	1	05
628	1282	14	6	40
629	1284	15	4	03
630	1287	00	1	39
631	1289	00	7	02
632	1291	01	4	37
633	1293	02	2	00
634	1295	02	7	35
635	1297	03	4	70
636	1299	04	2	33
637	1301	04	7	68
638	1303	05	5	31
639	1305	06	2	66
640	1307	07	0	30
641	1309	07	5	65
642	1311	08	3	28
643	1313	09	0	63
644	1315	09	6	26
645	1317	10	3	61
646	1319	11	1	24
647	1321	11	6	59
648	1323	12	4	22
649	1325	13	1	57
650	1327	13	7	21

kilog.	livres	onces	gros	grains
651	1329	14	4	56
652	1331	15	2	19
653	1333	15	7	54
654	1336	00	5	47
655	1338	01	2	52
656	1340	02	0	15
657	1342	02	5	50
658	1344	03	3	13
659	1346	04	0	48
660	1348	04	6	12
661	1350	05	3	47
662	1352	06	1	10
663	1354	06	6	45
664	1356	07	4	08
665	1358	08	1	43
666	1360	08	7	06
667	1362	09	4	41
668	1364	10	2	04
669	1366	10	7	39
670	1368	11	5	03
671	1370	12	2	38
672	1372	13	0	01
673	1374	13	5	36
674	1376	14	2	71
675	1378	15	0	34
676	1380	15	5	69
677	1383	00	3	32
678	1385	01	0	67
679	1387	01	9	30
680	1389	02	3	66
681	1391	03	1	19
682	1393	03	6	64
683	1395	04	4	27
684	1397	05	1	56
685	1399	05	7	25
686	1401	06	4	60
687	1403	07	2	23
688	1405	07	7	58
689	1407	08	5	21
690	1409	09	2	57
691	1411	10	0	19
692	1413	10	5	54
693	1415	11	3	17
694	1417	12	0	52
695	1419	12	6	15
696	1421	13	3	50
697	1423	14	1	13
698	1425	14	6	48
699	1427	15	4	11
700	1430	00	1	53

kilog.	livres	onces	gros	grains
701	1432	00	7	16
702	1434	01	4	51
703	1436	02	2	14
704	1438	02	7	49
705	1440	03	5	12
706	1442	04	2	47
707	1444	05	0	10
708	1446	05	5	45
709	1448	06	3	08
710	1450	07	0	44
711	1452	07	5	79
712	1454	08	3	42
713	1456	09	1	05
714	1458	09	6	40
715	1460	10	4	03
716	1462	11	1	38
717	1464	11	7	01
718	1466	12	4	36
719	1468	13	1	71
720	1470	13	7	35
721	1472	14	4	70
722	1474	15	2	33
723	1476	15	7	68
724	1479	00	5	31
725	1481	01	2	66
726	1483	02	0	29
727	1485	02	5	64
728	1487	03	3	27
729	1489	04	0	62
730	1491	04	6	26
731	1493	05	3	61
732	1495	06	1	24
733	1497	06	6	59
734	1499	07	4	22
735	1501	08	1	57
736	1503	08	7	20
737	1505	09	4	55
738	1507	10	2	18
739	1509	10	7	53
740	1511	11	5	17
741	1513	12	2	52
742	1515	13	0	15
743	1517	13	5	50
744	1519	14	3	13
745	1521	15	0	48
746	1523	15	6	11
747	1526	00	3	46
748	1528	01	1	09
749	1530	01	6	44
750	1532	02	4	08

kilog.	livres	onces	gros	grains
751	1534	03	1	43
752	1536	03	7	06
753	1538	04	4	41
754	1540	05	2	04
755	1542	05	7	39
756	1544	06	5	02
757	1546	07	2	37
758	1548	08	0	00
759	1550	08	5	35
760	1552	09	2	71
761	1554	10	0	33
762	1556	10	5	68
763	1558	11	3	31
764	1560	12	0	66
765	1562	12	6	29
766	1564	13	3	64
767	1566	14	1	27
768	1568	14	6	62
769	1570	15	4	25
770	1573	00	1	62
771	1575	00	7	25
772	1577	01	4	60
773	1579	02	2	23
774	1581	02	7	58
775	1583	03	5	21
776	1585	04	2	56
777	1587	05	0	19
778	1589	05	5	54
779	1591	06	3	17
780	1593	07	0	53
800	1634	04	6	40
900	1838	09	3	27
1000	2042	14	0	14
1100	2247	02	5	01
1200	2431	07	1	60
1300	2655	11	6	47
1400	2860	00	3	34
1500	3064	05	0	21
2000	4085	12	0	42

Hectogrammes.

hectogr.	livres	onces	gros	grains
1	»	03	2	11
2	»	06	4	21
3	»	09	6	32
4	»	13	0	43
5	1	00	2	54
6	1	03	4	64
7	1	06	7	03
8	1	10	1	14
9	1	13	3	24
10 font un kilogr.				

décagr.	livres	onces	gros	grains
1	»	0	2	44
2	»	0	5	17
3	»	0	7	61
4	»	1	2	33
5	»	1	5	05
6	»	1	7	50
7	»	2	2	22
8	»	2	4	66
9	»	2	7	38
10 font un hectogr.				

grammes.

1	»	»	» 19
2	»	»	» 38
3	»	»	» 56
4	»	»	1 03
5	»	»	1 22
6	»	»	1 41
7	»	»	1 60
8	»	»	2 07
9	»	»	2 25
10 font un décagr.			

décigr. — grains. 10e.

1	»	»	1 9
2	»	»	3 8
3	»	»	5 6
4	»	»	7 5
5	»	»	9 3
6	»	»	11 3
7	»	»	13 2
8	»	»	15 1
9	»	»	17 0
10 font un gramme.			

centigr. fract. de gr. 100e.

1	»	»	» 19
2	»	»	» 38
3	»	»	» 56
4	»	»	» 75
5	»	»	» 94
6	gr.	1	13
7	»	1	31
8	»	1	51
9	»	1	69
10 font un décigr.			

milligr. 100e de gr.

1	»	1 883
2	»	3 765
3	»	5 648
4	»	7 531
5	»	9 414
6	»	11 296
7	»	13 179
8	»	15 062
9	»	16 944
10 font un centigr.		

livres. *	kilog.	gr.	livres.	kilog.	gr.
1	0	489	51	24	965
2	0	979	52	25	454
3	1	468	53	25	944
4	1	958	54	26	433
5	2	447	55	26	923
6	2	937	56	27	412
7	3	426	57	27	902
8	3	916	58	28	391
9	4	406	59	28	881
10	4	895	60	29	370
11	5	385	61	29	860
12	5	874	62	30	349
13	6	364	63	30	839
14	6	853	64	31	328
15	7	343	65	31	818
16	7	832	66	32	307
17	8	322	67	32	797
18	8	811	68	33	286
19	9	301	69	33	776
20	9	790	70	34	265
21	10	280	71	34	755
22	10	769	72	35	244
23	11	259	73	35	734
24	11	748	74	36	223
25	12	238	75	36	713
26	12	727	76	37	202
27	13	217	77	37	692
28	13	706	78	38	181
29	14	196	79	38	671
30	14	685	80	39	160
31	15	175	81	39	650
32	15	664	82	40	139
33	16	154	83	40	629
34	16	643	84	41	118
35	17	133	85	41	608
36	17	622	86	42	097
37	18	112	87	42	587
38	18	601	88	43	076
39	19	091	89	43	566
40	19	580	90	44	055
41	20	070	91	44	545
42	20	559	92	45	034
43	21	049	93	45	524
44	21	538	94	46	013
45	22	028	95	46	503
46	22	517	100	48	951
47	23	007	200	97	901
48	23	496	300	146	085
49	23	986	500	244	753
50	24	475	1000	489	506

* La livre se divisait en deux marcs et chaque marc en huit onces.

Onces en grammes.	
1	31
2	61
3	92
4	122
5	153
6	184
7	214
8	245
9	275
10	306
11	337
12	367
13	398
14	428
15	459
16	489

Seize onces faisaient une livre.

Gros en grammes.	
1	4
2	8
3	11
4	15
5	19
6	23
7	27
8	31

Huit gros faisaient une once.

Grains en décigr. *		
1	0	53
2	1	06
3	1	59
4	2	12
5	2	66
6	3	19
7	3	72
8	4	25
9	4	78
10	5	31
11	5	84
12	6	37
13	6	90
14	7	44
15	7	97
16	8	50
17	9	03
18	9	56
19	10	09
20	10	62

* Les décimales sont des milligr.

Grains en décigr.		
21	11	15
22	11	69
23	12	22
24	12	75
25	13	28
26	13	81
27	14	34
28	14	87
29	15	40
30	15	93
31	16	47
32	17	00
33	17	53
34	18	06
35	18	59
36	19	12
37	19	65
38	20	18
39	20	71
40	21	25
41	21	78
42	22	31
43	22	84
44	23	37
45	23	90
46	24	43
47	24	96
48	25	50
49	26	03
50	26	56
51	27	09
52	27	62
53	28	15
54	28	68
55	29	21
56	29	74
57	30	28
58	30	81
59	31	54
60	31	87
61	32	40
62	32	93
63	33	46
64	33	99
65	34	52
66	35	06
67	35	59
68	36	12
69	36	65
70	37	18
71	37	71
72	38	24

Soixante - douze grains faisaient un gros, qui équivaut à 3 gr. 824, ou 4 gr.

Anciens titres des métaux convertis en millièmes.

Matière d'or.

32es de karat.	mill.
1	1
2	3
3	4
4	5
5	7
6	8
7	9
8	10
9	12
10	13
11	14
12	16
13	17
14	18
15	20
16	21
17	22
18	23
19	25
20	26
21	27
22	29
23	30
24	31
25	33
26	34
27	35
28	36
29	38
30	39
31	40
32	42

32 trente-deuxièmes faisaient un karat.

karats.	millièm.
1	42
2	83
3	125
4	167
5	208
6	250
7	292
8	333
9	375
10	417
11	458
12	500
13	542
14	583
15	625
16	667

Matière d'or.

karats.	millièm.
17	708
18	750
19	792
20	833
21	875
22	917
23	958
24	1000

Matière d'argent.

grains *.	millièm.
1	3
2	7
3	10
4	14
5	17
6	21
7	24
8	28
9	31
10	35
11	38
12	42
13	45
14	49
15	52
16	56
17	59
18	63
19	66
20	69
21	73
22	76
23	80
24	83

24 grains faisaient un denier de fin.

deniers.	millièm.
1	83
2	167
3	250
4	333
5	417
6	500
7	583
8	667
9	750
10	833
11	917
12	1000

* Ce grain diffère du grain de poids.

MESURES DE CAPACITÉ.

Les mesures de capacité ou de contenance dérivent du mètre; l'unité de ces mesures s'appelle litre, et contient exactement un décimètre cube.

Dénomination des mesures de capacité et leurs rapports entr'elles.

Kilolitre, 1000 *litres*.	*Hectolitre*, 100 *litres*.	*Décalitre*, 10 *litres*.	*Litre*.	*Décilitre*, 10ᵉ *de litre*.	*Centilitre*, 100ᵉ *de litre*.
1	10	100	1,000	10,000	100,000
»	1	10	100	1,000	10,000
»	»	1	10	100	1,000
»	»	»	1	10	100
»	»	»	»	1	10
»	»	»	»	»	1

Les mesures de capacité se divisent naturellement en deux classes : mesures pour les liquides, comme eau-de-vie, vins, etc., et mesures pour les matières sèches, comme grains, sel, charbons, etc.

Autrefois, chaque canton avait, pour ainsi dire, ses mesures particulières. Le nombre en était si considérable, qu'il serait difficile de les rapporter; mais comme partout on connaissait le rapport des mesures locales avec celles de Paris, il suffit de présenter la conversion de ces dernières en mesures métriques.

Plusieurs mesures de Paris, quoique portant le même nom, n'avaient aucuns rapports entre elles; le septier de vin, ou velte, contenait 8 pintes, et le demi-septier n'était qu'un quart de pinte; les septiers et muids de blé, avoine, sel, etc., étaient d'une contenance différente les uns des autres.

Pour les matières sèches, le muid de grain, sel et avoine contenait 12 septiers; le muid de charbon seulement n'en contenait que dix; mais comme ces septiers variaient de contenance, le muid formait quatre mesures différentes. Le septier pour le grain contenait 12 boisseaux, pour le sel 16, pour l'avoine 24, pour le charbon 32. Ces deux mesures n'étaient que des mesures de compte; le boisseau était la mesure effective; il était le même pour les grains, le sel, l'avoine et le charbon, et contenait 16 litrons, qui se divisaient en demis et quarts. La capacité du boisseau était de 655 pouces 78 centièmes.

Pour les liquides, le muid de Paris, contenant.......	288 pintes ou	2 hectolitres	68 litres,
se divisait en deux feuillettes de chacune...............	144	1	34
La feuillette contenant deux quartauts de chacun.....	72	»	67 $\frac{1}{10}$
se divisait en huit septiers, ou veltes, de chacun......	8	»	7 $\frac{5}{10}$

La pinte, censée contenir 48 pouces cubes, mais reconnue ne contenir réellement que 46 pouces $\frac{95}{100}$, équivalant à.. 0,931

Elle se divisait en chopine ou demi-pinte, répondant à........................ 0,466

En demi-septier ou quart de pinte, équivalant à.................................. 0,233

En poisson ou huitième de pinte, équivalant à.................................... 0,116

Rapport des mesures de capacité métriques avec les anciennes mesures de Paris.

	Pour les liquides.	Pour les matières sèches.			
		Grains.	Sel.	Avoine.	Charbon.
Le kilolitre équivaut en muids à........	muids. 3, 728	muid. 0, 534	muid. 0, 400	muid. 0, 267	muid. 0, 240
L'hectolitre équivaut en septiers à.......	septiers. 13, 422	septier. 0, 641	septier. 0, 480	septier. 0, 320	septier. 0, 240
Le décalitre équivaut en boisseaux à.....	"	boisseau. 0, 769	boisseau. 0, 769	boisseau. 0, 769	boisseau. 0, 769
Le litre équivaut en pintes et litrons à............................	pinte. 1, 074	litron. 1, 230	litron. 1, 230	litron. 1, 230	litron. 1, 230
Le décilitre équivaut au dixième des pintes et litrons..................	"	"	"	"	"
Le centilitre équivaut au centième des pintes et litrons..................	"	"	"	"	"

Par arrêté de Son Excellence le Ministre de l'intérieur, du 28 mars 1812, en exécution du décret de Sa Majesté du 12 février précédent, il est dit :

Art. 4. « Les grains et autres matières sèches pourront être mesurées dans la vente au détail » avec une mesure égale au huitième de l'hectolitre, laquelle prendra le nom de *boisseau*, et » aura son double, son demi et son quart.

» Chacune de ces mesures portera son nom, et, en outre, l'indication de son rapport avec » l'hectolitre, savoir : le double boisseau....................... $\frac{1}{4}$ d'hectolitre.

le boisseau........................... $\frac{1}{8}$ *id.*

le demi-boisseau.................... $\frac{1}{16}$ *id.*

le quart de boisseau................ $\frac{1}{32}$ *id.*

Art. 5. » Pour la vente en détail des graines, grenailles, farines, légumes secs ou verts, le » litre pourra se diviser en demis, quarts et huitièmes, et chacune de ces mesures portera son » nom indicatif de son rapport avec le litre.

Art. 7. » Pour la vente en détail du vin, de l'eau-de-vie, et autres boissons ou liqueurs, on » pourra employer des mesures d'un quart, d'un huitième et d'un seizième de litre......... » Chacune desdites mesures portera le nom indicatif de son rapport avec le litre.

» Le boisseau, huitième de l'hectolitre, ne différera de l'ancien boisseau de Paris que de » quatre pour cent en moins »

Les dispositions ci-dessus n'étant relatives qu'à l'emploi des mesures et des poids dans le commerce de détail et dans les usages journaliers, les mesures légales continueront à être seules employées exclusivement dans tous les travaux publics, dans le commerce en gros, et dans toutes les transactions commerciales et autres; c'est par ce motif que nous ne donnons point la conversion de ces nouvelles mesures en litres, qui, d'ailleurs, en dispensent par l'extrême simplicité de leurs rapports avec le litre : il suffit de se rappeler que le double boisseau équivaut à 25 litres, le boisseau à 12 litres $\frac{1}{2}$, le demi-boisseau à 6 litres $\frac{1}{4}$, et le quart de boisseau à trois litres $\frac{1}{8}$.

Conversion des nouvelles mesures en mesures anciennes.

Litres en Pintes. *			Litres en Pintes.			Hectolit. en muids. *		
1	1	074	51	54	761	1	0	373
2	2	147	52	55	835	2	0	746
3	3	221	53	56	908	3	1	118
4	4	295	54	57	982	4	1	491
5	5	369	55	59	056	5	1	864
6	6	442	56	60	130	6	2	237
7	7	516	57	61	204	7	2	610
8	8	590	58	62	277	8	2	983
9	9	664	59	63	351	9	3	355
10	10	737	60	64	425	10	3	728
11	11	811	61	65	499	11	4	101
12	12	885	62	66	573	12	4	474
13	13	958	63	67	646	13	4	847
14	15	037	64	68	720	14	5	220
15	16	106	65	69	794	15	5	592
16	17	179	66	70	868	16	5	965
17	18	253	67	71	941	17	6	338
18	19	327	68	73	015	18	6	711
19	20	400	69	74	089	19	7	084
20	21	475	70	75	162	20	7	457
21	22	549	71	76	236	21	7	829
22	23	612	72	77	310	22	8	202
23	24	696	73	78	384	23	8	575
24	25	770	74	79	458	24	8	948
25	26	844	75	80	531	25	9	321
26	27	917	76	81	605	26	9	694
27	28	991	77	82	679	27	10	066
28	30	065	78	83	753	28	10	439
29	31	131	79	84	826	29	10	812
30	32	212	80	85	900	30	11	185
31	33	286	81	86	974	31	11	558
32	34	360	82	88	048	32	11	931
33	35	433	83	89	122	33	12	303
34	36	507	84	90	196	34	12	676
35	37	581	85	91	269	35	13	049
36	38	654	86	92	343	36	13	422
37	39	728	87	93	416	37	13	795
38	40	802	88	94	490	38	14	168
39	41	876	89	95	563	39	14	540
40	42	950	90	96	637	40	14	913
41	44	023	91	97	711	50	18	641
42	45	097	92	98	785	60	22	369
43	46	171	93	99	859	70	26	098
44	47	245	94	100	932	80	29	826
45	48	318	95	102	006	90	33	554
46	49	392	100	107	375	100	37	782
47	50	466	200	214	749	200	74	565
48	51	540	300	322	124	300	111	848
49	52	613	400	429	[illegible]	400	146	131
50	53	687	500	536	[illegible]	500	186	414

Conversion des mesures anciennes en mesures nouvelles.

Pintes en litres. *			Pintes en litres.			Muids en hectolit. *		
1	0	931	51	47	497	1	2	68
2	1	863	52	48	429	2	5	36
3	2	794	53	49	360	3	8	05
4	3	725	54	50	291	4	10	73
5	4	657	55	51	222	5	13	41
6	5	588	56	52	154	6	16	09
7	6	519	57	53	085	7	18	78
8	7	450	58	54	016	8	21	46
9	8	382	59	54	948	9	24	14
10	9	313	60	55	879	10	26	82
11	10	244	61	56	810	11	29	50
12	11	176	62	57	742	12	32	19
13	12	107	63	58	673	13	34	87
14	13	038	64	59	604	14	37	55
15	13	970	65	60	536	15	40	23
16	14	901	66	61	467	16	42	91
17	15	832	67	62	398	17	45	60
18	16	764	68	63	330	18	48	28
19	17	695	69	64	261	19	50	96
20	18	626	70	65	192	20	53	64
21	19	558	71	66	124	21	56	33
22	20	489	72	67	[illegible]	22	59	01
23	21	420	73	67	986	23	61	69
24	22	352	74	68	918	24	64	37
25	23	283	75	69	849	25	67	05
26	24	214	76	70	780	26	69	74
27	25	146	77	71	711	27	72	42
28	26	077	78	72	643	28	75	10
29	27	008	79	73	574	29	77	78
30	27	940	80	74	505	30	80	47
31	28	871	81	75	437	31	83	15
32	29	802	82	76	368	32	85	83
33	30	733	83	77	299	33	88	51
34	31	665	84	78	231	34	91	19
35	32	596	85	79	162	35	93	88
36	33	527	86	80	093	36	96	56
37	34	459	87	81	025	37	99	24
38	35	390	88	81	956	38	101	92
39	36	321	89	82	287	39	104	60
40	37	253	90	83	819	40	107	29
41	38	184	91	84	750	50	134	11
42	39	115	92	85	681	60	160	93
43	40	047	93	86	613	70	187	[illegible]
44	40	978	94	87	544	80	214	58
45	41	909	95	88	475	90	241	40
46	42	841	100	93	132	100	268	22
47	43	772	144**	134	110	200	536	44
48	44	703	200	186	264	300	804	66
49	45	635	300	279	395	400	1072	88
50	46	566	500	465	659	500	1341	10

Conversion des nouvelles mesures en anciennes.

Litres	en litrons	
1	1	230
2	2	460
3	3	690
4	4	920
5	6	150
6	7	380
7	8	610
8	9	840
9	11	070
10	12	299
11	13	529
12	14	759
13	15	989
14	17	219
15	18	449
16	19	679
17	20	909
18	22	139
19	23	369
20	24	599
21	25	829
22	27	059
23	28	289
24	29	519
25	30	749
26	31	979
27	33	208
28	34	438
29	35	668
30	36	898
31	38	128
32	39	358
33	40	588
34	41	818
35	43	048
36	44	278
37	45	508
38	46	738
39	47	968
40	49	198
41	50	428
42	51	658
43	52	888
44	54	118
45	55	348
50	61	497
60	73	797
80	98	396
90	110	695
100	122	299

Décalit.	en boiss.	
1	0	769
2	1	537
3	2	306
4	3	075
5	3	844
6	4	612
7	5	381
8	6	150
9	6	919
10	7	687
11	8	456
12	9	224
13	9	993
14	10	762
15	11	531
16	12	299
17	13	068
18	13	837
19	14	606
20	15	374

Grains.

Hectolit.	en sept.	
1	0	641
2	1	281
3	1	922
4	2	562
5	3	203
6	3	844
7	4	484
8	5	125
9	5	765
10	6	406

Sel.

Hectolit.	en sept.	
1	0	480
2	0	961
3	1	441
4	1	922
5	2	402
6	2	883
7	3	363
8	3	844
9	4	324
10	4	804

Avoine.

Hectolit.	en sept.	
1	0	320
2	0	641
3	0	961
4	1	281
5	1	602
6	1	922
7	2	242
8	2	562
9	2	883
10	2	404

Charbon.

Hectolit.	en sept.	
1	0	240
2	0	480
3	0	721
4	0	961
5	1	201
6	1	441
7	1	682
8	1	922
9	2	162
10	2	402

Muids de grain.

Kilolit.	en muids.	
1	0	534
2	1	068
3	1	602
4	2	135
5	2	669
6	3	203
7	3	737
8	4	270
9	4	804
10	5	338

Sel.

Kilolit.	en muids.	
1	0	400
2	0	801
3	1	201
4	1	602
5	2	002
6	2	402
7	2	803
8	3	203
9	3	603
10	4	004

Avoine.

Kilolit.	en muids.	
1	0	267
2	0	534
3	0	801
4	1	068
5	1	335
6	1	602
7	1	868
8	2	135
9	2	402
10	2	669

Charbons.

Kilolit.	en muids.	
1	0	240
2	0	480
3	0	721
4	0	961
5	1	201
6	1	441
7	1	682
8	1	922
9	2	162
10	2	403

Les décimales sont des millièmes de litrons, de boisseaux, septiers ou muids.

Conversion des mesures anciennes en nouvelles.

Litrons	en litres.*	
1	0	813
2	1	626
3	2	439
4	3	252
5	4	065
6	4	878
7	5	691
8	6	504
9	7	317
10	8	130
11	8	943
12	9	756
13	10	569
14	11	382
15	12	195
16	13	009
17	13	822
18	14	635
19	15	448
20	16	261
21	17	074
22	17	887
23	18	700
24	19	513
25	20	326
06	21	139
27	21	952
28	22	765
29	23	578
30	24	391
31	25	204
32	26	017
33	26	830
34	27	643
35	28	456
36	29	269
37	30	082
38	30	895
39	31	709
40	32	522
41	33	335
42	34	148
43	34	961
44	35	774
45	36	587
50	40	652
60	48	783
80	65	043
90	71	174
100	81	304

Boiss.	en décalit.*	
1	1	301
2	2	602
3	3	902
4	5	203
5	6	504
6	7	805
7	9	106
8	10	407
9	11	707
10	13	008
11	14	309
12	15	610
13	16	911
14	18	212
15	19	512
16	20	813
17	22	114
18	23	415
19	24	716
20	26	017

Grains.

Septiers	en hect.	
1	1	561
2	3	122
3	4	683
4	6	244
5	7	805
6	9	366
7	10	927
8	12	488
9	14	049
10	15	610

Sel.

Septiers	en hect.	
1	2	081
2	4	163
3	6	244
4	8	325
5	10	407
6	12	488
7	14	569
8	16	651
9	18	732
10	20	813

Avoine.

Septiers	en hect.	
1	3	122
2	6	244
3	9	366
4	12	484
5	15	610
6	18	732
7	21	854
8	24	976
9	28	098
10	31	220

Charbons.

Septiers	en hect.	
1	4	163
2	8	325
3	12	488
4	16	651
5	20	813
6	24	976
7	29	139
8	33	302
9	37	464
10	41	627

Grains.

Muids	en kilolitres.	
1	1	873
2	3	746
3	5	620
4	7	493
5	9	366
6	11	239
7	13	112
8	14	986
9	16	859
10	18	732

Sel.

Muids	en kilolitres.	
1	2	498
2	4	995
3	7	493
4	9	990
5	12	488
6	14	986
7	17	483
8	19	981
9	22	478
10	24	976

Avoine.

Muids	en kilolitres.	
1	3	746
2	7	493
3	11	239
4	14	986
5	18	732
6	22	478
7	26	225
8	29	971
9	33	718
10	37	464

Charbons.

Muids	en kilolitres.	
1	4	163
2	8	325
3	12	488
4	16	651
5	20	813
6	24	976
7	29	139
8	33	302
9	37	464
10	41	627

* Les décimales sont des millitres.

* Pour les décalitres, le premier chiffre décimal représente des litres; pour les hectolitres, les deux premières décimales sont des litres, et toutes les décimales des kilolitres sont des litres.

MONNAIES DE COMPTE

DE

DIVERSES NATIONS D'EUROPE.

On s'est borné à présenter la *valeur intrinsèque* des monnaies d'or et d'argent circulant en Europe comme étant les seules qui servent dans les échanges entre divers peuples, en indiquant leurs rapports avec la *monnaie de compte*.

La *valeur intrinsèque* est la valeur réelle du métal pur d'or et d'argent contenue dans une pièce de monnaie dégagée d'alliage, abstraction faite de la valeur que le souverain a voulu y attacher.

La *monnaie de compte* est celle dans laquelle se font toutes les opérations de vente et d'achat; ainsi, connaître la valeur intrinsèque de la monnaie de compte d'un pays, c'est connaître réellement la valeur de ses monnaies.

Par exemple, la valeur intrinsèque du florin d'Autriche est de 2 fr. 59 $\frac{67}{100}$; le ducat qui a cours pour 4 florins, vaut donc 10 fr. 39 c.; c'est ainsi qu'en connaissant la valeur du franc, on connaît celle du Napoléon qui vaut 20 francs.

La valeur intrinsèque des monnaies de compte de chaque pays est calculée d'après les tables de Gerhart, sur le nouveau pied monétaire de France fixé par loi du 7 germinal an 11, à 3,100 fr. pour l'or et 200 fr. pour l'argent, fabriqués d'un kilogramme au titre de 900 millièmes; ce qui porte le prix du kilogramme en matière pure de l'or à 3,444 fr. 44 c. et de l'argent à 222 fr. 22 c.

ALLEMAGNE.

Cercle d'Autriche (Vienne), *Bohême* (Prague), *Hongrie* (Bude).

On y compte par florins ou *Gulden* de 60 *kreutzers* ou 20 gros; et chaque kreutzers se divise en 4 deniers ou *pfennings* courans, et chaque gros en 12 deniers.

Le *reichs-gulden* (florin d'empire), vaut.............. 2 fr. 59 c. $\frac{67}{00}$.
Le *reichs-thaler* de 1 florin ½ ou 90 kreutzers, vaut..... 3 87 $\frac{86}{100}$.

Les principales monnaies réelles sont, savoir : *celles en or*, le ducat d'empire de 4 florins 30 kreutzers; le souverain, de 13 florins 20 kreutzers; *celles en argent*, species reichsthaler (rixdales d'espèces), de 2 florins; le ganzkopf, de 20 kreutzers; le halbe-kopf, de 10 kreutzers; le gros d'empire vaut 6 gros de Hongrie dans la haute Hongrie, et 5 dans la basse.

Cercle de Bavière (Munich, Saltzbourg, Ratisbonne).

On y compte par florins ou *gulden* de 60 *kreutzers* dont chacun se divise en 4 deniers ou *hellers*.

Le *reichs-gulden*, florin d'empire, vaut................. 2 fr. 16 c. $\frac{139}{100}$.
Le *reichs-thaler* de 1 florin ½ ou 90 kreutzers............ 3 24 $\frac{59}{100}$.

Les principales monnaies réelles sont, savoir : *celles en or*, le florin d'or ou gold gulden de 3 florins 9 kreutzers; le carolin ou triple florin; le maximilien ou double florin; le double maximilien ou triple florin et le demi-maximilien. *Celles en argent* : le reichsthaler de 90 kreutzers (écu de convention); le demi-reichstaler de 45 kreutzers (demi-écu de convention); le kopstuch ou pièce de 24 kreutzers (sixième d'écus); le demi kopstuch ou pièce de 12 kreutzers (douzième d'écus).

Cercle de Souabe et de Franconie (Wurtemberg, Bade-Dourlach, Augsbourg, Hall, Montfort, Hohen-Zollern-Hechingen, Hechingen, Wurtzbourg, Eichstell, Brandebourg, Baireuth, Nuremberg et Francfort).

La monnaie de compte du duché de Wurtemberg dont Stuttgard est la capitale, consiste dans le florin ou *gulden* de 60 kreutzers ou 28 schellings de 4 kreutzers chacun ou 6 *pfennings* ou deniers courans.

Le *reichs-gulden*, florin d'empire, vaut................. 2 fr. 16 c. $\frac{139}{100}$.

Les principales monnaies réelles sont, savoir ; *celles en or*, le ducat de 4 florins ½, d'empire; le double et le quadruple à proportion ; *en argent*, species-reichsthaler ou rixdaale de 2 florins, et autres pièces de même qu'en Allemagne.

Cercle de Haute-Saxe (Saxe, Saxe-Gotha, Saxe-Cobourg, Saalfeld, Anhalt, Bernbourg, Stolberg, Gedern, Brandebourg).

On y compte par *thaler* de 24 bons gros ou *gute groschen*, chacun de ces gros se divise en 12 deniers ou *pfennings*, argent courant d'empire.

Le *thaler* ou *reisthaler* de 24 groschen pied de convention à 12 pfennings, vaut.. 3 fr. 89 c. $\frac{5}{10}$.

Les principales monnaies réelles sont; *en or*, les ducats ayant cours pour 2 thalers 20 gros; les augustes de 5 thalers, les demis et les doubles en proportion; *en argent*, species thalers ou écu de convention de 32 bons gros courans, le florin de 24 groschen et le demi-florin de 12 groschen.

Cercle de Basse-Saxe (Brunswick-Wolfenbuttel, Brunswick-Hanovre ou Lunebourg, Brême, Méklembourg Schwrin, Hostein, Hambourg, Lubeck).

On y compte par *thaler* de 36 *marien groschen*, chacun de 8 *pfennings* (deniers) ou 24 bons gros ou *gute groschen*.

Le *thaler* ou *reichsthaler*, vaut........................ 3 fr. 89 c. $\frac{5}{10}$.

Les principales monnaies réelles sont; *en or*, le ducat d'or de 2 thalers $\frac{5}{6}$ ou 20 gros; le carles (pistole) de 5 thalers; le florin d'or de 2 thalers; *en argent*, le reichsthaler species, réglé à 35 bons gros $\frac{1}{2}$; le florin de 24 marien-groschens, le demi florin, le quart, en proportion; le zweydrissel réglé à 17 bons gros $\frac{3}{4}$.

ANGLETERRE (*Londres*), ECOSSE (*Edimbourg*), IRLANDE (*Dublin*).

On y compte par livres, *pounds*, qui se divise en 20 *schillings*, et le *schilling* en 12 *pences sterlings* ou *irish* en Irlande.

La livre ou *pound*, vaut............................ 24 fr. 41 c. $\frac{3}{10}$.
Le schilling.. 1 fr. 22 $\frac{1}{10}$.

Les principales monnaies réelles sont, savoir : *celles en or*, la guinée de 21 schillings; la double guinée, la demi-guinée et le tiers de guinée dont la valeur est en proportion de la guinée simple; *celles en argent*, la couronne, crown, de 5 schillings; la demi couronne, half crown, de 2 schillings $\frac{1}{2}$; le schilling de 12 pences sterlings.

La guinée de 21 schillings vaut, en Irlande, 22 schillings 9 deniers irisch; la crown, 5 schillings 5 deniers, et le schilling, 13 deniers ou pences sterlings.

DANNEMARCK (*Copenhague*) ET NORWÉGE (*Bergen*).

On y compte par *ryksdalers* de 6 marcs ou *marken*, et le marc de 16 escalins danois ou *schillings dansks*, quelquefois par ryksdalers de 48 sols *lubs* ou stuivers (le marc lubs vaut 2 marcs courans, le sol lubs 2 sols courans.)

La *ryksdale* de 6 marcs, vaut........................	4 fr.	56 c.	$\frac{78}{100}$.
La *ryksdale* de 48 stuivers...........................	5	61	$\frac{45}{100}$.

Les principales monnaies réelles sont, savoir : *celles en or*, le ducat de 7 marcs lubs, 3 sols ou 14 marcs 6 sols, variable suivant le cours; le ducat courant de 2 ryksdales ou 12 marcs, prix fixe; *celles d'argent*, ryksdale species de 60 sols lubs ou 120 sols courans; la demi-ryksdale, le tiers et le sixième à proportion.

ESPAGNE (*Madrid*).

On y compte presque généralement par réaux de veillon de 34 maravedis.

Le *réal de veillon*, vaut...........................	» fr.	26 c.	$\frac{84}{100}$.
Le *réal de plata antigua* de 16 quartos...............	»	50	$\frac{51}{100}$.

Les principales monnaies réelles sont, savoir : *celles en or*, le doublon ou quadruple ou onza de oro, ayant cours pour 320 réaux ou 16 piastres fortes; le doublon de quatre ou demi-quadruple de 160 réaux ou 8 piastres; le doublon d'or ou pistole, 80 réaux ou 4 piastres; l'écu d'or, demi-pistole, *escudo de oro* de 40 réaux ou 2 piastres; le petit écu d'or ou veinten de 20 réaux. *Les monnaies d'argent*, sont la piastre forte, pesofuerte, ayant cours pour 20 réaux; la demi-piastre, escudo de veillon, 10 réaux; la piecette ordinaire, peseta, de 4 réaux; la demi-piecette, réal de plata nueva de 2 réaux, et le demi-réal de plate de 34 maravedis de veillon. La piastre mexicaine de 20 réaux se divise en piecette ou quart de 5 réaux; la demi-piecette ou *real de plata mexicana* de 2 réaux 17 maravedis; medio réal de plata (seizième de piastre) de 1 réal $8\frac{1}{2}$ maravedis.

FRANCE.

On y compte par *francs* et *centièmes* de francs ou *centimes*; on comptait précédemment par livres tournois de 20 sols à 12 deniers chacun.

Le franc, vaut..	1 fr.	
La livre tournois......................................	98 c.	$\frac{77}{100}$

Les principales monnaies réelles sont, savoir : *celles en or*, le napoléon de 20 francs et le double de 40 fr.; la pièce de 24 livres tournois ou louis de 23 fr. 55 c. et le double louis de de 47 fr. 20 cent.; *celles en argent*, les pièces de 5, 2, 1 francs et le demi-franc; l'écu de 6 liv. tournois, de 5 fr. 93 c. et l'écu de 3 liv. tournois, de 2 fr. 75 cent.

HAMBOURG.

On y compte en *marc* courant et *marc* de banque; le marc courant est de 16 *schillings* ou *sous lubs* de 12 pfennings ou deniers lubs chacun; le marc de banque est de 16 sous à 12 deniers. On compte quelquefois par *reichsthaler* de 3 marcs de banque ou 48 sous lubs.

Le marc courant, vaut	1 fr.	52 c.	$\frac{95}{100}$.
Le marc de banque	1	88	
La reichsthaler courante	4	58	$\frac{24}{100}$.
La reichsthaler de banque	5	65	$\frac{99}{100}$.

Les principales monnaies réelles frappées par la ville, sont, savoir, *celles en or*, le ducat de 6 marcs de banque et le double en proportion sauf l'agio qui en fait varier le prix; *celles en argent*, species reichsthaler de 3 marcs; la pièce de 2 marcs courans ou 32 sous lubs; les pièces de 1 marc, de $\frac{1}{2}$, $\frac{1}{4}$ et $\frac{1}{8}$, à proportion.

HOLLANDE (*Amsterdam*).

On y compte par *florin* ou *gulden* de 20 sols (stuyvers), lesquels se divisent en 16 deniers ou pfennings; le florin se divise encore en 40 deniers de gros ou groot; 6 florins composent la livre de gros ou pounds-wlams qui se divise en 20 sous de gros ou schellings de 12 deniers de gros chacun.

Le gulden ou florin de 20 stuyvers à 16 pennings chacun de banque, vaut	2 fr.	23 c.	$\frac{145}{100}$.
courant	2	13	$\frac{106}{100}$.
Le pounds wlams de banque, vaut	13	40	$\frac{7}{10}$.
courant	12	78	$\frac{36}{100}$.

On y compte aussi par ryksdaalher de florins $\frac{1}{2}$ ou 50 stuyvers.

Les principales monnaies réelles sont, savoir: *celles en or*, le ducat de 5 florins $\frac{1}{4}$ qui varie de prix suivant le cours, le double ducat à proportion, le ryder de 14 florins et le demi à proportion; *celles en argent*, le ducaton de 3 florins 3 sols ou 63 sols; le demi-ducaton, la rixdale de 2 florins $\frac{1}{2}$, la demi-rixdale, le florin de 20 sols courans, et le triple florin de 60 sols.

ITALIE.

Dans la partie comprenant les États-Vénitiens, on y compte par francs comme en France, et déjà on commence à compter de même dans toute l'italie.

On compte encore à Rome par *écu* ou *scudo*, qui se divise en 10 pauls ou paoli, ce dernier en 100 bayocques, bajocchi, et chaque bajocchi en 5 quatrini.

L'écu romain ou 5 lires de 10 paolis, vaut	5 fr.	45 c.	$\frac{33}{100}$.
La lire de 20 bajocchis ou soldi à 12 deniers	1	11	$\frac{61}{100}$.
Le paolo de 10 bajocchis	»	54	$\frac{53}{100}$.

Les principales monnaies réelles sont, savoir : *celles en or*, le sequin, zecchino de 2 écus 15 bayocques; la pistolle neuve, doppia nuova romana de 3 écus 15 bayocques; le scudo d'oro, ou mezza doppia de 16 ½ paolis; *celles d'argent*, sont l'écu, scudo moneta ou scudo romano de 10 paolis; le demi-écu, mezzo scudo de 5 paolis; le testone de 5 paolis; le cinquième d'écu ou papeto de 2 paolos.

PORTUGAL (*Lisbonne*).

On y compte par reis ou rès qui expriment la valeur de toutes les monnaies.

Millerès, ou 1,000 rès .... 6 fr. 01 c. $\frac{72}{100}$.

Il y a deux sortes de monnaies d'or, celles fabriquées avant 1722 et celles fabriquées à cette époque et depuis; les premières valent un cinquième de plus que les dernières, à cause de l'augmentation du prix de l'or et du droit de fabrication.

Les principales monnaies réelles sont, savoir : *celles d'or* anciennes, le dobraon de 2,400 rès, le demi-dobraon, la lisbonine de 4,800 rès, la demi lisbonine, la millerès de 1,200 rès, le cruzado de 480 rès; les nouvelles, le dobraon de 12,800 rès, le demi-dobraon ou moëde de 6,400 rès, le quart dobraon ou demi-moëde de 3,200 rès, le huitième ou escudo de 1,600 rès, le seizième ou demi-escudo de 800 rès, le crusado velho ou un quart d'escudo de 400 rès.

Les monnaies *d'argent* sont le cruzado-novo de 480 rès, le demi, le quart et le huitième de cruzado valant à proportion; la pièce de 6 vintems de 120 rès; le testaon de 100 rès et des pièces de 60 et 50 rès.

PRUSSE.

La monnaie de compte de Berlin et autres villes de l'électorat de Brandebourg, est la *reichsthaler* ou *thaler* de 24 bons gros, *gute groschen*, le bon gros de 12 deniers. Les banquiers comptent par livres, gros et deniers, la livre de 30 gros, et le gros de 12 deniers ou pfennings.

La reichsthaler de 24 bons gros, vaut .... 3 fr. 70 $\frac{95}{00}$.

Les principales monnaies sont, savoir : *celles en or*, le ducat de 2 reichsthalers ¾, le frédéric de 5 reichsthalers, le double frédéric et le demi-frédéric; *celles d'argent*, la reichsthaler ou thaler de 24 gute-groschens et des pièces de 12, 8, 4, 2, 1, gute-groschens.

Prusse royale et Palatinat de Marienbourg (Kœnisberg, Mémel, Elbing).

On y compte par florins ou gulden de 30 groschens à 18 pfennings.

Le florin ou gulden, vaut.............................. 1 fr. 28 c. $\frac{65}{100}$.

Mêmes monnaies que celles de l'électorat de Brandebourg.

Silésie prussienne (Breslaw).

On y compte par reichsthalers de 30 gros d'argent, *silver groschen*, et le gros 12 deniers courans.

La reichsthaler, vaut.............................. 3 fr. 70 c. $\frac{95}{100}$.

La livre de banque vaut 30 gute-groschens ou 360 pfennings.

Les principales monnaies sont, savoir: *celle d'or*, le ducat de 90 groschens; le frédéric de 6 reichsthalers de Silésie ou 5 thalers ou courans de Prusse, le double, le demi-frédéric à proportion; *celles d'argent*, le thaler courant de 30 gros d'argent, le demi et le tiers en proportion.

Le florin de Silésie vaut 16 bons gros ou 20 gros d'argent, ou 60 kreutzers ou 240 deniers.

POLOGNE.

La Pologne se divise en Grande et Petite-Pologne; Cracovie est la capitale de la Petite-Pologne et Varsovie l'est de la Grande.

On compte en général par florins (zloti) de 30 gros (groot) à 18 pfennings; mais les valeurs respectives des monnaies sont différentes dans les deux Polognes; 1 florin de la Petite-Pologne vaut 2 florins dans la Grande, et ainsi des autres monnaies.

	fr.	c.	
Le florin de la Grande-Pologne, vaut..............	»	62	$\frac{20}{100}$.
Le florin de la Petite-Pologne..............	1	24	$\frac{39}{100}$.
Le thaler de 3 florins, Petite-Pologne..............	3	73	$\frac{17}{100}$.
Le thaler est de 6 florins dans la Grande-Pologne..............	3	73	$\frac{17}{100}$.

Les principales monnaies réelles sont, savoir: *celles d'or*, le ducat de 9 florins dans la Petite-Pologne, et 18 florins dans la Grande, *et celles d'argent*, la rixdale d'espèce de 4 florins Petite-Pologne, 8 de la Grande; la demi rixdale et le quart en proportion; le thaler de 3 florins dans la Petite-Pologne et de 6 dans la Grande.

RUSSIE.

On y compte presque généralement par roubles de 100 copies (copecks); le rouble vaut 10 griwnas, le griwnas 3 altins un tiers, l'altins 1 grooz et demi, le gros 2 copecks, le copeck 2 denuschkas et le denuschkas 2 polushkas.

Le rouble de 10 griwnas ou 100 copecks, vaut........... 3 fr. 99 c. $\frac{49}{100}$.

Les principales monnaies réelles sont, savoir : *celles en or*, l'impérial de 10 roubles et le demi-impérial de 5 roubles; *celles en argent*, le rouble de 100 copecks, le poltinick ou demi-rouble de 50 copecks et le polu-poltinick ou quart de rouble de 25 copecks.

SUÈDE (*Stockolm*).

La monnaie de compte est la riksdalher de 48 schillings ou escalins, et l'escalin se divise en 12 deniers, pfennings ou oeres; la riksdahler vaut 6 dalhers d'argent qui égalent 48 schillings, et 48 schillings égalent 192 oeres ou deniers.

La riksdahler, vaut.................................... 5 fr. 71 $\frac{14}{100}$.

Les principales monnaies réelles sont, savoir : *en or*, le ducat de 2 riksdahlers, plus ou moins, le prix de cette pièce étant variable; *en argent*, la riksdahler de 48 schillings; les pièces de deux tiers, un deuxième, un sixième, un douzième et un vingt-quatrième de riksdahler valent à proportion.

SUISSE.

On y compte par francs de 20 sous à 12 deniers helvétiques ou de 10 batz à 10 rappens.

1 franc suisse, vaut.................................... 1 fr. 50 c.
La livre de Suisse en écus de 6 liv. tournois, vaut................ 1 48 $\frac{15}{100}$.

Les principales monnaies sont, savoir : *celles d'or*, la pistole de 16 francs ou franken, et la double pistole de 32 francs; *celles d'argent*, les pièces de 4, 2 et 1 francs.

Le florin (gulden) de 60 kreutzers de change, vaut 2 fr. 43 c. $\frac{71}{100}$, et le florin courant 2 fr. 19 c. $\frac{84}{}$; la reichsthaler est de 4 florins.

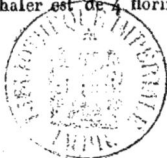

FIN.

TABLE

DES MATIÈRES.

FIN DE LA TABLE.

www.ingramcontent.com/pod-product-compliance
Lightning Source LLC
Chambersburg PA
CBHW062044200326
41519CB00017B/5133
* 9 7 8 2 0 1 4 4 8 7 5 6 5 *